生物数学丛书　12

生命科学中的动力学模型

张春蕊　郑宝东　著

科学出版社
北京

内 容 简 介

生物动力系统是生命科学与动力系统结合交叉的学科. 本书主要介绍生命科学理论研究中的动力学模型方法. 重点介绍近年来分支理论在生物数学模型中的应用. 主要内容包括：生命能量系统模型、离散血红细胞生存模型、基因表达模型、昼夜节律模型、对称生物模型、集合种群模型及神经网络模型的研究方法及由此得到的模型的动力学特性. 在研究各类生命科学问题的数学模型的同时，本书还介绍了诸如扩展的 Jury 判据、耦合时滞系统的等变分支、全局 Hopf 分支等相关理论. 本书旨在引导读者在短时间内尽快进入本领域的前沿，将为生命动力系统的研究提供有价值的参考.

本书可供从事微分方程、动力系统及生物数学研究的科研工作者及研究生和高年级本科生使用.

图书在版编目(CIP)数据

生命科学中的动力学模型/张春蕊，郑宝东著. —北京：科学出版社，2013

(生物数学丛书；12)

ISBN 978-7-03-038565-9

Ⅰ. ①生… Ⅱ. ①张… ②郑… Ⅲ. ①生命科学-动力学模型

Ⅳ. ①Q1-0

中国版本图书馆 CIP 数据核字 (2013) 第 214654 号

责任编辑：陈玉琢 / 责任校对：朱光兰
责任印制：徐晓晨 / 封面设计：王 浩

科 学 出 版 社 出版
北京东黄城根北街 16 号
邮政编码：100717
http://www.sciencep.com

北京京华虎彩印刷有限公司 印刷
科学出版社发行 各地新华书店经销

*

2013 年 9 月第 一 版 开本：720×1000 1/16
2017 年 1 月第三次印刷 印张：12 3/4
字数：234 000

定价：98.00 元

(如有印装质量问题，我社负责调换)

《生物数学丛书》序

传统的概念: 数学、物理、化学、生物学, 人们都认定是独立的学科, 然而在 20 世纪后半叶开始, 这些学科间的相互渗透、许多边缘性学科的产生, 各学科之间的分界已渐渐变得模糊了, 学科的交叉更有利于各学科的发展, 正是在这个时候数学与计算机科学逐渐地形成生物现象建模, 模式识别, 特别是在分析人类基因组项目等这类拥有大量数据的研究中, 数学与计算机科学成为必不可少的工具. 到今天, 生命科学领域中的每一项重要进展, 几乎都离不开严密的数学方法和计算机的利用, 数学对生命科学的渗透使生物系统的刻画越来越精细, 生物系统的数学建模正在演变成生物实验中必不可少的组成部分.

生物数学是生命科学与数学之间的边缘学科, 早在 1974 年就被联合国科教文组织的学科分类目录中作为与 "生物化学"、"生物物理" 等并列的一级学科. "生物数学" 是应用数学理论与计算机技术研究生命科学中数量性质、空间结构形式, 分析复杂的生物系统的内在特性, 揭示在大量生物实验数据中所隐含的生物信息. 在众多的生命科学领域, 从 "系统生态学"、"种群生物学"、"分子生物学" 到 "人类基因组与蛋白质组即系统生物学" 的研究中, 生物数学正在发挥巨大的作用, 2004 年*Science* 杂志在线出了一期特辑, 刊登了题为 "科学下一个浪潮 —— 生物数学" 的特辑, 其中英国皇家学会院士 Lan Stewart 教授预测, 21 世纪最令人兴奋、最有进展的科学领域之一必将是 "生物数学".

回顾 "生物数学" 我们知道已有近百年的历史: 从 1798 年 Malthus 人口增长模型, 1908 年遗传学的 Hardy-Weinberg"平衡原理"; 1925 年 Volterra 捕食模型, 1927 年 Kermack-Mckendrick 传染病模型到今天令人注目的 "生物信息论", "生物数学" 经历了百年迅速地发展, 特别是 20 世纪后半叶, 从那时期连续出版的杂志和书籍就足以反映出这个兴旺景象; 1973 年左右, 国际上许多著名的生物数学杂志相继创刊, 其中包括 Math Biosci, J. Math Biol 和 Bull Math Biol; 1974 年左右, 由 Springer-Verlag 出版社开始出版两套生物数学丛书: *Lecture Notes in Biomathermatics* (二十多年共出书 100 册) 和*Biomathematics* (共出书 20 册); 新加坡世界科学出版社正在出版 "*Book Series in Mathematical Biology and Medicine*" 丛书.

"丛书" 的出版, 既反映了当时 "生物数学" 发展的兴旺, 又促进了 "生物数学" 的发展, 加强了同行间的交流, 加强了数学家与生物学家的交流, 加强了生物数学学科内部不同分支间的交流, 方便了对年轻工作者的培养.

从 20 世纪 80 年代初开始, 国内对 "生物数学" 发生兴趣的人越来越多, 他 (她)

们有来自数学、生物学、医学、农学等多方面的科研工作者和高校教师, 并且从这时开始, 关于 “生物数学” 的硕士生、博士生不断培养出来, 从事这方面研究、学习的人数之多已居世界之首. 为了加强交流, 为了提高我国生物数学的研究水平, 我们十分需要有计划、有目的地出版一套 “生物数学丛书”, 其内容应该包括专著、教材、科普以及译丛, 例如: ① 生物数学、生物统计教材; ② 数学在生物学中的应用方法; ③ 生物建模; ④ 生物数学的研究生教材; ⑤ 生态学中数学模型的研究与使用等.

中国数学会生物数学学会与科学出版社经过很长时间的商讨, 促成了 “生物数学丛书” 的问世, 同时也希望得到各界的支持, 出好这套丛书, 为发展 “生物数学” 研究, 为培养人才作出贡献.

陈兰荪

2008 年 2 月

前　言

生命现象数量化是利用数学工具研究生物学的前提. 人们在研究生命科学问题时, 期望建立描述这些生命现象的数学模型, 并根据大量的实验和统计资料作出某些假设, 选取有关变量, 确定有关参数, 给出生命科学问题的数学方程.

动力系统理论用于研究生命科学问题已经被人们广泛采用. 随着人们对生命现象研究的深入, 人们借助于非线性动力学理论的新成果, 将定性分析和数值模拟方法相结合, 可以对生命科学问题的动力学性质进行全面研究, 去揭示生命现象的变化规律, 从而可以达到对生命科学问题的解释、预测, 进而达到控制的目的. 分支是动力系统理论的重要组成部分, 研究的对象是结构不稳定的系统. 所谓分支现象是指依赖于参数的系统, 当参数变动并经过某些临界值时, 系统的某些属性, 如平衡状态、周期现象、稳定性等发生的突然变化. 分支现象广泛存在于生命科学问题中.

本书在动力系统分支理论的框架下, 介绍生命科学中的相关模型的局部及全局稳定、周期等动力学性质, 本书的第 2 章介绍时滞、连续、离散、耦合对称、中立型等诸方面的动力系统分支理论. 本书其他章节所述内容涉及生态、种群、生命能量、基因表达及人工神经网络等相关生命科学问题的数学模型的性质.

本书的大部分研究内容取材于两位作者及其课题组成员发表在国内外相关学术期刊上的论文.

本书中所列的许多研究结果得益于国家自然科学基金 (项目编号：10771045, 10871056) 的资助, 在此表示感谢.

本书适合于从事应用数学、生物数学及相关领域的研究人员参考.

限于编者水平有限, 书中难免有不妥和疏漏之处, 恳请同行和读者批评指正.

作　者

2013 年春于哈尔滨

目　录

第 1 章　基本理论简介

1.1　构建模型的原则

生命现象数量化的方法, 就是以数量关系描述生命现象. 生物内在的或外表的, 个体的或群体的, 器官的或细胞的, 直到分子水平的各种表现性状, 依据性状本身的生物学意义, 都可以用适当的量化形式予以描述. 数量化是利用数学工具研究生物学的前提.

人们在研究种群生态学、种群遗传学、神经生物学、流行病学、免疫学、生理学以及环境污染等问题时, 建立了描述这些生命现象的数学模型, 根据大量的实验和统计资料作出某些假设, 选取有关变量, 确定有关参数, 建立数学方程, 通过数学理论和方法来研究这些方程, 去揭示生命现象的变化规律, 从而可以达到对生命科学问题的解释、预测, 进而达到控制的目的. 自然界的实际生命问题与理论之间总是存在着一定的差异, 而数学模型在生命科学问题中起到了对问题初步解释和提供理论预测相关信息的作用. 数学模型是能够表现和描述真实世界某些现象、特征和状况的数学系统. 数学模型能定量地描述生命物质运动的过程, 一个复杂的生物学问题借助数学模型能转变成一个数学问题, 通过对数学模型的逻辑推理、求解和运算, 获得客观事物的有关结论, 因此, 生命现象可以用模型化的方式来描述, 以期达到对其更好的理解的目的. 例如, 描述生物种群增长的 Logistic 方程, 就能够比较正确的表示种群增长的规律; 通过对描述捕食与被捕食两个种群相克关系的 Lotka-Volterra 方程的研究, 从理论上可以说明, 农药的滥用, 在毒杀害虫的同时也杀死了害虫的天敌, 从而常常导致害虫更猖獗地发生. 数学的介入把生命科学的研究从定性的、描述性的水平提高到定量的、精确的、探索规律的高水平. 数学模型在农业、林业、医学, 环境科学、社会科学和人口控制等方面的应用, 已经成为人类从事生命科学问题研究的重要手段.

数学模型具有以下优点: ①具有形式化、数量化的优点. 数学模型大都是能促进问题处理的数学表达式, 它揭示问题的主要矛盾和各因素间的定量关系, 较少地遗漏隐含的条件; 有大量的数学定理和方法可供计算、推理和变形, 特别是便于利用计算机进行仿真与论证. ②具有对实际问题描述、解释与判断的优点. ③具有预见性的优点. 人们在解决实际问题时, 通常按照如下步骤建立数学模型:

(1) 数学化 —— 对实际问题作数量分析, 给出自变量, 因变量和参数, 按照事

物的规律写出数学表达式;

(2) 建模 —— 运用数学理论和方法, 探求数学模型;

(3) 反馈 —— 返回到实践中检验、修正模型.

动力系统理论用于研究生命科学问题已经被人们广泛采用. 随着人们对生命现象研究的深入, 诞生了生命系统动力学这一门新兴学科, 生命现象的数学模型是该学科研究的基础. 借助于非线性动力学理论的新成果, 将定性分析和数值模拟方法相结合, 可以对模型的动力学性质进行全面研究.

在生命系统和生理过程中, 有节律的振动比比皆是. 例如, 在睡眠、运动、呼吸、循环、咀嚼和消化过程中随处可见有节奏的振动现象. 目前, 人们非常希望了解生命系统是如何产生这些振动又是如何控制这些振动的. 许多学者基于神经机制或者肌肉机制提出了诸多刻画这类现象的动力学模型; 并借助于理论分析和科学实验研究了若干复杂程度不同、网络结构各异的生命系统的振荡行为. 本书中我们着重介绍生命科学中的动力学模型及研究方法.

下面以森林生态学中红松林数量模型为例, 介绍数学模型的构建及发展过程.

森林生态系统是一种既有环境又有生物混合的复杂整体. 考虑环境中的 t 时刻红松林的种子、鼠类和幼苗这三个变量的数量:$x(t), y(t), z(t)$. 假定:

(1) 不考虑其他干扰因素时红松种子增长率按理想的自养发育过程不断增加, 受鼠类的影响而不断减少;

(2) 鼠增长率随种子数量的增加而增加, 而随本身数量的增加而减少;

(3) 幼苗增长率随鼠的作用而增加, 但随自身的增加而减少.

基于以上假设下, 李俊清于 1988 年给出了如下模型:

$$\begin{cases} \dfrac{\mathrm{d}x}{\mathrm{d}t} = a_0 - b_1 y + a_1 x, \\ \dfrac{\mathrm{d}y}{\mathrm{d}t} = a_2 x - b_2 y, \\ \dfrac{\mathrm{d}z}{\mathrm{d}t} = b_3 y - cz. \end{cases}$$

宋国华、李秀琴等先后于 1994 年和 2003 年在该模型的基础上, 再次对红松林生态系统的动力学行为进行分析. 他们采用了更合理的方法对模型进行必要的改进:

(1) 松籽 x 是按级数 $\sum\limits_{k=0}^{\infty} a_k x^k$ 方式增长的自然种群, 并舍去了 x^3 之后的项;

(2) 幼苗的增长也相应地因松籽的改变方式而相应改变为非线性的.

这样, 就有了一个全新的三维非线性数学模型:

$$\begin{cases} x' = 1 + a_1 x + x^2 - b_1 y, \\ y' = a_2 x - y, \\ z' = x + a_3 x^2 + b_2 y - z. \end{cases}$$

这里 $x(t), y(t), z(t)$ 仍分别代表松籽、鼠类 (主要指松鼠, 也考虑花鼠、林姬鼠等) 和幼苗的数量, 且所有的 $a_i, b_j (i = 1, 2, 3;\ j = 1, 2)$ 均为正常数.

考虑到鼠类的孕育期, 本课题组在 2005 年对以上模型进行了改进, 修正后的模型如下:

$$\begin{cases} x' = 1 + a_1 x + x^2 - b_1 y, \\ y' = a_2 x(t-\tau) - y, \\ z' = x + a_3 x^2 + b_2 y - z. \end{cases}$$

其中 τ 即鼠类的平均孕育周期, $a_2 x(t-\tau)$ 表示在 t 时刻鼠类的增长率与 $t-\tau$ 时刻松籽的数量有关, 其他系数的意义不变.

从以上分析可以看到, 描述生命科学问题的数学模型的发展也是具有时代性的, 随着数学学科的发展, 人们建立模型的手段及分析模型性态的数学工具不断完善, 因此, 对生命科学问题的刻画也越来越符合实际.

1.2 时滞微分方程相关概念

在研究自然与社会现象时, 一般地, 不可避免地要有时间滞后现象, 亦即事物的发展趋势不仅依赖于当前的状态, 而且也依赖于过去的历史. 生命现象的复杂性反映了生命系统是一个多层次、非线性、高度有序、开放的具有耗散特征、远离平衡态的复杂系统. 对生物系统复杂的生化过程的研究有必要考虑时间延迟的影响.

进入 20 世纪后, 许多科学领域中提出了越来越多的时滞微分方程问题, 例如, 自动控制理论、物理学、生物学、医学、商业、经济学、化工、机械、电子工程问题以及数学自身的几个分支: 数理统计、数论、博弈论、信息论等. 但是到 20 世纪 40 年代为止, 着重讨论的还只是线性常系数微分方程, 并且主要是设法具体求解这些方程. 所用的方法无非是 Laplace 变换, 类似于差分方程的分类法, 以及各种展开和近似计算方法. 同时, 对稳定性的讨论, 也只限于判断特征拟多项式根的分布问题. 此后的十年间, 研究工作也只限于初步建立基本理论和系统地推广常微分方程的种种结果, 特别是Ляпунов第二方法. 因此由于研究方法和理论的局限性, 整个应用范围还是相当狭小, 不足以满足解决应用领域出现的大部分问题的要求.

直到 20 世纪 70 年代, 从 Wight 研究具有时滞的生态模型的稳定性开始, 关于时滞微分方程 (delay differential equations, DDE) 理论的研究才相继全面展开, 并逐渐完善. 一些问题中, 时滞的影响是不可忽视的, 不论人们是否喜欢, 时滞是自然界中客观的、无所不在的现象, 无视时滞就等于无视现实. 例如, 我们日常生活中遇到的视觉和听觉的时滞现象、动物血液再生原理等, 均属于时延的范畴. 森林再生也是一个典型的例子. 在某些系统中, 引入时延, 系统的特性会发生质的变化, 表现出更丰富的动力学行为; 在控制系统中, 反馈信号中加入时延, 构成时延反馈控制系统, 可以获得稳定的系统, 或可以把系统相轨道引向目标系统所确定的相轨道, 以达到控制的目的.

下面简要介绍时滞微分方程的相关概念, 读者亦可参阅文献 [1]~[4].

假设 $r \geqslant 0$ 是已知实数, $\mathbb{R} = (-\infty, +\infty)$, $\mathbb{R}^n$ 是实 n 维线性向量空间, 并且有范数 $\|\cdot\|$. 考虑从区间 $[a,b]$ 到 $\mathbb{R}^n$ 的一切连续映射所构成的空间 $C([a,b],\mathbb{R}^n)$, 并在其中定义模为 $\|\varphi\|_{[a,b]} = \sup\limits_{a\leqslant\theta\leqslant b}|\varphi(\theta)|, \varphi \in C([a,b],\mathbb{R}^n)$, 那么 $C([a,b],\mathrm{R}^n)$ 是一个 Banach(巴拿赫) 空间. 特别地, 记 $C := C([-r,0],\mathrm{R}^n)$, 当 $\varphi \in C$ 时, 其模 $\|\varphi\|_{[-r,0]}$ 简记为 $\|\varphi\|$.

若 $\sigma \in \mathbb{R}$ (σ 表示初始时刻), $A \geqslant 0$ 且 $x \in C([\sigma - r, \sigma + A], \mathbb{R}^n)$, 则对任意 $t \in [\sigma, \sigma + A)$, 定义 $x_t \in C$ 为 $x_t(\theta) = x(t+\theta), -r \leqslant \theta \leqslant 0$.

若 $D \subseteq \mathbb{R} \times C$, $f : D \to \mathrm{R}^n$ 是给定的泛函, "·" 表示右导数, 则关系式

$$\dot{x} = f(t, x_t) \tag{1.2.1}$$

是集合 D 上的滞后型泛函微分方程, 或称为时滞微分方程.

下面三种方程都是时滞微分方程.

(1) 常微分方程

$$x'(t) = F(x(t)).$$

(2) 微分差分方程

$$x'(t) = f(t, x(t), x(t-\tau_1(t)), \cdots, x(t-\tau_p(t))), \quad 0 \leqslant \tau_j(t) \leqslant r, \quad j = 1, 2, \cdots, p.$$

(3) 积分微分方程

$$x'(t) = \int_{-r}^{0} g(t, \theta, x(t+\theta))\mathrm{d}\theta.$$

例 时滞 Logistic 模型

$$\frac{\mathrm{d}x}{\mathrm{d}t} = rx(t)\left[1 - \frac{x(t-\tau)}{k}\right],$$

τ 是与 t 无关的正常数. 在生态学上解释为:

(1) $x(t)$ 为 t 时刻种群数量, τ 为母体的怀孕期. 该模型的意义是 t 时刻种群的平均增长率不是与 t 时刻种群规模有关, 而是依赖于 $t-\tau$ 时刻种群规模. 因为 t 时刻种群增加的个体与在 $t-\tau$ 时刻就已经存在于母体中了.

(2) $x(t)$ 为 t 时刻种群成虫数量, τ 为幼虫成熟期. 假定幼虫在成长中无死亡, 则 t 时刻成虫数量取决于 $t-\tau$ 时刻出生的幼虫.

显然, 与常微分方程相比, 时滞微分方程的初值函数并不是简单的初值, 因而, 时滞微分方程在诸如解的稳定性等方面与常微分方程是有许多不同之处的. 例如, 自治的一阶时滞微分方程可以有周期或混沌解, 而这些现象只能发生在高阶的常微分方程中.

定义 1.2.1 若存在 $\sigma \in \mathbb{R}, A>0$ 和 $x \in C([\sigma-r, \sigma+A], \mathbb{R}^n)$ 使得: 当 $t \in [\sigma, \sigma+A]$ 时, $(t, x_t) \in D$ 且满足方程 (1.2.1), 则称函数 $x(t)$ 是方程 (1.2.1) 在 $[\sigma-r, \sigma+A]$ 上的一个解.

定义 1.2.2 对于给定的 $\sigma \in \mathbb{R}, \varphi \in C$, 若存在 $A>0$, 使得 $x(t)$ 是方程 (1.2.1) 在 $[\sigma-r, \sigma+A]$ 上的一个解且满足 $x_0=\phi$, 则称 $x(t)$ 是方程 (1.2.1) 在 σ 处具有初值 ϕ 的一个解, 或简称为方程 (1.2.1) 过点 (σ, ϕ) 的一个解, 且记之为 $x(\sigma, \phi, f)(t)$.

因此, 方程 (1.2.1) 的初值问题可以写成

$$\begin{cases} \dot{x}=f(t, x_t), \\ x_\sigma=\phi. \end{cases} \tag{1.2.2}$$

引理 1.2.1 若 $x \in C([\sigma-r, \sigma+\alpha], \mathbb{R}^n)$, 则 x_t 是关于 t 在 $[\sigma, \sigma+\alpha]$ 上的连续函数.

证明 因 $x(t)$ 在 $[\sigma-r, \sigma+\alpha]$ 上连续, 从而在其上一致连续, 故对任给的 $\varepsilon>0$, 必存在 $\delta>0$, 使当任意 $t, \tau \in [\sigma-r, \sigma+\alpha]$, 只要 $|t-\tau|<\delta$ 就有

$$|x(t)-x(\tau)|<\varepsilon,$$

于是, 对任意 $t, \tau \in [\sigma, \sigma+\alpha]$, 只要 $|t-\tau|<\delta$, 就有 $|x(t+\theta)-x(\tau+\theta)|<\varepsilon$ 对一切 $\theta \in [-r, 0]$ 成立. 所以,

$$\|x_t-x_r\|=\sup_{-r \leqslant \theta \leqslant 0}|x(t+\theta)-x(\tau+\theta)|<\varepsilon,$$

故 x_t 关于 t 在 $[\sigma, \sigma+\alpha]$ 上连续, 引理得证.

应用引理 1.2.1 可得到下面定理.

定理 1.2.2 若给定 $\sigma \in \mathbb{R}, \varphi \in C$, $f(t, \varphi)$ 在 D 上连续, 那么初值问题 (1.2.2) 等价于求解泛函积分方程

$$\begin{cases} x(t)=\phi(0)+\displaystyle\int_\sigma^t f(s, x_s) \mathrm{d} s, \quad t \geqslant \sigma, \\ x_\sigma=\phi. \end{cases}$$

1.3　含参数动力系统分支的基本概念

人们在研究微分方程时, 不仅关心某个解的定性问题, 而且关心在小扰动下微分方程解的拓扑性质是否发生变化, 即微分方程的结构稳定性问题. 当结构稳定性遭到破坏时, 会出现分支现象和混沌现象, 这是微分方程分支理论研究的主要问题. 分支是动力系统理论的重要组成部分, 研究的对象是结构不稳定的系统. 动力系统的分支行为往往是由系统的奇异性引起的. 其形态也是多种多样的, 迄今为止, 已有多部著作论述分支理论[2,6,8-10].

所谓分支现象是指依赖于参数的系统, 当参数变动并经过某些临界值时, 系统的某些属性, 如平衡状态、周期现象、稳定性等发生的突然变化. 分支现象广泛存在于自然界中, 对它的研究有重要的理论意义和实际意义, 因而备受人们的关注. 本章介绍连续与离散系统单参数分支的相关结论, 详细论证可参见文献 [2]~[6].

设向量场 $f:U\times J\to\mathbb{R}^n$ 给出的连续动力系统为

$$x'=f(x,\mu),\quad x\in U\subseteq\mathbb{R}^n,\quad \mu\in J\subseteq\mathbb{R}^m, \tag{1.3.1}$$

其中 U, J 是开集, x 是状态变量, μ 是分支参数.

设离散动力系统 $\{g^k\}_{k\in Z}, g:U\times J\to\mathbb{R}^n, x\mapsto g(x,\mu)$ 为

$$x\mapsto g(x,\mu),\quad x\in U\subseteq\mathbb{R}^n,\quad \mu\in J\subseteq\mathbb{R}^m, \tag{1.3.2}$$

当参数 μ 连续地变动且通过 $\mu_0\in J$ 时, 如果系统 (1.3.1) 或系统 (1.3.2) 失去结构稳定性, 即系统的定性性态 (即拓扑结构) 发生突然变化, 则称该系统在 μ_0 处出现分支, μ_0 称为分支值. 全体分支值组成的集合称为该系统在参数空间中的分支集.

一般地说, 完整的分支分析需要了解动力系统的全局拓扑结构. 这是十分复杂, 甚至是难以做到的. 实际应用中, 有时只需考虑在某个平衡点 (不动点) 附近动力系统拓扑结构的变化, 即只研究在它们的邻域内局部向量场 (或微分同胚) 的分支. 这类分支问题称为局部分支. 如果分支分析涉及向量场的大范围拓扑结构, 则称为全局分支.

下面考虑依赖于一个参数的分支问题.

1.3.1　连续时间系统单参数分支

设有连续–时间系统

$$x'=f(x,\mu),\quad x\in\mathbb{R}^n,\quad \mu\in\mathbb{R}^1,$$

其中 f 关于 x 和 μ 都光滑. 设 $x=x_0$ 是这个系统当 $\mu=\mu_0$ 时的一个双曲平衡点. 一般只有两个方法使双曲性条件遭到破坏. 其一是一个单特征值趋于零, 这时有 $\lambda_1=0$, 其二是一对单复特征值到达虚轴, 这时有 $\lambda_{1,2}=\pm\mathrm{i}\omega_0, \omega_0>0$.

折分支

定义 1.3.1 与特征值 $\lambda_1 = 0$ 相对应的分支称为折分支.

折分支有许多其他名字, 包括切分支、极限点分支、鞍–结点分支以及转向点分支等.

注 对一切 $n \geqslant 1$, 折分支都是有可能发生的.

假设光滑函数 f 的系统 $x' = f(x,\mu), x \in \mathbb{R}^1, \mu \in \mathbb{R}^1$, 在 $\mu = 0$ 有平衡点 $x = 0$ 满足 $f_x(0,0) = 0$. 将 $f(x,\mu)$ 在 $x = 0$ 关于 x 进行 Taylor 展开:

$$f(x,\alpha) = f_0(\alpha) + f_1(\alpha)x + f_2(\alpha)x^2 + O(x^3),$$

且满足两个条件: $f_0(0) = f(0,0) = 0$(平衡点条件) 和 $f_1(0) = f_x(0,0) = 0$(折分支条件), 则有如下规范型性质.

定理 1.3.1(折分支的拓扑规范形) 任何一个在 $\alpha = 0$ 有平衡点 $x = 0$, 且满足 $\lambda = f_x(0,0) = 0$ 在原点附近的一般单参数纯量系统 $x' = f(x,\alpha)$, 局部拓扑等价于下面的规范形之一:

$$\eta' = \beta \pm \eta^2.$$

Hopf 分支

定义 1.3.2 与特征值 $\lambda_{1,2} = \pm \mathrm{i}\omega, \omega_0 > 0$ 相对应的分支称为 Hopf(或 Antronov-Hopf) 分支.

考虑系统

$$x' = f(x,\mu), \quad x = (x_1, x_2)^{\mathrm{T}} \in \mathbb{R}^2, \quad \mu \in \mathbb{R}^1,$$

其中函数 f 光滑, 在 $\alpha = 0$, 有平衡点 $x = 0$, 在此平衡点有特征值 $\lambda_{1,2} = \pm \mathrm{i}\omega, \omega_0 > 0$. 设 $\lambda = 0$ 不是 Jacobi 矩阵的特征值, 由隐函数定理, 对充分小的 $|\mu|$, 在原点的某邻域内, 此系统有唯一平衡点 $x_0(\mu)$. 可将此平衡点移动到原点. 不失一般地, 对充分小 $|\mu|$, 设 $x = 0$ 是系统的平衡点, 因此该系统可写为

$$x' = A(\mu)x + F(x,\mu),$$

其中 F 是光滑向量函数, 它的分量 F_1, F_2 关于 x 的 Taylor 展开至少从二次项开始, 即 $F = O(\|x\|^2)$, 以 μ 的光滑函数为其元素的 Jacobi 矩阵 $A(\mu)$ 可写为

$$A(\mu) = \begin{pmatrix} a(\mu) & b(\mu) \\ c(\mu) & d(\mu) \end{pmatrix}.$$

定理 1.3.2(Hopf 分支拓扑规范形) 任何一个单参数一般二维系统 $x' = f(x,\mu)$ 在 $\mu = 0$ 有平衡点 $x = 0$, 具特征值 $\lambda_{1,2}(0) = \pm \mathrm{i}\omega$, $\omega_0 > 0$, 它在原点附近局部拓扑等价于下列规范形之一:

$$\begin{pmatrix} y_1' \\ y_2' \end{pmatrix} = \begin{pmatrix} \beta & -1 \\ 1 & \beta \end{pmatrix} \begin{pmatrix} y_1 \\ y_2 \end{pmatrix} \pm (y_1^2 + y_2^2) \begin{pmatrix} y_1 \\ y_2 \end{pmatrix}.$$

注 $n \geqslant 2$ 时, 常微分方程的 Hopf 分支可能发生.

1.3.2 离散时间系统单参数分支

考虑依赖于参数的离散时间动力系统

$$x \to f(x, \mu), \quad x \in \mathbb{R}^n, \quad \mu \in \mathbb{R}^1,$$

这里映射 f 关于 x 和 μ 都光滑. 设 $x = x_0$ 是这个系统在 $\mu = \mu_0$ 时的双曲不动点. 显然, 在一般情况下, 只有三种方法才能破坏双曲性条件: 对某个参数值, 要么单个正特征值趋于单位圆, 有 $\lambda_1 = 1$, 要么单个负特征值趋于单位圆, 这时有 $\lambda_2 = -1$, 还有就是一对共轭复特征值在单位圆上, 这时有 $\lambda_{3,4} = \mathrm{e}^{\pm \mathrm{i}\theta_0}, 0 < \theta_0 < \pi$.

折分支

定义 1.3.3 对应于特征值 $\lambda_1 = 1$ 的分支称为离散系统的折分支.

离散系统的折分支也称为极限点分支、鞍–结点分支, 以及转向点分支.

考虑下面的依赖于一个参数的一维动力系统

$$x \to \alpha + x + x^2 \equiv f_\mu(x, \mu) \equiv f_\mu(x),$$

映射 f_μ 对充分小 $|\mu|$ 在原点邻域内可逆. 该系统在 $\mu = 0$ 有具特征值 $\lambda = f_x(0,0) = 1$ 的非双曲不动点 $x_0 = 0$.

定理 1.3.3(折分支的拓扑规范形) 任何一个一般的单参数纯量系统

$$x \to f(x, \mu),$$

假设它在 $\mu = 0$ 有不动点 $x_0 = 0$ 满足 $\lambda = f_x(0,0) = 1$, 则它在原点附近局部拓扑等价于下面的规范形之一

$$\eta \to \beta + \eta \pm \eta^2.$$

翻转分支

定义 1.3.4 对应于特征值 $\lambda_2 = -1$ 的分支称为翻转 (或倍周期) 分支.

考虑依赖于一个参数的一维动力系统

$$x \to -(1 + \mu)x + x^3 \equiv f(x, \mu) \equiv f_\mu(x).$$

映射 f_μ 对于 $|\mu|$ 在原点领域内可逆. 该系统对所有 μ 有不动点 $x_0 = 0$, 乘子 $\lambda = -(1 + \mu)$.

定理 1.3.4(翻转分支的拓扑规范形) 任何一个一般的单参数纯量系统

$$x \to f(x, \mu),$$

假设它在 $\mu=0$ 有不动点 $x_0=0$, $\lambda=f_x(0,0)=-1$, 则该系统在原点附近拓扑等价于下面规范形:

$$\eta\to-(1+\beta)\eta\pm\eta^3.$$

离散 Hopf 分支

定义 1.3.5 对应于 $\lambda_{3,4}=\mathrm{e}^{\pm\mathrm{i}\theta_0},0<\theta_0<\pi$ 的分支称为离散 Hopf(或 Neimark-Sacker) 分支.

考虑系统

$$x\to f(x,\mu),\quad x=(x_1,x_2)^{\mathrm{T}}\in\mathbb{R}^2,\quad \mu\in\mathbb{R}^1,$$

函数 f 光滑, 在 $\mu=0$ 有不动点且具单特征值 $\lambda_{3,4}=\mathrm{e}^{\pm\mathrm{i}\theta_0},0<\theta_0<\pi$.

定理 1.3.5 假设二维离散–时间系统

$$x\to f(x,\mu),\quad x=(x_1,x_2)^{\mathrm{T}}\in\mathbb{R}^2,\quad \mu\in\mathbb{R}^1,$$

f 光滑, 对所有充分小 $|\mu|$, 它有平衡点 $x=0$ 具有乘子 $\lambda_{3,4}(\alpha)=r(\mu)\mathrm{e}^{\pm\mathrm{i}\varphi(\mu)}$, 其中 $r(0)=1,\varphi(0)=\theta_0$. 设下面的条件满足

$$\begin{aligned}&\text{(C.1)}\quad r'(0)\neq 0;\\&\text{(C.2)}\quad \mathrm{e}^{\mathrm{i}k\theta_0}\neq 1,\ 对\ k=1,2,3,4,\end{aligned}$$

则存在光滑可逆的坐标与参数变换将上述系统变成

$$\begin{aligned}\begin{pmatrix}y_1\\y_2\end{pmatrix}\to{}&(1+\beta)\begin{pmatrix}\cos\theta(\beta)&-\sin\theta(\beta)\\\sin\theta(\beta)&\cos\theta(\beta)\end{pmatrix}\begin{pmatrix}y_1\\y_2\end{pmatrix}\\&+(y_1^2+y_2^2)\begin{pmatrix}\cos\theta(\beta)&-\sin\theta(\beta)\\\sin\theta(\beta)&\cos\theta(\beta)\end{pmatrix}\begin{pmatrix}d(\beta)&-b(\beta)\\b(\beta)&d(\beta)\end{pmatrix}\begin{pmatrix}y_1\\y_2\end{pmatrix}+O(\|y\|^4).\end{aligned}$$

1.4 时滞微分方程 Hopf 分支理论

一个系统产生 Hopf 分支是指当系统的参数经过某些特定值时系统的奇点的稳定性发生变化, 并在奇点附近产生周期解的现象. 时滞微分方程的 Hopf 分支现象和常微分方程的 Hopf 分支现象有很大差异. 早在 20 世纪 50 年代初期就有数学家注意到时滞微分方程的分支现象. 例如, Wright 就研究了单种群增长模型 —— 时滞 Logistic 方程的解的稳定性与时滞 τ 变化的情况. 从 20 世纪 70 年代开始, 泛函微分方程的分支理论得到了数学家们的普遍关注, 这方面的研究尤其活跃.

对于时滞的时滞微分方程, 其 Hopf 分支的一种解法是建立在抽象的常微分方程的中心流形理论之上. 因为自治的时滞微分方程可以写成抽象的常微分方程, 如果该方程在常值解处的线性化方程的特征方程在特定参数 $\lambda=\lambda_0$ 处有一对单纯虚根, 其他特征根与其非共振, 并且简单纯虚根满足横解条件, 那么, 存在二维中心

流形, 所考虑的时滞微分方程在中心流形上的限制即为一个二维常微分方程, 从而利用常微分方程的分支理论得到时滞微分方程的理论. Hassard 等对此有详细的论述[7].

对时滞微分方程 Hopf 分支的讨论, 还包括分支方向, 分支周期解的稳定性, 振幅周期等内容. 对该类问题研究一个主要的困难在于分析其在奇点处的线性部分的特征方程的根的分布. 通常情况下, 时滞微分方程的特征方程是指数多项式方程. 魏俊杰教授等利用 Rouche 定理给出了指数多项式零点分布的理论, 在 Kazannoff 的计算分支性质的理论之上, 概括出了计算时滞微分方程 Hopf 分支性质的计算公式, 从而为 Hopf 分支的确定给出了一种方法. 下面介绍时滞微分方程 Hopf 分支相关内容, 读者可参阅文献 [7] 和 [21].

设 $C^k[-r,0]$ 为区间 $[-r,0]$ 上的一维向量值函数, 且所有分量都有 k 阶连续导数.

考虑自治系统

$$\frac{\mathrm{d}X(t)}{\mathrm{d}t}=L_\mu X_t+f(X_t(\cdot),\mu)\quad(t>0\,,\ \mu\in\mathbb{R}^1)\,,\tag{1.4.1}$$

对于 $r>0$, $x_t(\theta)=x(t+\theta)$, X: $[-r,0]\to\mathbb{R}^n$, $\theta\in[-r,0]$, 这里 L_μ 是一个连续有界单参数线性算子

$$L_\mu: C[-r,0]\to\mathbb{R}^n.$$

算子

$$f(\cdot,\mu): C[-r,0]\to\mathrm{R}^n$$

包含非线性项 (至少二次的), 且

$$f(0,\mu)=0,\quad D_x f(0,\mu)=0.$$

由 Reize 表示定理, 存在分量均为有界变差函数的 $n\times n$ 矩阵

$$\eta(\cdot,\mu):[-r,0]\to\mathbb{R}^{n^2},$$

使得对所有的 $\varphi\in C[-r,0]$,

$$L_\mu\varphi=\int_{-r}^0\mathrm{d}\eta(\theta,\mu)\,\phi(\theta),$$

特别地,

$$L_\mu X_t=\int_{-r}^0\mathrm{d}\eta(\theta,\mu)\,X(t+\theta).$$

考虑

$$\det\left(\lambda I-L_\mu\mathrm{e}^{\lambda\varphi}I\right)=0,$$

$$\sigma(\mu)=\left\{\lambda \left| \det\left(\lambda I-L_{\mu}\mathrm{e}^{\lambda\varphi}I\right)=0\right.\right\}. \tag{1.4.2}$$

假定:

(H_1) 方程 (1.4.2) 有一对简单特征值

$$\lambda(\mu)=\alpha(\mu)+\mathrm{i}w(\mu),$$

$$\alpha(0)=0,\quad w(0)=w_0>0,\quad \alpha'(0)\neq 0.$$

(H_2) $\sigma(0)$ 的所有其他根带有负实部.

对 $\phi\in C^1[-r,0]$, 定义

$$A(\mu)\varphi=\begin{cases}\dfrac{\mathrm{d}\varphi}{\mathrm{d}\theta}, & -r\leqslant\theta<0,\\ \displaystyle\int_{-r}^{0}\mathrm{d}\eta(s,\mu)\varphi(s)=L_{\mu}\varphi, & \theta=0,\end{cases}$$

$$R\phi=\begin{cases}O, & -r\leqslant\theta<0,\\ f(\phi,\mu), & \theta=0,\end{cases}$$

于是可得

$$X_t'=A(\mu)X_t+RX_t, \tag{1.4.3}$$

当 $\theta=0$ 时, 恰好为方程 (1.4.1).

令 $q(\theta)$ 是 $A(0)$ 的属于特征值 $\lambda(0)$ 的特征向量, $A(0)$ 的共轭算子为 $A^*(0)$:

$$A^*(0)\alpha(s)=\begin{cases}-\dfrac{\mathrm{d}\alpha(s)}{\mathrm{d}s}, & 0<s\leqslant r,\\ \displaystyle\int_{-\mathrm{r}}^{0}\mathrm{d}\eta^{\mathrm{T}}(t,0)\alpha(-t), & s=0,\end{cases}$$

其中 η^{T} 为 η 的转置, 简记 $A(0)$, $A^*(0)=A^*$.

令 $\overline{\lambda}(0)$ 为 A^* 的特征值, 即

$$A^*q^*=-\mathrm{i}w_0q^*.$$

对 $\psi\in C[0,r]$, $\varphi\in C[-r,0]$, 定义

$$\langle\psi,\varphi\rangle=\overline{\psi}(0)\varphi(0)-\int_{\theta=-r}^{0}\int_{\varsigma=0}^{\theta}\overline{\psi}^{\mathrm{T}}(\xi-\theta)\,\mathrm{d}\eta(\theta)\,\varphi(\xi)\,\mathrm{d}\xi.$$

将 q,q^* 正规化, $\langle q^{\mathrm{T}},q\rangle=1$, $\langle q^*,q\rangle=0$.

定义 $z=\langle q^*,X\rangle$, $W=X-zq-\overline{zq}=X-2\mathrm{Re}\{2q\}$. 令 X_t 为 $\mu=0$ 时方程 (1.4.3) 的解, 定义

$$z(t)=\langle q^*,X_t\rangle,$$

$$W(t,\theta)=X_t(\theta)-2\mathrm{Re}\{z(t)q(\theta)\},$$

则在 C_0 流形上有,

$$W(t,\theta)=W(z(t),\overline{z}(t),\theta),$$

此时

$$W(z,\overline{z},\theta)=W_{20}(\theta)\frac{z^2}{2}+W_{11}(\theta)z\overline{z}+W_{02}(\theta)\frac{\overline{z}^2}{2}+W_{30}(\theta)\frac{z^3}{6}+\cdots.$$

事实上, z 与 $\overline{z}$ 是 W 关于 C_0 在 q,q^* 方向上的坐标, 且如果 X_t 为实的, 则 W 亦是实的, 并有

$$\langle q^*,W\rangle=0.$$

对 $X_t\in C_0$, 有

$$\langle q^*,X'(t)\rangle=\langle q^*,AX_t+RX_t\rangle.$$

又由于 $\mu=0$, 于是

$$z'(t)=\mathrm{i}\omega_0z(t)+\overline{q}*(0)f(W(z,\overline{z},\theta))+2\mathrm{Re}zq(\theta)=\mathrm{i}\omega_0z+\overline{q}*(0)f_0(z,\overline{z}).$$

令 $z'=\mathrm{i}w_0z(t)+g(z,\overline{z})$. 下面计算展开系数. 令

$$g(z,\overline{z})=g_{02}\frac{z^2}{2}+g_{11}z\overline{z}+g_{20}\frac{\overline{z}^2}{2}+g_{21}\frac{z^2\overline{z}}{2}+\cdots,$$

$$f_0=f_{z^2}\frac{z^2}{2}+f_{\overline{z}^2}\frac{\overline{z}^2}{2}+f_{z\overline{z}}z\overline{z}+f_{z^2\overline{z}}\frac{z^2\overline{z}}{2}+\cdots,$$

则有

$$g_{20}=\overline{q}*(0)f_{z^2},$$

$$g_{11}=\overline{q}*(0)f_{z\overline{z}},$$

$$g_{02}=\overline{q}*(0)f_{\overline{z}^2},$$

$$g_{21}=\overline{q}*(0)f_{z^2\overline{z}},$$

令

$$C_1(0)=\frac{\mathrm{i}}{2w_0}\left[g_{11}g_{20}-2|g_{11}|^2-\frac{|g_{02}|^2}{3}\right]+\frac{g_{21}}{2},$$

$$\mu_2=-\frac{\mathrm{Re}C_1(0)}{\alpha'(\mu_0)},\quad \beta_2=2\mathrm{Re}C_1(0).$$

如果 $\mathrm{Re}C_1(0)<0$, 那么 Hopf 分支周期解是渐近稳定的, 如果 $\mathrm{Re}C_1(0)>0$, 那么 Hopf 分支周期解是不稳定的; 如果 $\mu_2>0$, 那么 Hopf 分支方向为 $\mu>\mu_0$, 如果 $\mu_2<0$, 那么 Hopf 分支方向为 $\mu<\mu_0$.

1.5 中心流形定理

考虑系统

$$x' = f(x), \tag{1.5.1}$$

其中 $x \in U \subseteq \mathbb{R}^n$. 有如下定理.

定理 1.5.1(中心流形定理) 设 $f(x)$ 是 $C^r(r \geqslant 1)$ 向量场, 点 O 是系统 (1.5.1) 的一个非双曲平衡点, E^S, E^U 和 E^C 分别为线性近似系统的稳定子空间、不稳定子空间和中心子空间, 则在 O 点的某邻域 D 内, 存在过 O 点并在该处分别与 E^S, E^U 和 E^C 相切的 C^r 局部稳定流形 W^S, C^r 局部不稳定流形 W^U 和 C^r 局部中心流形 W^C, 它们都是局部不变集. W^S 和 W^U 是唯一的, 但 W^C 并不唯一, 如图 1.5.1 所示.

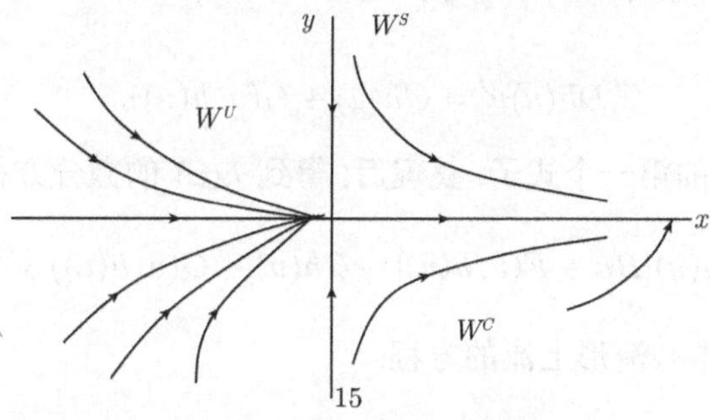

图 1.5.1 中心流形示意图

下面介绍中心流形的计算. 首先设系统的平衡点为原点 O, 且线性算子 $L = D_x f(0)$ 不具有正实部的特征值 (即稳定系统开始失稳的临界状态).

设 D 为点 O 的某个邻域, 给定非奇异线性变换矩阵 T 将系统 (1.5.1) 的 Jacobi 矩阵 $A = D_x f(0)$ 化为对角块形式, 即

$$T^{-1}AT = \begin{pmatrix} B & 0 \\ O & C \end{pmatrix},$$

其中 B 和 C 分别为 $n_C \times n_C$ 和 $n_S \times n_S$ 矩阵, 它们的特征值分别为零实部和负实部, $n_S = \dim E^S, n_C = \dim E^C, n_S + n_C = n$. 令 $x = Ty$, 其中 $y = \begin{pmatrix} u \\ v \end{pmatrix}, u \in E^C, v \in E^S$, 则有

$$\begin{cases} u' = Bu + F(u, v), \\ v' = Cv + G(u, v). \end{cases} \tag{1.5.2}$$

由于中心流形 W^C 存在, 且在原点处和 E^C 相切, 因此可以在 D 内把 W^C 表示为

$$W^C: v = h(u) \tag{1.5.3}$$

其中 $h(0) = h'(0) = 0$. 把式 (1.5.3) 代入式 (1.5.2), 得到中心流形上流的方程

$$u' = Bu + F(u, h(u)). \tag{1.5.4}$$

式 (1.5.4) 即为原系统降维后的方程. 由于在原点附近, 系统 (1.5.2) 在稳定流形上的流与线性流系统有相同的局部性态, 故系统的局部动力学特性主要由中心流行上的流决定. 特别地, 关于稳定性有如下定理,

定理 1.5.2　若约化系统 (1.5.4) 在原点是稳定 (或渐近稳定、不稳定) 的, 则原系统 (1.5.1) 在原点也是稳定 (或渐近稳定、不稳定) 的.

为确定函数 $h(u)$, 将 $v = h(u)$ 代入系统 (1.5.2) 的第二个式子, 并利用求导的链式法则, 有

$$Dh(u)u' = Ch(u) + G(u, h(u)).$$

再利用系统 (1.5.2) 的第一个式子, 整理后, 得到 $h(u)$ 的微分方程

$$Dh(u)[Bu + F(u, h(u)] - Ch(u) - G(u, h(u)) = 0.$$

解此方程即可得到中心流形上流的方程.

1.6　离散动力系统的 Hopf 分支理论

设映射

$$x \mapsto F(x, \lambda) \in \mathbb{R}, \quad n \geqslant 2$$

关于 λ^* 的某邻域 $N(\lambda^*)$ 满足:

(H_1) 当 $\lambda \in N(\lambda*)$ 时, $F(0, \lambda) = 0$;

(H_2) 当 $\lambda \in N(\lambda^*)$ 时, $A(\lambda) = D_x F(0, \lambda), \det(A(\lambda) - \mu L) = 0$ 有一对简单共轭复根 $\mu_{1,2} = r(\lambda)\mathrm{e}^{\pm\mathrm{i}\theta(\lambda)}$, 且

$$r(\lambda^*) = 1, \quad r'(\lambda^*) \neq 0, \quad \theta(\lambda^*) = \theta_0, \quad \mathrm{e}^{\mathrm{i}k\theta_0} \neq 1 \quad (k = 1, 2, 3, 4);$$

(H_3) $\lambda \in N(\lambda^*)$ 时, $\det(A(\lambda) - \mu L) = 0$ 的其他特征值的模小于 1.

令 $F(x, \lambda)$ 为充分光滑的映射, 将其在固定点展开

$$x \mapsto F(x) = A(x) + \frac{1}{2}B(x, x) + \frac{1}{6}C(x, x, x) + o\left(|x|^4\right) = A(x) + N(x).$$

令 $q=q(\lambda^*)$ 为 $A(\lambda^*)$ 相对于 $\mu_1=\mathrm{e}^{\mathrm{i}\theta_0}$ 的特征向量, 即

$$A(\lambda^*)\,q=\mu_1 q,\qquad A(\lambda^*)\,\overline{q}*=\overline{\mu_1 q}.$$

令 $q^{\mathrm{T}}=q^{\mathrm{T}}(\lambda*)$ 为 q 的伴随特征向量, 即

$$A^{\mathrm{T}}(\lambda^*)\,q^{\mathrm{T}}=\overline{\mu}_1 q^{\mathrm{T}},\quad A^{\mathrm{T}}(\lambda^*)\,\overline{q}*=\overline{\mu_1}\,(q)^{\mathrm{T}},\quad \langle q^{\mathrm{T}},q\rangle=1.$$

令 T_{centre} 表示由 $\{\mathrm{Re}q,\mathrm{Im}q\}$ 张成的空间, 设 T_{stable} 表示相对于 $A(\lambda^*)$ 的其他特征值的空间. 因而

$$\mathbb{R}^n=T_{\text{centre}}\oplus T_{\text{stable}},$$

即 $y\in T_{\text{stable}}\Leftrightarrow\langle q^{\mathrm{T}},y\rangle=0$.

对任意 $x\in\mathbb{R}^n$, 记 $x=zq+\overline{zq}+y,\quad z\in C,\quad zq+\overline{zq}\in T_{\text{centre}},\quad y\in T_{\text{stable}}$. 从而,

$$z=\langle q^{\mathrm{T}},x\rangle,\quad y=x-\langle q^{\mathrm{T}},x\rangle q-\langle\overline{q}^{\mathrm{T}},x\rangle\overline{q},$$

$$z\mapsto\mu z+\langle q^{\mathrm{T}},N(zq+\overline{zq}+y)\rangle,$$
$$y\mapsto Ay+N(zq+\overline{zq}+y)-\langle q^{\mathrm{T}},N(zq+\overline{zq}+y)\rangle q-\langle\overline{q}^{\mathrm{T}},N(zq+\overline{zq}+y)\rangle\overline{q},$$

$$\langle p,y\rangle=0.$$

将此映射限制在二维不变流形 V 上, V 的展开式为

$$V(z,z)\mapsto\frac{1}{2}\omega_{20}z^2+\omega_{11}z\overline{z}+\frac{1}{2}\omega_{02}\overline{z}^2+O\left(|z|^3\right),$$

且 y 可表示为 $y=V(z,\overline{z})$. 从而

$$\begin{aligned}z\mapsto\mu z&+\frac{1}{2}\langle q^r,B(q,q)\rangle z^2+\langle q^{\mathrm{T}},B(q,\overline{q})\rangle z\overline{z}+\frac{1}{2}\langle q^{\mathrm{T}},B(\overline{q},\overline{q})\rangle\overline{z}^2\\&+\frac{1}{2}\left[\langle\overline{q},B(\overline{q},\omega_{20})\rangle+2\langle\overline{q},B(q,\omega_{11})\rangle+\langle q^{\mathrm{T}},C(q,q,\overline{q})\rangle\right]z^2\overline{z}+\cdots,\end{aligned}$$

$$(\mu^2I-A)\,\omega_{20}=H_{20},\quad(I-A)\,\omega_{11}=H_{11},$$

$$H_{20}=B(q,q)-\langle q^{\mathrm{T}},B(q,q)\rangle q-\langle\overline{q}^{\mathrm{T}},B(q,q)\rangle\overline{q},$$

$$H_{11}=B(q,\overline{q})-\langle q^{\mathrm{T}},B(q,\overline{q})\rangle q-\langle\overline{q}^{\mathrm{T}},B(q,\overline{q})\rangle\overline{q}.$$

令

$$g_{20}=\langle q^{\mathrm{T}},B(q,q)\rangle,\quad g_{11}=\langle q^{\mathrm{T}},B(q,\overline{q})\rangle,\quad g_{12}=\langle q^{\mathrm{T}},B(\overline{q,q})\rangle,$$

$$g_{21}=\langle q^{\mathrm{T}},B(\overline{q},(\mu^2I-A)^{-1}H_{20})\rangle+2\langle q^{\mathrm{T}},B(q,(I-A)^{-1}H_{11})\rangle+\langle q^{\mathrm{T}},C(q,q,\overline{q})\rangle$$

令

$$c_1 = \frac{g_{20}g_{11}(1-2\mu_0)}{2(\mu_0^2-\mu_0)} + \frac{|g_{11}|^2}{1-\overline{\mu_0}} + \frac{|g_{02}|^2}{2(\mu_0^2-\overline{\mu_0})} + \frac{g_{21}}{2},$$

这里: $\mu_0 = \mathrm{e}^{\mathrm{i}\theta_0}$, 设 $\mathrm{Re}(\mathrm{e}^{-\mathrm{i}\theta_0 c_1}) \neq 0$, 则

(1) 如果 $r' > 0\,(r' < 0), \mathrm{Re}(\mathrm{e}^{-\mathrm{i}\theta_0 c_1}) < 0$. 那么当 $\lambda < \lambda^*$ 时, 零解是渐近稳定的; 当 $\lambda > \lambda^*$ 时, 零解是不稳定的.

(2) 如果 $r' > 0\,(r' < 0)$, $\mathrm{Re}(\mathrm{e}^{-\mathrm{i}\theta_0 c_1}) > 0$. 那么当 $\lambda < \lambda^*$ 时, 零解是渐近稳定的; 当 $\lambda > \lambda^*$ 时, 零解是不稳定的.

1.7　离散动力系统 Hopf 分支存在的必要条件 —— 扩展 Jury 判据

在对离散动力系统的研究中, 人们不仅关心系统何时稳定, 何时不稳定, 而且非常关心稳定与不稳定之间的临界状态, 尤其是离散动力系统产生 Hopf 分支时的临界状态. 对离散动力系统 Hopf 分支的判定依赖于其特征方程根的分布, 特征方程有一对模为 1 的共轭复根是产生 Hopf 分支的必要条件. 本节给出离散动力系统有可能产生 Hopf 分支的代数判据.

1974 年, Jury 给出了离散系统稳定性的代数判据, 即 Jury 准则.

记 $\mathbb{R}$ 为实数域, 用 $D(z;\ a_0,\ a_1,\ \cdots,\ a_n)$ 表示以 $a_0,\ a_1,\ \cdots,\ a_n$ 为系数的 n 次实多项式, 即

$$D(z;\ a_0,\ a_1,\ \cdots,\ a_n) = a_n z^n + a_{n-1}z^{n-1} + \cdots + a_1 z + a_0,$$

其中 $a_i \in \mathbb{R},\ i = 0,\ 1,\ 2,\ \cdots,\ n$.

记 $D(z;\ a_0,\ a_1,\ \cdots,\ a_n)$ 的 Jury 阵为

	z^0	z^1	$\cdots$	z^{n-k}	$\cdots$	z^{n-2}	z^{n-1}	z^n
1	a_0	a_1	$\cdots$	a_{n-k}	$\cdots$	a_{n-2}	a_{n-1}	a_n
2	a_n	a_{n-1}	$\cdots$	a_k	$\cdots$	a_2	a_1	a_0
3	b_0	b_1	$\cdots$	b_{n-k}	$\cdots$	b_{n-2}	b_{n-1}	
4	b_{n-1}	b_{n-2}	$\cdots$	b_{k-1}	$\cdots$	b_1	b_0	
5	c_0	c_1	$\cdots$	c_{n-k}	$\cdots$	c_{n-2}		
6	c_{n-2}	c_{n-3}	$\cdots$	c_{k-2}	$\cdots$	c_0		
$\vdots$	$\vdots$	$\vdots$		$\vdots$				
$2n-9$	j_0	j_1	j_2	j_3	j_4	j_5		

续表

	z^0	z^1	$\cdots$	z^{n-k}	$\cdots$	z^{n-2}	z^{n-1}	z^n
$2n-8$	j_5	j_4	j_3	j_2	j_1	j_0		
$2n-7$	k_0	k_1	k_2	k_3	k_4			
$2n-6$	k_4	k_3	k_2	k_1	k_0			
$2n-5$	l_0	l_1	l_2	l_3				
$2n-4$	l_3	l_2	l_1	l_0				
$2n-3$	m_0	m_1	m_2					

Jury 判据 实系数多项式 $D(z;\ a_0,\ a_1,\ \cdots,\ a_n)(n \geqslant 3,\ a_n > 0)$ 的所有 n 个根的模长都小于 1 的充要条件是

(1) $D(1;\ a_0,\ a_1,\ \cdots,\ a_n) > 0$;

(2) $(-1)^n D(-1;\ a_0,\ a_1,\ \cdots,\ a_n) > 0$;

(3) $|a_0| < a_n$;

(4) $|b_0| > |b_{n-1}|,\ |c_0| > |c_{n-2}|,\ \cdots,\ |l_0| > |l_3|,\ |m_0| > |m_2|$.

Jury 判据是针对一般的 n 次实系数多项式给出的判别方法.

扩展的 Jury 判据

下面的定理分别给出了实系数多项式有一对和两对模长等于 1 的共轭复根 (不等于 1 和 -1), 而其余所有根的模长都小于 1 的代数判据. 这两个代数判据的形式与 Jury 判据类似, 其作用等同于 Jury 判据在判断一个多项式的所有根的模长是否都小于 1 时所起的作用.

定理 1.7.1 实系数多项式 $D(z;\ a_0,\ a_1,\ \cdots,\ a_n)(n \geqslant 3,\ a_n > 0)$ 有一对模长等于 1 的共轭复根 (不等于 1 和 -1), 其余 $n-2$ 个根的模长都小于 1 的充要条件是: $n=3$ 时下列条件 (1), (2), (3), (5) 成立, $n>3$ 时下列条件 (1)~(5) 成立.

(1) $D(1;\ a_0,\ a_1,\ \cdots,\ a_n) > 0$;

(2) $(-1)^n D(-1;\ a_0,\ a_1,\ \cdots,\ a_n) > 0$;

(3) $|a_0| < a_n$;

(4) $|b_0| > |b_{n-1}|,\ |c_0| > |c_{n-2}|,\ \cdots,\ |l_0| > |l_3|$;

(5) $m_0 = m_2$.

定理 1.7.2 实系数多项式 $D(z;\ a_0,\ a_1,\ \cdots,\ a_n)(n \geqslant 5,\ a_n > 0)$ 有两对模长等于 1 的共轭复根 (不等于 1 和 -1), 其余 $n-4$ 个根的模长都小于 1 的充要条件是: $n=5$ 时下列条件 (1), (2), (3), (5), (6) 成立, $n>5$ 时下列条件 (1)~(6) 成立.

(1) $D(1;\ a_0,\ a_1,\ \cdots,\ a_n) > 0$;

(2) $(-1)^n D(-1;\ a_0,\ a_1,\ \cdots,\ a_n) > 0$;

(3) $|a_0| < a_n$;

(4) $|b_0| > |b_{n-1}|,\ |c_0| > |c_{n-2}|,\ \cdots,\ |j_0| > |j_5|$;

(5) $k_0 = k_4$, $k_1 = k_3$.

1.8 时滞微分方程对称性局部 Hopf 分支定理

具有某种对称性的时滞系统, 其所对应线性化系统的特征方程在特定的参数值处一般会有一对多重的特征根, 这样, 通常的时滞微分方程分支定理不能够被应用. 吴建宏教授将 Golubitsky 等关于常微分方程对称性分支理论[3] 推广到泛函微分方程上去, 建立了下面的对称性分支定理 (参见文献 [15]).

令 $\tau > 0$ 是一个给定的常数, $C := (C([-\tau, 0]), \mathbb{R}^n)$ 表示连续映射 $\phi : [-\tau, 0] \to \mathbb{R}^n$ 的集合, 并对其中的任意元素 φ 赋予上确界范数 $\|\varphi\| = \sup[-\tau, 0]|\varphi(\theta)|$, 则 C 是一个 Banach 空间. x_t 是空间 C 中元素的通常记号, 定义为 $x_t(s) = x(t+s), s \in [-\tau, 0]$.

设算子 $L : \mathbb{R} \times C \to \mathbb{R}^n$ 关于第二个变量是连续的和线性的, $f : \mathbb{R} \times C \to \mathbb{R}^n$ 连续、关于第二个变量具有连续的一阶和二阶导数, 且对于 $\alpha \in \mathbb{R}$ 和 $\varphi \in C$ 有 $f(\alpha, 0) = 0$ 和 $\dfrac{\partial}{\partial \varphi} f(\alpha, 0) = 0$ 成立.

我们考虑如下泛函微分方程系统的对称 Hopf 分支问题

$$x'(t) = L(\alpha) x_t + f(\alpha, x_t). \tag{1.8.1}$$

众所周知, 对于每个固定的 α 线性系统

$$x'(t) = L(\alpha) x_t \tag{1.8.2}$$

产生具有无穷小生成元 $A(\alpha)$ 的线性算子的强连续半群, 而且该无穷小生成元 $A(\alpha)$ 满足

$$A(\alpha)\phi = \phi', \quad \phi \in \mathrm{Dom}(A(\alpha)),$$

这里 $\mathrm{Dom}(A(\alpha)) = \{\phi \in C \,|\, \phi' \in C, \phi'(0) = L(\alpha)\phi\}$. 另外, $A(\alpha)$ 的谱 $\sigma(A(\alpha))$ 由特征根组成, 而特征根是特征方程

$$\det \varDelta(\alpha, \lambda) = 0$$

的解, 其中特征矩阵 $\varDelta(\alpha, \lambda)$ 为

$$\varDelta(\alpha, \lambda) = \lambda Id - L(\alpha)\left(\mathrm{e}^{\lambda} Id\right).$$

在本节中, 我们对含参数泛函微分方程系统 (1.8.1) 作如下假设:

(A_1) 特征矩阵关于 $\alpha \in \mathbb{R}$ 是连续可微的, 存在 $\alpha_0 \in \mathbb{R}$及$\beta_0 > 0$, 使得

(1) $A(\alpha)$ 具有特征根 $\pm\mathrm{i}\beta_0$;

(2) 特征根 $\pm\mathrm{i}\beta_0$ 的广义特征空间 $U_{\mathrm{i}\beta_0}(A(\alpha_0))$ 由 $A(\alpha_0)$ 的所有特征向量构成;

(3) $A(\alpha_0)$ 的其余特征根都不是 $\pm \mathrm{i}\beta_0$ 的整数倍.

(A_2) 存在一个作用在 $\mathbb{R}^n$ 上的紧李群 Γ 使得 $L(\alpha)$ 和 $f(\alpha,\cdot)$ 都是 Γ-等变的, 即对于一切的 $(\alpha,\rho,\phi)\in\mathbb{R}\times\Gamma\times C$, 有 $f(\alpha,\rho\varphi)=\rho f(\alpha,\varphi)$, 且 $L(\alpha)\rho\varphi=\rho L(\alpha)\varphi$ 成立, 这里 $\rho\varphi\in C$ 由 $(\rho\varphi)(s)=\rho\varphi(s), s\in[-\tau,0]$ 给出.

假设 (A_1) 是通常的 Hopf 分支条件; 假设 (A_2) 描述了系统 (1.81) 具有某种对称性, 即可由某个紧李群 Γ 来刻画这种对称性. 注意到, 我们不要求特征根 $\pm\mathrm{i}\beta_0$ 是单的. 实际上, 对称性的出现会引起纯虚根变成多重的, 因此泛函微分方程的一般 Hopf 分支理论不能够被应用 (参见文献 [37]). 实际上, 在假设 (A_1) 下, 特征根 $\pm\mathrm{i}\beta_0$ 的广义特征空间 $U_{\mathrm{i}\beta_0}(A(\alpha_0))$ 可以看作由 $\mathrm{Re}\left(\mathrm{e}^{\mathrm{i}\beta_0(\cdot)}b\right)$ 和 $\mathrm{Im}\left(\mathrm{e}^{\mathrm{i}\beta_0(\cdot)}b\right)$ 张成的实向量空间, 其中 $b\in\mathrm{Ker}\Delta(\alpha_0,\mathrm{i}\beta_0)$.

(A_3) 存在 Γ 的 m 维绝对不可约表示 V 使得 $\mathrm{Ker}\Delta(\alpha_0,\mathrm{i}\beta_0)$ 与 $V\oplus V$ 同构, 这里 Γ 在 $V\oplus V$ 上的作用定义为 $\gamma(v_1,v_2)=(\gamma v_1,\gamma v_2), \gamma\in\Gamma, v_1,v_2\in V$.

若 (A_1) 和 (A_3) 成立, 设 $\{b_{j1}+\mathrm{i}b_{j2}\}_{j=1}^m$ 为 $\mathrm{Ker}\Delta(\alpha_0,\mathrm{i}\beta_0)$ 的一组基. 定义 $\sin\beta,\cos\beta\in C$ 如下:

$$\sin\beta(\theta)=\sin(\beta\theta),\quad \cos\beta(\theta)=\cos(\beta\theta),\quad \theta\in[-\tau,0],$$

记

$$\begin{aligned}\varepsilon_j&=\sin_{\beta_0}b_{j1}+\sin_{\beta_0}b_{j2},\\ \varepsilon_{m+j}&=\cos_{\beta_0}b_{j1}-\sin_{\beta_0}b_{j2},\quad 1\leqslant j\leqslant m.\end{aligned}$$

那么, $\{\varepsilon_1,\cdots,\varepsilon_{2m}\}$ 就形成广义特征空间 $U_{\mathrm{i}\beta_0}(A(\alpha_0))$ 的一组基.

依据吴建宏教授的结论, 存在 $\delta_0>0$ 以及一个连续可微函数 $\lambda:(\alpha_0-\delta_0,\alpha_0+\delta_0)\to C$, 使得 $\lambda(\alpha_0)=\mathrm{i}\beta_0$, $\lambda(\alpha)$ 是 $A(\alpha)$ 的特征根, $U_{\lambda(\alpha)}(A(\alpha))$ 由 $A(\alpha)$ 的相应的特征向量构成, 并且 $\dim U_{\lambda(\alpha)}(A(\alpha))=\dim U_{\mathrm{i}\beta_0}(A(\alpha_0))$. 为了研究方程 (1.8.1) 的局部对称分支性质, 我们还需要下列横截条件

(A_4)
$$\frac{\mathrm{d}}{\mathrm{d}\alpha}\mathrm{Re}\lambda(\alpha)|_{\alpha=\alpha_0}\neq 0.$$

根据一般的 Hopf 分支定理, 若特征根 $\pm\mathrm{i}\beta_0$ 是单重的, 则条件 (A_1) 和 (A_4) 就可以保证 Hopf 分支现象的产生, 某些具体的情况下, 还可以计算分支方向和 Hopf 分支周期解的稳定性.

令 $\omega=\dfrac{2\pi}{\beta_0}$, 并且设 P_ω 为所有连续的 ω 周期函数 $x:\mathbb{R}\to\mathbb{R}$ 的全体所构成的空间, $\Gamma\times S^1$ 在 P_ω 上的作用定义为 $(\gamma,\theta)x(t)=\gamma x(t+\theta), \theta\in S^1, x\in P_\omega, \gamma\in\Gamma$.

设 SP_ω 是 P_ω 的子空间, 它表示当 $\alpha=\alpha_0$ 时, 方程 (1.8.1) 的所有 ω 周期解的全体, 则对于任意的子群 $\Sigma\leqslant\Gamma\times S^1$, 不动点集

$$\mathrm{Fix}(\Sigma,SP_\omega)=\{x\in SP_\omega\,|(\gamma,\theta)x=x,\forall(\gamma,\theta)\in\Sigma\}$$

是一个子空间.

定理 1.8.1 假定上述假设 (A_1), (A_2), (A_3), (A_4) 都成立, 如果存在子群 $\Sigma \leqslant \Gamma \times S^1$ 使得 $\dim \mathrm{Fix}\,(\Sigma, SP_\omega) = 2$, 那么对于空间 $\mathrm{Fix}\,(\Sigma, SP_\omega)$ 选定的一组基 $\{\delta_1, \delta_2\}$, 存在常数 $a_0 > 0$, $a_0^* > 0, \sigma_0 > 0$, 以及关于 a 的连续可微函数 α: $\mathbb{R}^2_{a_0} \to \mathbb{R}, \omega^*$: $\mathbb{R}^2_{a_0} \to (0, \infty)$ 和 x^*: $\mathbb{R}^2_{a_0} \to C\,(\mathrm{R}, \mathbb{R}^n)$, 使得对于每个 $a \in \mathbb{R}^2_{a_0}$, $x^*\,(a)$ 是当参数 $\alpha = \alpha\,(a)$ 时系统有 $\omega^*\,(a)$ 周期解, 且满足

$$
\begin{aligned}
&\gamma\, x^*\,(a)\,(t) = x^*\,(a)\left(t - \frac{\omega^*\,(a)}{\omega}\theta\right), \quad (\gamma, \theta) \in \Sigma,\\
&x^*\,(0) = 0, \quad \omega^*\,(0) = \omega, \quad \alpha\,(0) = \alpha_0,\\
&x^*\,(a) = (\delta_1, \delta_2)\, a + o\,(|a|)\,, \quad |a| \to 0.
\end{aligned}
$$

这里 $\mathbb{R}^2_{a_0} = \left\{a \in \mathbb{R}^2; |a| < a_0\right\}$ 且 $C\,(\mathbb{R}; \mathbb{R}^n)$ 表示由 $\mathbb{R}$ 到 $\mathbb{R}^n$ 的连续函数全体赋予了上确界范数而构成的 Banach 空间. 而且, 当 $|\alpha - \alpha_0| < \alpha_0^*, \left|\omega^* - \dfrac{2\pi}{\beta_0}\right| < \sigma_0$, 方程 (1.8.1) 任意 ω^* 周期解 x 满足 $\|x_t\| < \sigma_0$, 且对于 $(\gamma, \theta) \in \Sigma$ 和 $t \in \mathbb{R}$ 有 $\gamma x\,(t) = x\left(t - \dfrac{\omega^*}{\omega}\theta\right)$ 成立, 则 x 一定可以表示成上面的形式.

第 2 章　时滞连续与离散系统 Hopf 分支的分析方法

时滞微分方程在刻画一个变化过程时既考虑了现在又考虑了历史甚至是未来. 因而几十年来出现了大量具时滞的生物模型.

自 20 世纪 70 年代开始. 时滞微分方程系统 Hopf 分支问题引起了数学家的普遍关注. Chow, Mellet-Paret 和 Hele 分别用不同方法给出了 Hopf 分支的存在理论. 利用半群理论可以将时滞微分方程化为抽象的算子方程. 根据这一性质 Hassard 和 Kazarinoff 利用抽象的微分方程的中心流形理论讨论了分支周期解的稳定性、振幅、分支方向及分支周期解在中心流形上的近似表达式等内容. 几十年来. 这一问题的研究有了较大的进展. 时滞微分方程在奇点处线性化方程的特征方程是超越方程. 研究 Hopf 分支问题需要分析超越方程特征根的分布. J.K.Hale 在专著中详细讨论了这一问题. 为时滞微分方程 Hopf 分支问题的研究奠定了基础; 魏俊杰教授等利用 Rouche 定理给出了指数多项式零点分布定理. 推动了 Hopf 分支理论的研究. 与连续系统类似. 离散系统的线性稳定性分析涉及高阶代数方程根的分布问题. 而三次以上的代数方程就几乎不可能给出其根的表达式了, 因而. 离散系统稳定性的分析同样是一个特别棘手的问题. 基于此, 本章将介绍经典的 Jury 判据和郑宝东教授给出的扩展 Jury 判据在离散系统线性稳定性中的应用.

本章以三元时滞神经网络模型为例, 分别介绍连续型、离散型及中立型模型 Hopf 分支性的研究方法.

2.1　三元时滞连续神经网络模型

神经系统是一个超高维非线性系统, 对其动力学性态的研究, 特别是相空间结构、吸引子分布与形态、同步运动的产生与稳定等, 具有普遍的意义. 建立神经元数学模型, 在神经动力学研究中, 是奠基的一步, 但也是非常重要的一步. 在此基础上如何选择神经元网络的构成方式, 使神经元的微观动力学特性与神经生理学的宏观现象联系起来, 也是值得探索的.

图 2.1.1 表示了三个神经神经元的基本连接方式. 其中 1, 2, 3 表示三个神经元 x, y, z; $w_{ij}(i, j = 1, 2, 3)$ 表示神经元间的反馈作用.

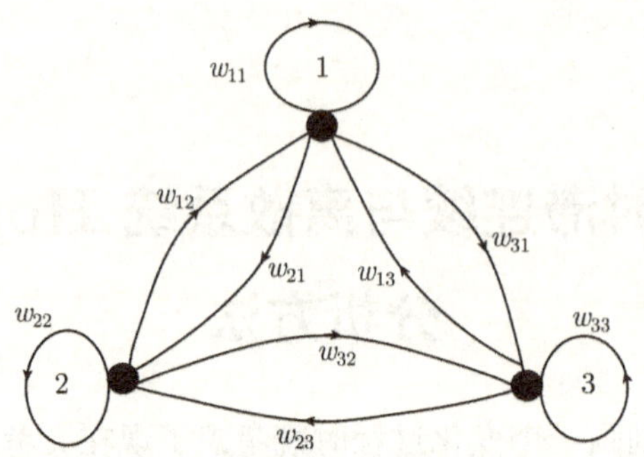

图 2.1.1 三个神经元的耦合方式

图 2.1.1 中既考虑了三个神经元的相互影响, 也考虑了神经元自身的信息反馈, 当神经元本身处于活跃状态时, 能接受来自另一神经元的影响; 当神经元不活跃时则对另一神经元有反作用, 文献 [18] 考虑了信息传播中的时间滞后, 建立了如下模型:

$$\begin{cases} x_1'(t)=-x_1(t)+w_{11}\alpha f(x_1(t-\tau)) \ +w_{12}\beta g(x_2(t-\tau)+w_{13}\beta g(x_3(t-\tau)), \\ x_2'(t)=-x_2(t)+w_{21}\beta g(x_1(t-\tau))+w_{22}\alpha f(x_2(t-\tau)+w_{23}\beta g(x_3(t-\tau)), \\ x_3'(t)=-x_3(t)+w_{31}\beta g(x_1(t-\tau))+w_{32}\beta g(x_2(t-\tau)+w_{33}\alpha f(x_3(t-\tau)). \end{cases} \tag{2.1.1}$$

设方程 (2.1.1) 满足如下条件:

(1) $f(0)=g(0)=0, f'(0)=g'(0)=0, -\infty<\lim\limits_{x\to\pm\infty} f(x), g(x)<+\infty$.

(2) $f'(x)>0,\ g'(x)>0,\ \forall x\in\mathbb{R};\quad xf''(x)<0,\ xg''(x)<0,\ \forall x\in\mathbb{R}, x\neq 0$,

则零点是模型 (2.1.1) 平衡点. 在 (0, 0, 0) 处. 对模型 (2.1.1) 求线性部分. 则可以得到相应的特征方程. 从而可以研究系统的线性稳定性.

根据 $w_{ij}, i,j=1,2,3$ 的选取, 神经元之间有如下十种基本连接方式:

下面我们逐一分析以上十种连接方式.

情形 1 如图 2.1.2 所示, 三个神经元 x_1,x_2,x_3 都有自反馈, 神经元 x_1,x_2,x_3 任意两个之间都是双向连接的, 这种连接方式也叫做全连接神经网络模型. 此时, $w_{ij}=1(i,j=1,2,3)$.

情形 2 三个神经元 x_1,x_2,x_3 都有自反馈, 神经元 x_1,x_2 之间双向连接, 神经元 x_2,x_3 之间双向连接, 而神经元 x_1,x_3 之间只有由 x_3 到 x_1 的单向连接. 此时 $w_{11}=w_{12}=w_{13}=w_{21}=w_{22}=w_{23}=w_{32}=w_{33}=1, w_{31}=0$.

情形 3 三个神经元 x_1,x_2,x_3 都有自反馈, 神经元 x_1,x_3 之间双向连接, 神经元 x_2,x_3 之间双向连接, 而神经元 x_1,x_2 之间没有连接. 此时 $w_{11}=w_{11}=w_{13}=w_{22}=w_{23}=w_{31}=w_{32}=w_{33}=1, w_{12}=w_{21}=0$.

情形 4 三个神经元 x_1,x_2,x_3 都有自反馈, 神经元 x_1,x_2 之间只有由 x_2 到

x_1 的单向连接, 神经元 x_2, x_3 之间双向连接, 而神经元 x_1, x_3 之间只有由 x_3 到 x_1 的单向连接. 此时 $w_{11} = w_{12} = w_{13} = w_{22} = w_{23} = w_{32} = w_{33} = 1, w_{21} = w_{31} = 0$.

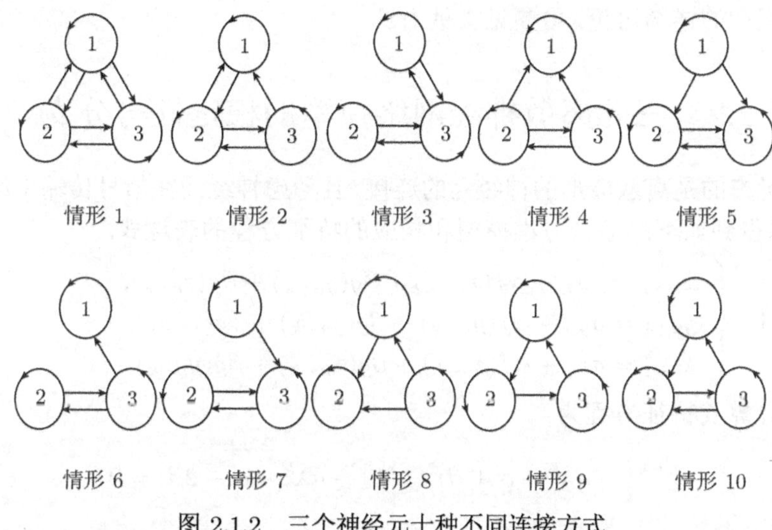

图 2.1.2 三个神经元十种不同连接方式

情形 5 三个神经元 x_1, x_2, x_3 都有自反馈, 神经元 x_1, x_2 之间只有由 x_1 到 x_2 的单向连接, 神经元 x_2, x_3 之间双向连接, 而神经元 x_1, x_3 之间只有由 x_1 到 x_3 的单向连接. 此时 $w_{11} = w_{21} = w_{31} = w_{22} = w_{23} = w_{32} = w_{33} = 1, w_{12} = w_{13} = 0$.

情形 6 三个神经元 x_1, x_2, x_3 都有自反馈, 神经元 x_1, x_2 之间没有连接, 神经元 x_2, x_3 之间双向连接, 而神经元 x_1, x_3 之间只有由 x_3 到 x_1 的单向连接. 此时 $w_{11} = w_{13} = w_{22} = w_{23} = w_{32} = w_{33} = 1, w_{12} = w_{21} = w_{31} = 0$.

情形 7 三个神经元 x_1, x_2, x_3 都有自反馈, 神经元 x_1, x_2 之间没有连接, 神经元 x_2, x_3 之间双向连接, 而神经元 x_1, x_3 之间只有由 x_1 到 x_3 的单向连接. 此时 $w_{11} = w_{31} = w_{22} = w_{23} = w_{32} = w_{33} = 1, w_{12} = w_{21} = w_{13} = 0$.

情形 8 三个神经元 x_1, x_2, x_3 都有自反馈, 神经元 x_1, x_2 之间只有由 x_1 到 x_2 的单向连接, 神经元 x_2, x_3 之间只有由 x_3 到 x_2 的单向连接, 而神经元 x_1, x_3 之间只有由 x_3 到 x_1 的单向连接. 此时 $w_{11} = w_{13} = w_{22} = w_{23} = w_{21} = w_{33} = 1, w_{12} = w_{31} = w_{32} = 0$.

情形 9 三个神经元 x_1, x_2, x_3 都有自反馈, 神经元 x_1, x_2 之间只有由 x_1 到 x_2 的单向连接, 神经元 x_2, x_3 之间只有由 x_2 到 x_3 的单向连接, 而神经元 x_1, x_3 之间只有由 x_3 到 x_1 的单向连接. 此时 $w_{11} = w_{13} = w_{22} = w_{32} = w_{21} = w_{33} = 1, w_{12} = w_{31} = w_{23} = 0$.

情形 10 三个神经元 x_1, x_2, x_3 都有自反馈, 神经元 x_1, x_2 之间只有由 x_1 到 x_2 的单向连接, 神经元 x_2, x_3 之间双向连接, 而神经元 x_1, x_3 之间只有由 x_3 到 x_1

的单向连接. 此时 $w_{11}=w_{13}=w_{22}=w_{32}=w_{21}=w_{23}=w_{33}=1, w_{12}=w_{31}=0$.

经过观察和分析知上述情形 4~ 情形 7 可以归结为一种.

对该模型的详细讨论, 可参见文献 [18].

2.2 三元离散神经网络模型的稳定性与分支

如果考虑的是离散情形的神经元的连接, 且考虑神经元在信号传输中的时间滞后, 则可以得到如下的差分方程模型和相应的特征方程的表达式.

$$\text{情形 1:}\begin{cases} x_{n+1}=ax_n+\alpha f(x_{n-k})+\beta g(y_{n-k})+\beta g(z_{n-k}),\\ y_{n+1}=ay_n+\alpha f(y_{n-k})+\beta g(z_{n-k})+\beta g(x_{n-k}),\\ z_{n+1}=az_n+\alpha f(z_{n-k})+\beta g(x_{n-k})+\beta g(y_{n-k}). \end{cases}$$

经过计算其特征方程为

$$(\lambda^{k+1}-a\lambda^k-\alpha+\beta)^2(\lambda^{k+1}-a\lambda^k-\alpha-2\beta)=0.$$

$$\text{情形 2:}\begin{cases} x_{n+1}=ax_n+\alpha f(x_{n-k})+\beta g(y_{n-k})+\beta g(z_{n-k}),\\ y_{n+1}=ay_n+\alpha f(y_{n-k})+\beta g(z_{n-k})+\beta g(x_{n-k}),\\ z_{n+1}=az_n+\alpha f(z_{n-k})+\beta g(y_{n-k}). \end{cases}$$

其特征方程为

$$\begin{aligned} p_2(\lambda)=&(\lambda^{k+1}-a\lambda^k-\alpha+\beta)\left(\lambda^{k+1}-a\lambda^k-\alpha-\frac{\beta+\sqrt{5}\,|\beta|}{2}\right)\\ &\cdot\left(\lambda^{k+1}-a\lambda^k-\alpha-\frac{\beta-\sqrt{5}\,|\beta|}{2}\right)=0. \end{aligned}$$

$$\text{情形 3:}\begin{cases} x_{n+1}=ax_n+\alpha f(x_{n-k})+\beta g(z_{n-k}),\\ y_{n+1}=ay_n+\alpha f(y_{n-k})+\beta g(z_{n-k}),\\ z_{n+1}=az_n+\alpha f(z_{n-k})+\beta g(x_{n-k})+\beta g(y_{n-k}). \end{cases}$$

其特征方程为

$$p_3(\lambda)=(\lambda^{k+1}-a\lambda^k-\alpha)(\lambda^{k+1}-a\lambda^k-\alpha+\sqrt{2}\beta)(\lambda^{k+1}-a\lambda^k-\alpha-\sqrt{2}\beta)=0.$$

对于情形 4~ 情形 7, 情况如下:

$$\text{情形 4:}\begin{cases} x_{n+1}=ax_n+\alpha f(x_{n-k})+\beta g(y_{n-k})+\beta g(z_{n-k}),\\ y_{n+1}=ay_n+\alpha f(y_{n-k})+\beta g(z_{n-k}),\\ z_{n+1}=az_n+\alpha f(z_{n-k})+\beta g(y_{n-k}). \end{cases}$$

$$\text{情形 5:}\begin{cases} x_{n+1} = ax_n + \alpha f(x_{n-k}), \\ y_{n+1} = ay_n + \alpha f(y_{n-k}) + \beta g(z_{n-k}) + \beta g(x_{n-k}), \\ z_{n+1} = az_n + \alpha f(z_{n-k}) + \beta g(x_{n-k}) + \beta g(y_{n-k}). \end{cases}$$

$$\text{情形 6:}\begin{cases} x_{n+1} = ax_n + \alpha f(x_{n-k}) + \beta g(z_{n-k}), \\ y_{n+1} = ay_n + \alpha f(y_{n-k}) + \beta g(x_{z-k}), \\ z_{n+1} = az_n + \alpha f(z_{n-k}) + \beta g(y_{n-k}). \end{cases}$$

$$\text{情形 7:}\begin{cases} x_{n+1} = ax_n + \alpha f(x_{n-k}), \\ y_{n+1} = ay_n + \alpha f(y_{n-k}) + \beta g(z_{n-k}), \\ z_{n+1} = az_n + \alpha f(z_{n-k}) + \beta g(x_{n-k}) + \beta g(y_{n-k}). \end{cases}$$

经过分析计算得到以上四种情形的特征方程均为

$$p_{4,5,6,7}(\lambda) = (\lambda^{k+1} - a\lambda^k - \alpha)(\lambda^{k+1} - a\lambda^k - \alpha + \beta)(\lambda^{k+1} - a\lambda^k - \alpha - \beta) = 0.$$

$$\text{情形 8:}\begin{cases} x_{n+1} = ax_n + \alpha f(x_{n-k}) + \beta g(z_{n-k}), \\ y_{n+1} = ay_n + \alpha f(y_{n-k}) + \beta g(z_{n-k}) + \beta g(x_{n-k}), \\ z_{n+1} = az_n + \alpha f(z_{n-k}). \end{cases}$$

其特征方程为

$$p_8(\lambda) = (\lambda^{k+1} - a\lambda^k - \alpha)^3 = 0.$$

$$\text{情形 9 :}\begin{cases} x_{n+1} = ax_n + \alpha f(x_{n-k}) + \beta g(z_{n-k}), \\ y_{n+1} = ay_n + \alpha f(y_{n-k}) + \beta g(x_{n-k}), \\ z_{n+1} = az_n + \alpha f(z_{n-k}) + \beta g(y_{n-k}). \end{cases}$$

其特征方程为

$$p_9(\lambda) = (\lambda^{k+1} - a\lambda^k - \alpha - \beta)[(\lambda^{k+1} - a\lambda^k - \alpha)^2 + \beta(\lambda^{k+1} - a\lambda^k - \alpha) + \beta^2] = 0.$$

$$\text{情形 10 :}\begin{cases} x_{n+1} = ax_n + \alpha f(x_{n-k}) + \beta g(z_{n-k}), \\ y_{n+1} = ay_n + \alpha f(y_{n-k}) + \beta g(z_{n-k}) + \beta g(x_{n-k}), \\ z_{n+1} = az_n + \alpha f(z_{n-k}) + \beta g(y_{n-k}). \end{cases}$$

其特征方程为

$$p_{10}(\lambda) = (\lambda^{k+1} - a\lambda^k - \alpha)^3 - \beta^2(\lambda^{k+1} - a\lambda^k - \alpha) - \beta^3 = 0.$$

下面. 我们针对其中的几种情形逐一介绍研究方法.

2.2.1 具有全连接的时滞神经网络模型的分析

考虑情形 1, 在此模型中, 两两神经元之间信号的传递具有滞后性. 引入时间

延迟 k, 本节研究具时滞的三元全连接 (带自反馈) 的离散神经网络模型

$$\begin{cases} x_{n+1} = ax_n + \alpha f(x_{n-k}) + \beta g(y_{n-k}) + \beta g(z_{n-k}), \\ y_{n+1} = ay_n + \alpha f(y_{n-k}) + \beta g(z_{n-k}) + \beta g(x_{n-k}), \\ z_{n+1} = az_n + \alpha f(z_{n-k}) + \beta g(x_{n-k}) + \beta g(y_{n-k}). \end{cases} \tag{2.2.1}$$

下面讨论平衡点 (0,0,0) 的稳定性、周期解的存在性以及分支方向. 对于系统 (2.2.1), 假设 f、g 是足够光滑的激活函数并且满足如下条件:

(H_1) $f, g: \mathbb{R} \to \mathbb{R}$ 是一个 C^1 上的光滑函数, 并且有 $f(0) = 0, g(0) = 0$;

(H_2) $f'(0) = g'(0) = 1$.

在条件 (H_1) 和条件 (H_2) 的假设下, 易知 $(0,0,0)$ 是系统 (2.2.1) 的平衡点, 系统 (2.2.1) 的线性部分为

$$\begin{cases} x_{n+1} = ax_n + \alpha x_{n-k} + \beta y_{n-k} + \beta z_{n-k}, \\ y_{n+1} = ay_n + \alpha y_{n-k} + \beta z_{n-k} + \beta x_{n-k}, \\ z_{n+1} = az_n + \alpha z_{n-k} + \beta x_{n-k} + \beta y_{n-k}. \end{cases}$$

记 $M_{n+1} = AM_n$, 其中

$$\begin{aligned} M_n = &(x_n, x_{n-1}, x_{n-2}, \cdots, x_{n-k+1}, y_n, y_{n-1}, y_{n-2}, \cdots, y_{n-k+1}, z_n, z_{n-1}, \\ &z_{n-2}, \cdots, z_{n-k+1})^{\mathrm{T}}. \end{aligned}$$

$$A = \begin{pmatrix} R_1 & R_2 & R_2 \\ R_2 & R_1 & R_2 \\ R_2 & R_2 & R_1 \end{pmatrix}_{(3k+3)\times(3k+3)}.$$

R_1, R_2 如下表示:

$$R_1 = \begin{pmatrix} a & 0 & \cdots & 0 & 0 & \alpha \\ 1 & 0 & \cdots & 0 & 0 & 0 \\ 0 & 1 & 0 & 0 & \cdots & 0 \\ 0 & 0 & 1 & 0 & \cdots & 0 \\ \vdots & \vdots & \vdots & 0 & & \vdots \\ 0 & 0 & \cdots & 0 & 1 & 0 \end{pmatrix}_{(k+1)\times(k+1)},$$

$$R_2 = \begin{pmatrix} 0 & 0 & 0 & 0 & \cdots & \beta \\ 0 & 0 & 0 & 0 & \cdots & 0 \\ 0 & 0 & 0 & 0 & \cdots & 0 \\ 0 & 0 & 0 & 0 & \cdots & 0 \\ \vdots & \vdots & \vdots & \vdots & & \vdots \\ 0 & 0 & 0 & 0 & \cdots & 0 \end{pmatrix}_{(k+1)\times(k+1)}.$$

系统 (2.2.1) 的特征方程为

$$(\lambda^{k+1}-a\lambda^k-\alpha+\beta)^2(\lambda^{k+1}-a\lambda^k-\alpha-2\beta)=0.$$

对于系统 (2.2.1) 稳定性和离散 Hopf 分支存在性的讨论, 只需分析如下代数方程根的分布情况.

(1) $\lambda^{k+1}-a\lambda^k-\alpha-2\beta=0$, 为了计算简单, 记 $a_{01}=-\alpha-2\beta$.

(2) $(\lambda^{k+1}-a\lambda^k-\alpha+\beta)^2=0$, 和 a_{01} 标记相同, 同样记 $a_{02}=-\alpha+\beta$.

下面首先考虑代数方程

$$\lambda^{k+1}-a\lambda^k+a_{0t}=0,\quad t=1,2, \tag{2.2.2}$$

利用扩展的 Jury 判据对以上特征方程进行计算分析. 为了使读者熟悉扩展的 Jury 判据, 我们给出定理的详细证明.

定理 2.2.1 如果下面的条件 (a′) ~ (d′) 成立, 那么系统 (2.2.1) 在平衡点 (0,0,0) 是渐近稳定的:

(a′) $a_{0t}>a-1$;

(b′) $(-1)^{k+1}a_{0t}>-1-a$;

(c′) $-1<a_{0t}<1$;

(d′) $\left|a_{0t}^{(2)}\right|>\left|a_{kt}^{(2)}\right|, \left|a_{0t}^{(3)}\right|>\left|a_{(k-1)t}^{(3)}\right|, \cdots, \left|a_{0t}^{(k-1)}\right|>\left|a_{3t}^{(k-1)}\right|, \left|a_{0t}^{(k)}\right|>\left|a_{2t}^{(k)}\right|$,

其中 $t=1,2; a_{jt}^{(1)}=a_{jt}, j=0,1,\cdots,k+1$, 而 $a_{jt}^{(i)}=\begin{vmatrix} a_{0t}^{(i-1)} & a_{[k-(i+j)+3]t}^{(i-1)} \\ a_{(k-i+3)t}^{(i-1)} & a_{jt}^{(i-1)} \end{vmatrix}$ $(i=2,3,\cdots,k+2;\quad j=0,1,2,\cdots,k-i+3)$.

证明 (1) 首先, 记

$$D(\lambda;a_{0t},a_{n-1},a_n)=D(\lambda;a_{0t},a_k,a_{k+1})=a_{k+1}\lambda^{k+1}-a_k\lambda^k+a_{0t},$$

其中

$$a_{k+1}=1,\quad a_k=a,\quad a_{01}=-\alpha-2\beta,\quad a_{02}=-\alpha+\beta,$$

根据 Jury 判据, 得

$$D(\lambda;a_{0t},a_k,a_{k+1})=1-a+a_{0t}>0,$$

因此, 有 $a_{0t}>a-1$;

(2) 将 $\lambda=-1$ 代入式 (2.2.2), 有

$$(-1)^nD(\lambda;a_{0t},a_k,a_{k+1})=(-1)^{k+1}[(-1)^{k+1}-a(-1)^k+a_{0t}]>0,$$

得到 $(-1)^{k+1}a_{0t}>-1-a$;

(3) 根据 Jury 判据. $|a_{0t}|<|a_{k+1}|$ 也即 $|a_{0t}|<1$, 有 $-1<a_{0t}<1$;

(4) 作 Jury 表 2.2.1:

表 2.2.1 Jury

	λ^0	λ^1	λ^2	$\cdots$	λ^{n-k}	$\cdots$	λ^{n-2}	λ^{n-1}	λ^n
1	$a_0^{(1)}$	$a_1^{(1)}$	$a_2^{(1)}$	$\cdots$	$a_{n-k}^{(1)}$	$\cdots$	$a_{n-2}^{(1)}$	$a_{n-1}^{(1)}$	$a_n^{(1)}$
2	$a_n^{(1)}$	$a_{n-1}^{(1)}$	$a_{n-2}^{(1)}$	$\cdots$	$a_k^{(1)}$	$\cdots$	$a_2^{(1)}$	$a_1^{(1)}$	$a_0^{(1)}$
3	$a_0^{(2)}$	$a_1^{(2)}$	$a_2^{(2)}$	$\cdots$	$a_{n-k}^{(2)}$	$\cdots$	$a_{n-2}^{(2)}$	$a_{n-1}^{(2)}$	
4	$a_{n-1}^{(1)}$	$a_{n-2}^{(2)}$	$a_{n-3}^{(2)}$	$\cdots$	$a_{k-1}^{(2)}$	$\cdots$	$a_1^{(2)}$	$a_0^{(2)}$	
5	$a_0^{(3)}$	$a_1^{(3)}$	$a_2^{(3)}$	$\cdots$	$a_{n-k}^{(3)}$	$\cdots$	$a_{n-2}^{(3)}$		
6	$a_{n-2}^{(3)}$	$a_{n-3}^{(3)}$	$a_{n-4}^{(3)}$	$\cdots$	$a_{k-2}^{(3)}$	$\cdots$	$a_0^{(3)}$		
$\vdots$	$\vdots$	$\vdots$	$\vdots$						
$2n-7$	$a_0^{(n-3)}$	$a_1^{(n-3)}$	$a_2^{(n-3)}$	$a_3^{(n-3)}$	$a_4^{(n-3)}$				
$2n-6$	$a_4^{(n-3)}$	$a_3^{(n-3)}$	$a_2^{(n-3)}$	$a_1^{(n-3)}$	$a_0^{(n-3)}$				
$2n-5$	$a_0^{(n-2)}$	$a_1^{(n-2)}$	$a_2^{(n-2)}$	$a_3^{(n-2)}$					
$2n-4$	$a_3^{(n-2)}$	$a_2^{(n-2)}$	$a_1^{(n-2)}$	$a_0^{(n-2)}$					
$2n-3$	$a_0^{(n-1)}$	$a_1^{(n-1)}$	$a_2^{(n-1)}$						
$2n-2$	$a_2^{(n-1)}$	$a_1^{(n-1)}$	$a_0^{(n-1)}$						
$2n-1$	$a_0^{(n)}$	$a_1^{(n)}$		$\cdots$					
$2n$	$a_1^{(n)}$	$a_0^{(n)}$		$\cdots$					
$2n+1$	$a_0^{(n+1)}$			$\cdots$					

根据如上 Jury 表得到

$$\begin{array}{llll} b_{0t}=a_{0t}^{(2)}, & c_{0t}=a_{0t}^{(3)}, & \cdots, & l_{0t}=a_{0t}^{(n-2)}, \\ b_{1t}=a_{1t}^{(2)}, & c_{1t}=a_{1t}^{(3)}, & \cdots, & l_{1t}=a_{1t}^{(n-2)}, \\ \vdots & \vdots & \cdots, & l_{2t}=a_{2t}^{(n-2)}, \\ b_{(n-1)t}=a_{(n-1)t}^{(2)}, & c_{(n-2)t}=a_{(n-2)t}^{(3)}, & \cdots, & l_{3t}=a_{3t}^{(n-2)}, \end{array}$$

因为 $n=k+1$, 经过计算有

$$b_{(n-1)t}=a_{kt}^{(2)}, \quad c_{(n-2)t}=a_{(k-1)t}^{(2)}, \quad \cdots, \quad l_{3t}=a_{3t}^{(k-1)}.$$

又根据 Jury 判据易知

$$\left|a_{0t}^{(2)}\right|>\left|a_{kt}^{(2)}\right|, \quad \left|a_{0t}^{(3)}\right|>\left|a_{(k-1)t}^{(3)}\right|, \cdots, \left|a_{0t}^{(k-1)}\right|>\left|a_{3t}^{(k-1)}\right|, \quad \left|a_{0t}^{(k)}\right|>\left|a_{2t}^{(k)}\right|.$$

以上得到的是系统 (2.2.1) 在平衡点 (0,0,0) 的渐近稳定性的结论. 下面讨论系统 (2.2.1) 离散 Hopf 分支 (周期解) 的存在性.

定理 2.2.2 如果如下条件 (a)~(e) 满足, 则系统 (2.2.1) 在平衡点 (0,0,0) 经历了一个通有离散 Hopf 分支:

(a) $a_{01}>a-1$;

(b) $(-1)^{k+1}a_{01}>-1-a$;

(c) $-1 < a_{01} < 1$;

(d) $\left|a_{01}^{(2)}\right| > \left|a_{k1}^{(2)}\right|, \left|a_{01}^{(3)}\right| > \left|a_{(k-1)1}^{(3)}\right|, \cdots, \left|a_{01}^{(k-1)}\right| > \left|a_{31}^{(k-1)}\right|$;

(e) $\left|a_{01}^{(k)}\right| = \left|a_{21}^{(k)}\right|$,

其中 $a_{j1}^{(1)} = a_{j1}, j = 0, 1, \cdots, k+1$,

$$a_{j1}^{(i)} = \begin{vmatrix} a_{01}^{(i-1)} & a_{(k-(i+j)+3)1}^{(i-1)} \\ a_{(k-i+3)1}^{(i-1)} & a_{j1}^{(i-1)} \end{vmatrix}, \quad i = 2, 3, \cdots, k+2, j = 0, 1, 2, \cdots, k-i+3.$$

证明 根据扩展的 Jury 判据中的条件, 易知 $m_0 = m_2$, 即 $\left|a_{01}^{(k)}\right| = \left|a_{21}^{(k)}\right|$.

下面考虑离散 Hopf 分支存在的横截条件. 使得定理 2.2.2 的条件成立的 a_{01} 记作 a_{00}, 其对应的纯虚根 $e^{\pm i w_{00}}$ 满足如下条件:

$$\begin{cases} \cos(k+1)\omega_{00} - a\cos k\omega_{00} + a_{00} = 0, \\ \sin(k+1)\omega_{00} - a\sin k\omega_{00} = 0, \end{cases}$$

其中 $\omega \in \left[\dfrac{j\pi}{k}, \dfrac{\pi(j+1)}{k+1}\right], j = 0, 1, \cdots, k-1$, 并且

$$\begin{aligned} \frac{\mathrm{d}\,|\lambda|^2}{\mathrm{d}(a_{00})} &= \lambda\frac{\mathrm{d}\,\bar{\lambda}}{\mathrm{d}(a_{00})} + \bar{\lambda}\frac{\mathrm{d}\lambda}{\mathrm{d}(a_{00})} \\ &= \frac{-\bar{\lambda}(a_{00})}{(k+1)\lambda^k(a_{00}) - ak\lambda^{k-1}(a_{00})} + \frac{-\lambda(a_{00})}{(k+1)\bar{\lambda}^k(a_{00})} - ak\bar{\lambda}^{k-1}(a_{00}) \\ &= \frac{-(k+1)\bar{\lambda}^{k+1}(a_{00}) + ak\bar{\lambda}^k - (k+1)\lambda^{k+1}(a_{00}) + ak\lambda^k}{[(k+1)\lambda^k(a_{00}) - ak\lambda^{k-1}(a_{00})][(k+1)\bar{\lambda}^k(a_{00}) - ak\bar{\lambda}^{k-1}(a_{00})]}. \end{aligned} \tag{2.2.3}$$

由于 $\sin(k+1)\omega_{00} - a\sin k\omega_{00} = 0$, 则

$$a = \frac{\sin(k+1)\omega_{00}}{\sin k\omega_{00}}. \tag{2.2.4}$$

将式 (2.2.4) 代入式 (2.2.3), 得到

$$\begin{aligned} &\frac{\mathrm{d}\,|\lambda(a_{00})|^2}{\mathrm{d}\,|a_{00}|} \\ =& \frac{k\sin(k+1)(\mathrm{e}^{-\mathrm{i}k\omega_{00}} + \mathrm{e}^{\mathrm{i}k\omega_{00}}) - (k+1)\sin k\omega_{00}(\mathrm{e}^{-\mathrm{i}(k+1)\omega_{00}} + \mathrm{e}^{\mathrm{i}(k+1)\omega_{00}})}{\sin k\omega_{00}[(k+1)\mathrm{e}^{\mathrm{i}k\omega_{00}}(a_{00}) - ak\mathrm{e}^{\mathrm{i}(k-1)\omega_{00}}(a_{00})][(k+1)\mathrm{e}^{-\mathrm{i}k\omega_{00}}(a_{00}) - ak\mathrm{e}^{-\mathrm{i}(k-1)\omega_{00}}(a_{00})]} \\ =& \frac{2(k+1)\sin\omega_{00} - 2\sin(k+1)\omega_{00}\cos(k+1)\omega_{00}}{\sin k\omega_{00}[(k+1)\mathrm{e}^{\mathrm{i}k\omega_{00}}(a_{00}) - ak\mathrm{e}^{\mathrm{i}(k-1)\omega_{00}}(a_{00})][(k+1)\mathrm{e}^{-\mathrm{i}k\omega_{00}}(a_{00}) - ak\mathrm{e}^{-\mathrm{i}(k-1)\omega_{00}}(a_{00})]} \end{aligned}$$

因为 $\omega \in \left[\dfrac{j\pi}{k}, \dfrac{\pi(j+1)}{k+1}\right], j = 0, 1, \cdots, k-1$, 因此得到 $\sin k\omega_{00} > 0$. 很明显, 上式中

$$\left[(k+1)\mathrm{e}^{\mathrm{i}k\omega_{00}}(a_{00}) - ak\mathrm{e}^{\mathrm{i}(k-1)\omega_{00}}(a_{00})\right][(k+1)\mathrm{e}^{-\mathrm{i}k\omega_{00}}(a_{00}) - ak\mathrm{e}^{-\mathrm{i}(k-1)\omega_{00}}(a_{00})] > 0,$$

所以可以推出 $\dfrac{\mathrm{d}\,|\lambda(a_{00})|^2}{\mathrm{d}\,|a_{00}|}$ 的符号是由 $2(k+1)\sin\omega_{00}-2\sin(k+1)\omega_{00}\cos(k+1)\omega_{00}$ 决定的. 事实上有

$$\sin(k+1)\omega_{00}<0,\quad \cos(k+1)\omega_{00}>0,$$

则 $2(k+1)\sin\omega_{00}-\sin(k+1)\omega_{00}\cos(k+1)\omega_{00}>0$. 从而

$$\frac{\mathrm{d}\,|\lambda(a_{00})|^2}{\mathrm{d}\,|a_{00}|}>0.$$

下面针对系统 (2.2.1) 的多重周期解进行分析.

与情形 1 的分析类似, 利用 July 判据分析情形 2, 并检验横截条件得到如下定理:

定理 2.2.3 如果系统 (2.2.1) 满足如下条件 (a)~(e), 则该系统在平衡点 (0,0,0) 经历了一个等变离散 Hopf 分支.

(a) $a_{02}>a-1$;

(b) $(-1)^{k+1}a_{02}>-1-a$;

(c) $-1<a_{02}<1$;

(d) $\left|a_{02}^{(2)}\right|>\left|a_{k2}^{(2)}\right|,\ \left|a_{02}^{(3)}\right|>\left|a_{(k-1)2}^{(3)}\right|,\cdots,\ \left|a_{02}^{(k-1)}\right|>\left|a_{32}^{(k-1)}\right|$;

(e) $\left|a_{02}^{(k)}\right|=\left|a_{22}^{(k)}\right|$,

其中 $a_{j2}^{(1)}=a_{j2}(j=0,1,\cdots,k+1)$,

$$a_{j2}^{(i)}=\begin{vmatrix} a_{02}^{(i-1)} & a_{(k-(i+j)+3)2}^{(i-1)} \\ a_{(k-i+3)2}^{(i-1)} & a_{j2}^{(i-1)} \end{vmatrix},\quad i=2,3,\cdots,k+2,\quad j=0,1,2,\cdots,k-i+3.$$

引理 2.2.4 系统 (2.2.1) 是 D_3 等变的, 其中 D_3 是一个 6 阶二面体群.

证明 D_3 可以由矩阵 P,Q 生成:

$$P=\begin{pmatrix}0&1&0\\0&0&1\\1&0&0\end{pmatrix},\quad Q=\begin{pmatrix}-1&0&0\\0&-1&0\\0&0&-1\end{pmatrix},$$

因此矩阵群为 $D_3=\{I_3,P,P^2,Q,QP,QP^2\}$. 将系统 (2.2.1) 改写成

$$\begin{pmatrix}x_{n+1}\\y_{n+1}\\z_{n+1}\end{pmatrix}=\begin{pmatrix}a&0&0\\0&a&0\\0&0&a\end{pmatrix}\begin{pmatrix}x_n\\y_n\\z_n\end{pmatrix}+\begin{pmatrix}\alpha&0&0\\0&\alpha&0\\0&0&\alpha\end{pmatrix}\begin{pmatrix}f(x_{n-k})\\f(y_{n-k})\\f(z_{n-k})\end{pmatrix}$$

$$+\begin{pmatrix}0&\beta&\beta\\\beta&0&\beta\\\beta&\beta&0\end{pmatrix}\begin{pmatrix}g(x_{n-k})\\g(y_{n-k})\\g(z_{n-k})\end{pmatrix},$$

则对 $\forall G\in D_3$, 有

$$G\left[\begin{pmatrix}a&0&0\\0&a&0\\0&0&a\end{pmatrix}\begin{pmatrix}x_n\\y_n\\z_n\end{pmatrix}+\begin{pmatrix}\alpha&0&0\\0&\alpha&0\\0&0&\alpha\end{pmatrix}\begin{pmatrix}f(x_{n-k})\\f(y_{n-k})\\f(z_{n-k})\end{pmatrix}\right.$$
$$\left.+\begin{pmatrix}0&\beta&\beta\\\beta&0&\beta\\\beta&\beta&0\end{pmatrix}\begin{pmatrix}g(x_{n-k})\\g(y_{n-k})\\g(z_{n-k})\end{pmatrix}\right]$$
$$=\begin{pmatrix}a&0&0\\0&a&0\\0&0&a\end{pmatrix}G\begin{pmatrix}x_n\\y_n\\z_n\end{pmatrix}+\begin{pmatrix}\alpha&0&0\\0&\alpha&0\\0&0&\alpha\end{pmatrix}G\begin{pmatrix}f(x_{n-k})\\f(y_{n-k})\\f(z_{n-k})\end{pmatrix}$$
$$+\begin{pmatrix}0&\beta&\beta\\\beta&0&\beta\\\beta&\beta&0\end{pmatrix}G\begin{pmatrix}g(x_{n-k})\\g(y_{n-k})\\g(z_{n-k})\end{pmatrix}.$$

从而, D_3 可以由矩阵 P,Q 生成. 考虑 D_3 的子空间:

$$\varGamma_1=\left\{P,\theta(\omega t)=\omega t-\frac{2\pi}{3}\right\},\quad \varGamma_2=\{Q,\theta(\omega t)=\omega t\},\quad \varGamma_3=\{QP,\theta(\omega t)=\omega t-\pi\}$$

令 $T=\dfrac{2\pi}{\omega_{00}}$, P_T 表示所有 T 为周期连续函数 $x(t)$ 构成的 Banach 空间. SP_T 表示 P_T 的包含系统 (2.2.1) 所有以 T 为周期的解的子空间.

令 $\mathrm{Fix}(\varGamma,SP_T)=\{x\in SP_T;\ Gx=x,\forall G\in D_3\}$, 运用 Golubitshy 理论, 有 $\mathrm{DimFix}(\varGamma_1,SP_T)=2,\mathrm{DimFix}(\varGamma_2,SP_T)=2,\mathrm{DimFix}(\varGamma_3,SP_T)=2$.

定理 2.2.5 假设 a_{02} 满足条件 (a)~(e), 则在 a_{02} 的邻域内存在系统 (2.2.1) 的 8 个小振幅周期解, 周期 T 近似于 $\dfrac{2\pi}{\omega_{00}}$:

① 两个锁相振子: $x_i(n)=x_{i-1}\left(n\pm\dfrac{2\pi}{3\omega_{00}}\right)$, 其中 $i\ (\mathrm{mod}\ 3)$;

② 三个镜像反射波: $x_i(n)=x_j(n)\neq x_k(n)$, 其中 i,j,k 在{1, 2, 3}中取不同值;

③ 三个标准波: $x_i(n)=x_j\left(n\pm\dfrac{\pi}{\omega_{00}}\right)$, 其中 i,j 在{1, 2, 3}中取不同值.

数值模拟仿真

为了更清楚明了地分析所得结果的正确性. 在 Matlab 环境下, 令 $k=2$, $f(x)=g(x)=\tanh(x)$, 根据定理 2.2.1、定理 2.2.2 和定理 2.2.3, 选取参数 a,α,β 适当的数值, 进行模拟.

系统 (2.2.1) 当 $k=2$ 时相应的特征方程:

$$q(\lambda)=(\lambda^3-a\lambda^2-\alpha+\beta)^2(\lambda^3-a\lambda^2-\alpha-2\beta)=0.$$

通过对特征方程的分析, 可以得到相应的临界值. 仿真结果如图 2.2.1～图 2.2.5 所示.

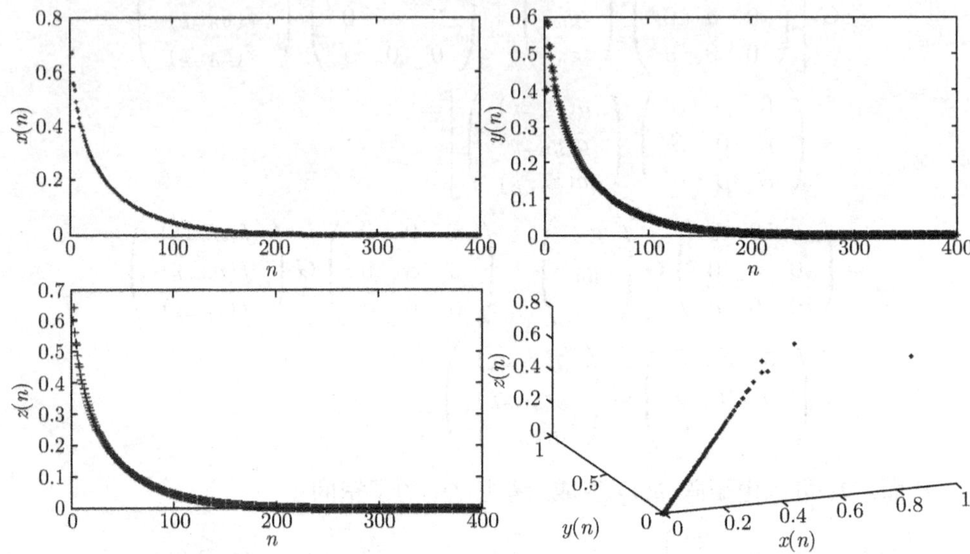

图 2.2.1　$a=0.25, \alpha=0.3, \beta=0.2$, 系统 (2.2.1) 在平衡点 (0,0,0) 是渐近稳定的

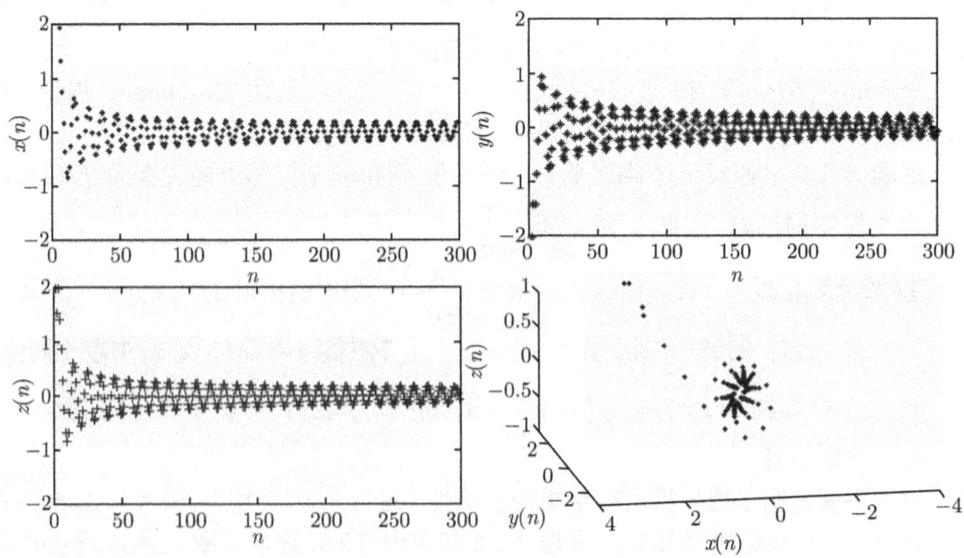

图 2.2.2　$a=1, \alpha=-0.6, \beta=0.02$, 系统 (2.2.1) 在 $a_{00}=-0.56$ 经历了一个通有离散 Hopf 分支

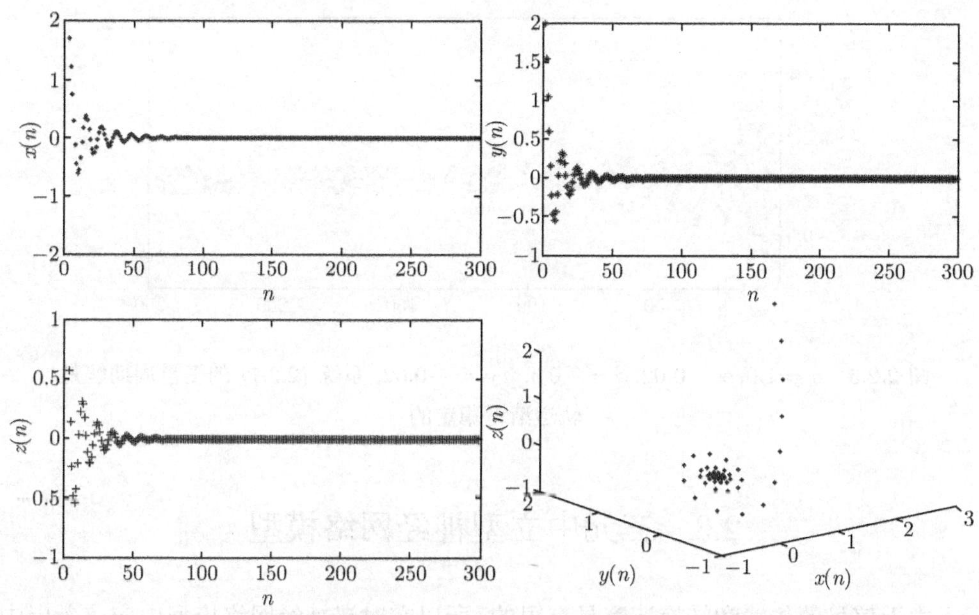

图 2.2.3 $a=1,\alpha=0.01,\beta=-0.5$, 系统 (2.2.1) 在平衡点 (0,0,0) 是渐近稳定的

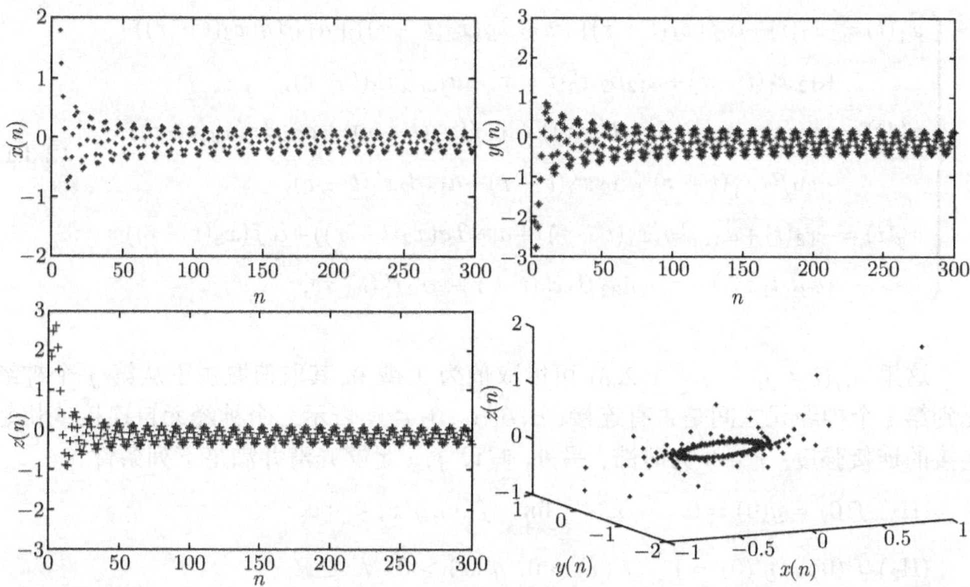

图 2.2.4 $a=1.02,\alpha=0.022,\beta=-0.599$, 系统 (2.2.1) 在 $a_{00}=-0.621$ 经历一个等变离散 Hopf 分支

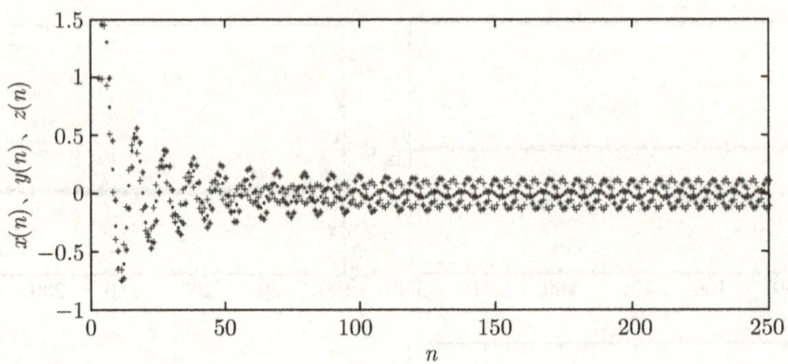

图 2.2.5 $a = 1.0, \alpha = 0.02, \beta = -0.6$, $a_{00} = -0.62$, 系统 (2.2.1) 的多重周期解是轨道渐近稳定的

2.3 三元中立型神经网络模型

由于信号的传输和转换速度是有限的, 所以在时滞神经网络模型中应该考虑中立行为的存在性. 因此, 本节在上述模型中加入中立行为, 将模型修改如下:

$$\begin{cases} x_1'(t)=-x_1(t)+\alpha f(x_1(t-\tau))+a_{12}\beta g(x_2(t-\tau))+a_{13}\beta g(x_3(t-\tau)) \\ \qquad +\alpha_2 x_1'(t-\tau)+a_{12}\beta_2 x_2'(t-\tau)+a_{13}\beta_2 x_3'(t-\tau), \\ x_2'(t)=-x_2(t)+a_{21}\beta g(x_1(t-\tau))+\alpha f(x_2(t-\tau))+a_{23}\beta g(x_3(t-\tau)) \\ \qquad +a_{21}\beta_2 x_1'(t-\tau)+\alpha_2 x_2'(t-\tau)+a_{13}\beta_2 x_3'(t-\tau), \\ x_3'(t)=-x_3(t)+a_{31}\beta g(x_1(t-\tau))+a_{32}\beta g(x_2(t-\tau))+\alpha f(x_3(t-\tau)) \\ \qquad +a_{31}\beta_2 x_1'(t-\tau)+a_{32}\beta_2 x_2'(t-\tau)+\alpha_2 x_3'(t-\tau), \end{cases} \tag{2.3.1}$$

这里 $a_{ij}(i \neq j,\ i,\ j = 1,2,3)$ 可以取值为 1 或 0, 其取值取决于从第 j 个神经元到第 i 个神经元之间是否有连接; $\alpha, \beta, \alpha_2, \beta_2 \in \mathbb{R}$ 表示三个神经元自连接或相邻连接的连接强度; $\tau \geqslant 0$ 为时滞; 另外, 假设 f, g 足够光滑并满足下列条件

(H_1) $f(0) = g(0) = 0,\ -\infty < \lim\limits_{x\to\pm\infty} f(x), g(x) < +\infty$;

(H_2) $f'(0) = g'(0) = 1.\quad f'(x) > 0,\ g'(x) > 0,\ \forall x \in \mathbb{R}$;

$$xf''(x) < 0,\ xg''(x) < 0,\ \forall x \in \mathbb{R},\ x \neq 0.$$

在假设 (H_1) 成立的条件下, 很容易验证 (0,0,0) 是系统 (2.3.1) 的平衡点, 在这个平衡点处系统 (2.3.1) 的线性化系统为

$$\begin{cases} x_1'(t) = -x_1(t) + \alpha x_1(t-\tau) + a_{12}\beta x_2(t-\tau) + a_{13}\beta x_3(t-\tau) \\ \qquad +\alpha_2 x_1'(t-\tau) + a_{12}\beta_2 x_2'(t-\tau) + a_{13}\beta_2 x_3'(t-\tau), \\ x_2'(t) = -x_2(t) + a_{21}\beta x_1(t-\tau) + \alpha x_2(t-\tau) + a_{23}\beta x_3(t-\tau) \\ \qquad +a_{21}\beta_2 x_1'(t-\tau) + \alpha_2 x_2'(t-\tau) + a_{13}\beta_2 x_3'(t-\tau), \\ x_3'(t) = -x_3(t) + a_{31}\beta x_1(t-\tau) + a_{32}\beta x_2(t-\tau) + \alpha x_3(t-\tau) \\ \qquad +a_{31}\beta_2 x_1'(t-\tau) + a_{32}\beta_2 x_2'(t-\tau) + \alpha_2 x_3'(t-\tau) \end{cases}$$

可以写成

$$\dot{X}(t) = AX(t) + BX(t-\tau) + C\dot{X}(t-\tau), \tag{2.3.2}$$

其中

$$A = \begin{pmatrix} -1 & 0 & 0 \\ 0 & -1 & 0 \\ 0 & 0 & -1 \end{pmatrix}, \quad B = \begin{pmatrix} \alpha & a_{12}\beta & a_{13}\beta \\ a_{21}\beta & \alpha & a_{23}\beta \\ a_{31}\beta & a_{32}\beta & \alpha \end{pmatrix},$$

$$C = \begin{pmatrix} \alpha_2 & a_{12}\beta_2 & a_{13}\beta_2 \\ a_{21}\beta_2 & \alpha_2 & a_{23}\beta_2 \\ a_{31}\beta_2 & a_{32}\beta_2 & \alpha_2 \end{pmatrix}.$$

相应的特征方程为

$$\det\left[\lambda\left(I - C\,\mathrm{e}^{-\lambda\tau}\right) - A - B\mathrm{e}^{-\lambda\tau}\right] = 0,$$

即

$$\begin{vmatrix} \lambda+1-(\alpha+\alpha_2\lambda)\mathrm{e}^{-\lambda\tau} & -a_{12}(\beta+\beta_2\lambda)\mathrm{e}^{-\lambda\tau} & -a_{13}(\beta+\beta_2\lambda)\mathrm{e}^{-\lambda\tau} \\ -a_{21}(\beta+\beta_2\lambda)\mathrm{e}^{-\lambda\tau} & \lambda+1-(\alpha+\alpha_2\lambda)\mathrm{e}^{-\lambda\tau} & -a_{23}(\beta+\beta_2\lambda)\mathrm{e}^{-\lambda\tau} \\ -a_{31}(\beta+\beta_2\lambda)\mathrm{e}^{-\lambda\tau} & -a_{32}(\beta+\beta_2\lambda)\mathrm{e}^{-\lambda\tau} & \lambda+1-(\alpha+\alpha_2\lambda)\mathrm{e}^{-\lambda\tau} \end{vmatrix} = 0.$$

记

$$\begin{aligned} P(\lambda) \triangleq & \left[\lambda+1-(\alpha+\alpha_2\lambda)\mathrm{e}^{-\lambda\tau}\right]^3 - (a_{12}a_{23}a_{31} + a_{13}a_{21}a_{32})(\beta+\beta_2\lambda)^3\mathrm{e}^{-3\lambda\tau} \\ & -(a_{23}a_{32} + a_{12}a_{21} + a_{13}a_{31})(\lambda+1-(\alpha+\alpha_2\lambda)\mathrm{e}^{-\lambda\tau})(\beta+\beta_2\lambda)^2\mathrm{e}^{-2\lambda\tau} = 0. \end{aligned}$$

考虑 2.1 节的各种链接方式, 将第 i 种情形的特征多项式记为 $P_i(\lambda)$, 下面对各种连接情形的特征多项式 $P_i(\lambda)$ 进行因式分解.

情况 1: $a_{12} = a_{13} = a_{21} = a_{23} = a_{31} = a_{32} = 1$, 相应的特征方程为

$$\begin{aligned} P_1(\lambda) \triangleq & \left[\lambda+1-(\alpha+2\beta+(\alpha_2+2\beta_2)\lambda)\mathrm{e}^{-\lambda\tau}\right] \cdot \left[\lambda+1-(\alpha-\beta+(\alpha_2-\beta_2)\lambda)\mathrm{e}^{-\lambda\tau}\right]^2 \\ & = 0. \end{aligned}$$

情况 2：$a_{12}=a_{13}=a_{21}=a_{23}=a_{32}=1, a_{31}=0$, 相应的特征方程为

$$\begin{aligned}P_2(\lambda)\triangleq&\left[\lambda+1-(\alpha-\beta+(\alpha_2-\beta_2)\lambda)\mathrm{e}^{-\lambda\tau}\right]\\&\cdot\left[\lambda+1-(\alpha+\frac{1+\sqrt{5}}{2}\beta+(\alpha_2+\frac{1+\sqrt{5}}{2}\beta_2)\lambda)\mathrm{e}^{-\lambda\tau}\right]\\&\cdot\left[\lambda+1-(\alpha+\frac{1-\sqrt{5}}{2}\beta+(\alpha_2+\frac{1-\sqrt{5}}{2}\beta_2)\lambda)\mathrm{e}^{-\lambda\tau}\right]=0.\end{aligned}$$

情况 3：$a_{13}=a_{23}=a_{31}=a_{32}=1, a_{12}=a_{21}=0$, 相应的特征方程为

$$\begin{aligned}P_3(\lambda)\triangleq&\left[\lambda+1-(\alpha+\alpha_2\lambda)\mathrm{e}^{-\lambda\tau}\right]\cdot\left[\lambda+1-(\alpha-\sqrt{2}\beta+(\alpha_2-\sqrt{2}\beta_2)\lambda)\mathrm{e}^{-\lambda\tau}\right]\\&\cdot\left[\lambda+1-(\alpha+\sqrt{2}\beta+(\alpha_2+\sqrt{2}\beta_2)\lambda)\mathrm{e}^{-\lambda\tau}\right]=0.\end{aligned}$$

情况 4：$a_{12}=a_{13}=a_{23}=a_{32}=1,\quad a_{21}=a_{31}=0$,

或 $a_{21}=a_{23}=a_{31}=a_{32}=1,\quad a_{12}=a_{13}=0$,

或 $a_{13}=a_{23}=a_{32}=1,\quad a_{12}=a_{21}=a_{31}=0$,

或 $a_{23}=a_{31}=a_{32}=1,\quad a_{12}=a_{13}=a_{21}=0$.

相应的特征方程为

$$\begin{aligned}P_4(\lambda)\triangleq&\left[\lambda+1-(\alpha+\alpha_2\lambda)\mathrm{e}^{-\lambda\tau}\right]\cdot\left[\lambda+1-(\alpha+\beta+(\alpha_2+\beta_2)\lambda)\mathrm{e}^{-\lambda\tau}\right]\\&\cdot\left[\lambda+1-(\alpha-\beta+(\alpha_2-\beta_2)\lambda)\mathrm{e}^{-\lambda\tau}\right]=0.\end{aligned}$$

情况 5：$a_{13}=a_{21}=a_{23}=1, a_{12}=a_{31}=a_{32}=0$, 相应的特征方程为

$$P_5(\lambda)\triangleq\left[\lambda+1-(\alpha+\alpha_2\lambda)\mathrm{e}^{-\lambda\tau}\right]^3=0.$$

情况 6：$a_{13}=a_{21}=a_{32}=1, a_{12}=a_{23}=a_{31}=0$, 相应的特征方程为

$$\begin{aligned}P_6(\lambda)\triangleq&\left[\lambda+1-(\alpha+\beta+(\alpha_2+\beta_2)\lambda)\mathrm{e}^{-\lambda\tau}\right]\cdot\Big[\left(\lambda+1-(\alpha+\alpha_2\lambda)\mathrm{e}^{-\lambda\tau}\right)^2\\&+\left(\lambda+1-(\alpha+\alpha_2\lambda)\mathrm{e}^{-\lambda\tau}\right)(\beta+\beta_2\lambda)\,\mathrm{e}^{-\lambda\tau}+(\beta+\beta_2\lambda)^2\,\mathrm{e}^{-2\lambda\tau}\Big].\end{aligned}$$

情况 7：$a_{13}=a_{21}=a_{23}=a_{32}=1, a_{12}=a_{31}=0$, 相应的特征方程为

$$\begin{aligned}P_7(\lambda)\triangleq&\left[\lambda+1-\left((\alpha+\alpha_2\lambda)+\left(\frac{K}{6}+\frac{2}{K}\right)(\beta+\beta_2\lambda)\right)\mathrm{e}^{-\lambda\tau}\right]\\&\cdot\Bigg[\lambda+1-\left((\alpha+\alpha_2\lambda)-\left(\frac{K}{12}+\frac{1}{K}\right)(\beta+\beta_2\lambda)\right.\end{aligned}$$

$$+\frac{\sqrt{3}}{2}\left(\frac{K}{6}-\frac{2}{K}\right)(\beta+\beta_2\lambda)\mathrm{i}\right)\mathrm{e}^{-\lambda\tau}\Bigg]$$
$$\cdot\Bigg[\lambda+1-\left((\alpha+\alpha_2\lambda)-\left(\frac{K}{12}+\frac{1}{K}\right)(\beta+\beta_2\lambda)\right.$$
$$\left.-\frac{\sqrt{3}}{2}\left(\frac{K}{6}-\frac{2}{K}\right)(\beta+\beta_2\lambda)\mathrm{i}\right)\mathrm{e}^{-\lambda\tau}\Bigg]=0.$$

下面以时滞 τ 为参数, 讨论系统的平衡点的稳定性和 Hopf 分支的存在性, 以情况 2 为例, 此时系统 (2.3.1) 化为

$$\begin{cases} x_1'(t)=-x_1(t)+\alpha f(x_1(t-\tau))+\beta g(x_2(t-\tau))+\beta g(x_3(t-\tau)) \\ \qquad +\alpha_2 x_1'(t-\tau)+\beta_2 x_2'(t-\tau)+\beta_2 x_3'(t-\tau), \\ x_2'(t)=-x_2(t)+\beta g(x_1(t-\tau))+\alpha f(x_2(t-\tau))+\beta g(x_3(t-\tau)) \\ \qquad +\beta_2 x_1'(t-\tau)+\alpha_2 x_2'(t-\tau)+\beta_2 x_3'(t-\tau), \\ x_3'(t)=-x_3(t)+\beta g(x_2(t-\tau))+\alpha f(x_3(t-\tau)) \\ \qquad +\beta_2 x_2'(t-\tau)+\alpha_2 x_3'(t-\tau). \end{cases} \tag{2.3.3}$$

该系统在平衡点 $(0,0,0)$ 处的线性化系统为

$$\begin{cases} x_1'(t)=-x_1(t)+\alpha x_1(t-\tau)+\beta x_2(t-\tau)+\beta x_3(t-\tau) \\ \qquad +\alpha_2 x_1'(t-\tau)+\beta_2 x_2'(t-\tau)+\beta_2 x_3'(t-\tau), \\ x_2'(t)=-x_2(t)+\beta x_1(t-\tau)+\alpha x_2(t-\tau)+\beta x_3(t-\tau) \\ \qquad +\beta_2 x_1'(t-\tau)+\alpha_2 x_2'(t-\tau)+\beta_2 x_3'(t-\tau), \\ x_3'(t)=-x_3(t)+\beta x_2(t-\tau)+\alpha x_3(t-\tau) \\ \qquad +\beta_2 x_2'(t-\tau)+\alpha_2 x_3'(t-\tau), \end{cases}$$

即

$$\dot{X}(t)=AX(t)+BX(t-\tau)+C\dot{X}(t-\tau),$$

其中

$$A=\begin{pmatrix} -1 & 0 & 0 \\ 0 & -1 & 0 \\ 0 & 0 & -1 \end{pmatrix},\quad B=\begin{pmatrix} \alpha & \beta & \beta \\ \beta & \alpha & \beta \\ 0 & \beta & \alpha \end{pmatrix},\quad C=\begin{pmatrix} \alpha_2 & \beta_2 & \beta_2 \\ \beta_2 & \alpha_2 & \beta_2 \\ 0 & \beta_2 & \alpha_2 \end{pmatrix}.$$

相应的特征方程为

$$
\begin{aligned}
P_2(\lambda) \triangleq &\left[\lambda+1-(\alpha-\beta+(\alpha_2-\beta_2)\lambda)\mathrm{e}^{-\lambda\tau}\right]\\
&\cdot\left[\lambda+1-\left(\alpha+\frac{1+\sqrt{5}}{2}\beta+\left(\alpha_2+\frac{1+\sqrt{5}}{2}\beta_2\right)\lambda\right)\mathrm{e}^{-\lambda\tau}\right]\\
&\cdot\left[\lambda+1-\left(\alpha+\frac{1-\sqrt{5}}{2}\beta+\left(\alpha_2+\frac{1-\sqrt{5}}{2}\beta_2\right)\lambda\right)\mathrm{e}^{-\lambda\tau}\right]=0.
\end{aligned}
$$

分别考虑下列三个方程

$$
\Delta_1(\lambda)=\lambda+1-(\alpha-\beta+(\alpha_2-\beta_2)\lambda)\,\mathrm{e}^{-\lambda\tau}=0,
$$

$$
\Delta_2(\lambda)=\lambda+1-\left(\alpha+\frac{1+\sqrt{5}}{2}\beta+\left(\alpha_2+\frac{1+\sqrt{5}}{2}\beta_2\right)\lambda\right)\mathrm{e}^{-\lambda\tau}=0,
$$

$$
\Delta_3(\lambda)=\lambda+1-\left(\alpha+\frac{1-\sqrt{5}}{2}\beta+\left(\alpha_2+\frac{1-\sqrt{5}}{2}\beta_2\right)\lambda\right)\mathrm{e}^{-\lambda\tau}=0.
$$

考虑方程 $\Delta_1=0$, 通过计算, 可以得出方程的特征根的分布满足下面引理.

引理 2.3.1　设 $|\alpha_2-\beta_2|<1$, 则有

(1) 对 $\forall\tau\geqslant 0$, 方程 $\Delta_1=0$ 所有根都具有严格负实部的充要条件是 $-1<\beta-\alpha\leqslant 1$.

(2) 若 $1<\beta-\alpha$, 则

(i) 当 $\tau=\tau_{1j}(j=0,1,2,\cdots)$ 时, 方程 $\Delta_1=0$ 有一对纯虚根, 这里

$$
\tau_{1j}=\sqrt{\frac{1-(\alpha_2-\beta_2)^2}{(\beta-\alpha)^2-1}}\left[\arccos\left(\frac{(\alpha_2-\beta_2)(\beta-\alpha)-1}{(\beta-\alpha)-(\alpha_2-\beta_2)}\right)+2j\pi\right]\ (j=0,1,2,\cdots).
$$

(ii) 以 $\lambda(\tau)=\mu(\tau)+\mathrm{i}\sigma(\tau)$ 表示方程 $\Delta_1=0$ 的满足 $\mu(\tau_j)=0$, $\sigma(\tau_j)=\theta_0$ 的根, 则有 $\mu'(\tau_{1j})>0$.

(iii) 当 $\tau\in[0,\tau_{10})$ 时, 方程 $\Delta_1=0$ 的所有根都具有严格负实部; 当 $\tau>\tau_{10}$ 时, 方程 $\Delta_1=0$ 至少有一个根具有正实部.

证明　先证结论 (1).

$\mathrm{i}\theta$ $(\theta>0)$ 是方程 $\Delta_1=0$ 的根的充要条件是 θ 满足

$$
\begin{cases}
\cos\theta\tau-\theta\sin\theta\tau=-(\beta-\alpha),\\
\sin\theta\tau+\theta\cos\theta\tau=\theta(\alpha_2-\beta_2),
\end{cases}
$$

即

$$\begin{cases} \sin\theta\tau = \dfrac{(\alpha_2-\beta_2)\theta\left(1+\dfrac{\beta-\alpha}{\alpha_2-\beta_2}\right)}{1+\theta^2}, \\ \cos\theta\tau = \dfrac{(\alpha_2-\beta_2)\left(\theta^2+\dfrac{\beta-\alpha}{\alpha_2-\beta_2}\right)}{1+\theta^2}, \end{cases} \tag{2.3.4}$$

则 θ 必须满足

$$\theta^2 = \frac{(\beta-\alpha)^2-1}{1-(\alpha_2-\beta_2)^2}.$$

必要性: 用反证法, 假设结论不正确, 即有 $\beta-\alpha \leqslant -1$ 或 $\beta-\alpha > 1$. 事实上, 当 $\tau=0$ 时, 方程 $\Delta_1=0$ 的根为

$$\lambda = -\frac{\beta-\alpha+1}{1-(\alpha_2-\beta_2)},$$

由于 $\lambda<0$, 所以必有 $\beta-\alpha+1>0$, 若结论不成立, 必有 $\beta-\alpha-1>0$. 于是

$$\theta_0 = \sqrt{\frac{(\beta-\alpha)^2-1}{1-(\alpha_2-\beta_2)^2}}$$

是有意义的. 令

$$\tau_{10} = \frac{1}{\theta_0}\arcsin\left(\frac{(\alpha_2-\beta_2)\theta_0\left(1-\dfrac{\beta-\alpha}{\alpha_2-\beta_2}\right)}{1+\theta_0^2}\right),$$

由此知 (τ_{10},θ_0) 是方程 (2.3.4) 的解, 即有 $\mathrm{i}\theta_0$ 是当 $\tau=\tau_{10}$ 时方程 $\Delta_1=0$ 的根, 即方程 $\Delta_1=0$ 有纯虚根, 与方程 $\Delta_1=0$ 所有根都具有负实部矛盾, 必要性得证.

充分性: 由 $\beta-\alpha+1>0$, 当 $\tau=0$ 时, 方程方程 $\Delta_1=0$ 的根为

$$\lambda = -\frac{\beta-\alpha+1}{1-(\alpha_2-\beta_2)} < 0,$$

即当 $\tau=0$ 时, 方程 $\Delta_1=0$ 位于右半平面根的重数之和为 0, 同时由条件知方程 (2.3.4) 无正解 θ, 即对任意 $\tau\geqslant 0$, 方程 $\Delta_1=0$ 无纯虚根, 显然方程 $\Delta_1=0$ 也无零根, 于是方程 $\Delta_1=0$ 所有根都具有严格负实部.

再证结论 (2). 由假设知

$$\theta_0 = \sqrt{\frac{(\beta-\alpha)^2-1}{1-(\alpha_2-\beta_2)^2}},$$

有意义, 于是得

$$\tau_{1j}=\sqrt{\frac{1-(\alpha_2-\beta_2)^2}{(\beta-\alpha)^2-1}}\left[\arccos\left(\frac{(\alpha_2-\beta_2)(\beta-\alpha)-1}{(\beta-\alpha)-(\alpha_2-\beta_2)}\right)+2j\pi\right]\quad(j=0,1,2,\cdots),$$

从而 $\pm\mathrm{i}\theta_0$ 是方程 $\Delta_1=0$ 当 $\tau=\tau_{1j}$ 时的纯虚根, 显然是唯一的一对纯虚根. 又

$$\left(\frac{\mathrm{d}\lambda}{\mathrm{d}\tau}\right)^{-1}=-\left[\frac{1}{\lambda(\lambda+1)}-\frac{1}{\lambda\left(\lambda-\left(\dfrac{\beta-\alpha}{\alpha_2-\beta_2}\right)^2\right)}-\frac{\tau}{\lambda}\right],$$

以 τ_{1j} 替换 τ 可得

$$\mathrm{Re}\left[\left(\frac{\mathrm{d}\lambda}{\mathrm{d}\tau}\right)^{-1}_{\tau=\tau_{1j}}\right]=\frac{\left(\dfrac{\beta-\alpha}{\alpha_2-\beta_2}\right)^2-1}{(\theta_0^2+1)+\left[\theta_0^2+\left(\dfrac{\beta-\alpha}{\alpha_2-\beta_2}\right)^2\right]}>0,$$

即

$$\mathrm{Re}\left[\left(\frac{\mathrm{d}\lambda}{\mathrm{d}\tau}\right)_{\tau=\tau_{1j}}\right]>0,$$

因此 (ii) 得证.

显然当 $\tau=0$ 时方程 $\Delta_1=0$ 的根为

$$\lambda=-\frac{\beta-\alpha+1}{1-(\alpha_2-\beta_2)}<0,$$

即方程 $\Delta_1=0$ 位于右半平面根的重数之和为 0, 而当 $\tau\in[0,\tau_{10})$ 时, 对任意 $\tau\geqslant 0$, 方程 $\Delta_1=0$ 无纯虚根, 显然方程 $\Delta_1=0$ 也无零根, 于是方程 $\Delta_1=0$ 所有根都具有严格负实部.

由 (i) 的证明可知, 当 $\tau=\tau_{1j}$ 时, 方程 $\Delta_1=0$ 有唯一一对纯虚根 $\pm\mathrm{i}\theta_0$, 且方程 $\Delta_1=0$ 无正实部的根, 若不然, 记其具正实部的根为 $\lambda(\tau_{1j})$, $\mathrm{Re}\lambda(\tau_{1j})>0$, 由根与参数的连续性知, 当 $\tau<\tau_{1j}$ 且充分靠近 τ_{1j} 时仍有 $\mathrm{Re}\lambda(\tau)>0$, 与结论 (i) 矛盾.

由方程 $\Delta_1=0$ 的位于右半平面的根关于 $\alpha_2-\beta_2\in[-1+\varepsilon,1-\varepsilon](0<\varepsilon<1)$ 一致有界性, 存在 $K>0$, 使当 $\alpha_2-\beta_2\in[-1+\varepsilon,1-\varepsilon]$ 时, 方程 $\Delta_1=0$ 的满足 $\mathrm{Re}\lambda\geqslant 0$ 的根有 $|\lambda|<K$, 记 $\Omega=\{\lambda\,|\mathrm{Re}\lambda\geqslant 0,|\lambda|<K\}$, 那么 $\alpha_2-\beta_2\in[-1+\varepsilon,1-\varepsilon]$ 时, 方程 $\Delta_1=0$ 位于右半平面的根都在 Ω 内.

由于方程 $\Delta_1=0$ 的零点是孤立的, 故可选 $\rho>0$ 适当小, 使分别以 $(0,\theta_0)$ 和 $(0,-\theta_0)$ 为心, 以 ρ 为半径的开圆 O_+ 和 O_- 的闭包上无方程 $\Delta_1=0$ 当 $\tau=\tau_{1j}$

的 $\pm \mathrm{i}\theta_0$ 外的其他零点. 于是在 $\Omega\backslash O_+ \cup O_-$ 的边界上无零点. 从而知存在 $\delta > 0$, 当 $0 \leqslant \tau - \tau_{1j} < \delta$ 时, 方程 $\Delta_1 = 0$ 在 $\Omega\backslash O_+ \cup O_-$ 上的零点重数之和相同. 而当 $\tau = \tau_{1j}$ 时, 方程 $\Delta_1 = 0$ 在 $\Omega\backslash O_+ \cup O_-$ 上无零点, 得 $0 < \tau - \tau_{1j} < \delta$ 时, 方程 $\Delta_1 = 0$ 在 $\Omega\backslash O_+ \cup O_-$ 上无零点. 而在 O_+ 上, 由于方程 $\Delta_1 = 0$ 在 $\tau = \tau_{1j}$ 时有一个零点, 于是知当 $0 < \tau - \tau_{1j} < \delta$ 时, 方程 $\Delta_1 = 0$ 在 O_+ 上仅有一个零点. 此外, 有 (ii) 的证明可知, $\mu'(\tau_{1j}) > 0$, 可知当 $\tau > \tau_{1j}$ 且充分靠近 τ_{1j} 时, 方程 $\Delta_1 = 0$ 有一个具有正实部的根位于 O_+ 内, 得当 $\tau > \tau_{1j}$ 且充分靠近 τ_{1j} 时, 方程 $\Delta_1 = 0$ 仅有一个具有正实部的根位于 O_+ 内. 同理可证当 $\tau > \tau_{1j}$ 且充分靠近 τ_{1j} 时, 方程 $\Delta_1 = 0$ 仅有一个具有正实部的根位于 O_- 内, 即当 $\tau > \tau_{1j}$ 且充分靠近 τ_{1j} 时, 方程 $\Delta_1 = 0$ 恰有两个具正实部的根.

而当 $\tau \in (\tau_{11}, \tau_{12})$ 时, 方程 $\Delta_1 = 0$ 在虚轴上无根, 所以当 $\tau \in (\tau_{11}, \tau_{12}]$ 时, 方程 $\Delta_1 = 0$ 具正实部的根的重数之和为 2.

用数学归纳法可得, 当 $\tau \in (\tau_{1k}, \tau_{1k+1}]$ 时, 方程 $\Delta_1 = 0$ 具正实部的根的重数之和为 $2k$, 由此 (iii) 得证.

用同样的方法分析方程 $\Delta_2 = 0$ 和方程 $\Delta_3 = 0$ 的零点分布, 可以得到下面的引理 2.3.2 和引理 2.3.3.

引理 2.3.2 设 $\left|\alpha_2 + \dfrac{1+\sqrt{5}}{2}\beta_2\right| < 1$,

(1) 对 $\forall \tau \geqslant 0$, 方程 $\Delta_2 = 0$ 所有根都具有严格负实部的充要条件是

$$-1 < -\frac{1+\sqrt{5}}{2}\beta - \alpha \leqslant 1.$$

(2) 若 $1 < -\dfrac{1+\sqrt{5}}{2}\beta - \alpha$, 则

(i) 当 $\tau = \tau_{2j} (j = 0, 1, 2, \cdots)$ 时, 方程 $\Delta_2 = 0$ 有一对纯虚根, 这里

$$\tau_{2j} = \sqrt{\frac{1 - \left(\alpha_2 + \dfrac{1+\sqrt{5}}{2}\beta_2\right)^2}{\left(\dfrac{1+\sqrt{5}}{2}\beta - \alpha\right)^2 - 1}}$$
$$\cdot \left[\arccos\left(\frac{-\left(\alpha_2 + \dfrac{1+\sqrt{5}}{2}\beta_2\right)\left(\dfrac{1+\sqrt{5}}{2}\beta + \alpha\right) - 1}{-\left(\dfrac{1+\sqrt{5}}{2}\beta + \alpha\right) - \left(\alpha_2 + \dfrac{1+\sqrt{5}}{2}\beta_2\right)}\right) + 2j\pi\right]$$
$(j = 0, 1, 2, \cdots)$

(ii) 以 $\lambda(\tau)=\mu(\tau)+\mathrm{i}\sigma(\tau)$ 表示方程 $\Delta_1=0$ 的满足 $\mu(\tau_{2j})=0, \sigma(\tau_{2j})=\theta_0$ 的根, 则有 $\mu'(\tau_{2j})>0$.

(iii) 当 $\tau\in[0,\tau_{20})$ 时, 方程 $\Delta_2=0$ 所有根都具有严格负实部; 当 $\tau>\tau_{20}$ 时, 方程 $\Delta_2=0$ 至少有一个根具有正实部.

引理 2.3.3 设 $\left|\alpha_2+\dfrac{1-\sqrt{5}}{2}\beta_2\right|<1$, 则有

(1) 对 $\forall\tau\geqslant 0$, 方程 $\Delta_3=0$ 所有根都具有严格负实部的充要条件是

$$-1<-\frac{1-\sqrt{5}}{2}\beta-\alpha\leqslant 1.$$

(2) 若 $1<-\dfrac{1-\sqrt{5}}{2}\beta-\alpha$,

(i) 当 $\tau=\tau_{3j}(j=0,1,2,\cdots)$ 时, 方程 $\Delta_3=0$ 有一对纯虚根, 这里

$$\tau_{3j}=\sqrt{\frac{1-\left(\alpha_2+\dfrac{1-\sqrt{5}}{2}\beta_2\right)^2}{\left(\dfrac{1-\sqrt{5}}{2}\beta+\alpha\right)^2-1}}$$
$$\cdot\left[\arccos\left(\frac{-\left(\alpha_2+\dfrac{1-\sqrt{5}}{2}\beta_2\right)\left(\dfrac{1-\sqrt{5}}{2}\beta+\alpha\right)-1}{-\left(\dfrac{1-\sqrt{5}}{2}\beta+\alpha\right)-\left(\alpha_2+\dfrac{1-\sqrt{5}}{2}\beta_2\right)}\right)+2j\pi\right]$$
$$(j=0,1,2,\cdots),$$

(ii) 以 $\lambda(\tau)=\mu(\tau)+\mathrm{i}\sigma(\tau)$ 表示方程 $\Delta_3=0$ 的满足 $\mu(\tau_{3j})=0, \sigma(\tau_{3j})=\theta_0$ 的根, 则有 $\mu'(\tau_{3j})>0$.

(iii) 当 $\tau\in[0,\tau_{30})$ 时, 方程 $\Delta_3=0$ 所有根都具有严格负实部; 当 $\tau>\tau_{30}$ 时, 方程 $\Delta_3=0$ 至少有一个根具有正实部.

由引理 2.3.1, 引理 2.3.2 和引理 2.3.3, 对于系统 (2.3.1) 的稳定性可以得到如下结果.

定理 2.3.4 假设 $|\alpha_2-\beta_2|<1$ 且 $\left|\alpha_2+\dfrac{1+\sqrt{5}}{2}\beta_2\right|<1$, 则有

(1) 若 $-1<\beta-\alpha\leqslant 1$ 和 $-1<-\dfrac{1+\sqrt{5}}{2}\beta-\alpha\leqslant 1$ 成立, 则系统的零解是绝对稳定的.

(2) 若 α 和 β 满足: ① $\beta-\alpha>-1$,② $-\dfrac{1+\sqrt{5}}{2}\beta-\alpha>-1$,③ $\beta-\alpha>1$ 或

$-\dfrac{1-\sqrt{5}}{2}\beta-\alpha>1$ 成立, 则系统的零解是条件稳定的, 即当 $\tau\in[0,\tau_0)$ 时, 系统的零解是渐近稳定的, 当 $\tau>\tau_0$ (其中 $\tau_0=\min\{\tau_{10},\tau_{20},\tau_{30}\}$) 时, 系统的零解是不稳定的, 系统在 $\tau=\tau_{mj}$ $(m=1,2,3;\ j=0,1,2,\cdots)$ 处经历 Hopf 分支.

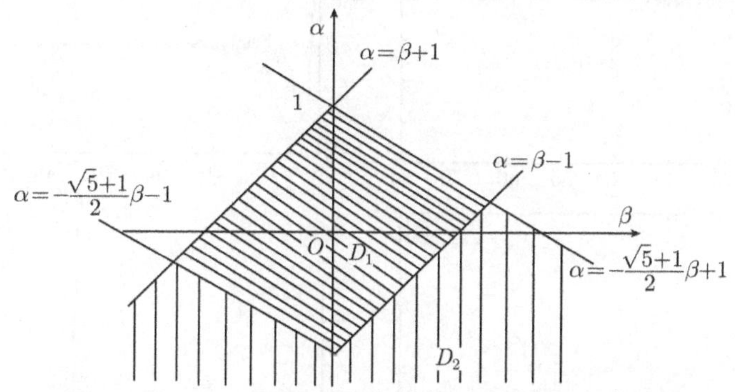

图 2.3.1 D_1 为绝对稳定区域, D_2 为条件稳定区域

将上述方法用于连接情形 3 和情形 4, 同样可以得到如下结论.

定理 2.3.5 假设 $|\alpha_2-\sqrt{2}\beta_2|<1$ 且 $|\alpha_2+\sqrt{2}\beta_2|<1$, 则有

(1) 若 $-1<\sqrt{2}\beta-\alpha\leqslant 1$ 和 $-1<-\sqrt{2}\beta-\alpha\leqslant 1$ 成立, 则系统的零解是绝对稳定的.

(2) 若 α 和 β 满足: ① $\sqrt{2}\beta-\alpha>-1$,② $-\sqrt{2}\beta-\alpha>-1$,③ $\sqrt{2}\beta-\alpha>1$ 或 $-\sqrt{2}\beta-\alpha>1$ 成立, 则系统的零解是条件稳定的, 即当 $\tau\in[0,\tau_0)$ 时, 系统的零解是渐近稳定的, 当 $\tau>\tau_0$(其中 $\tau_0=\min\{\tau_{10},\tau_{20},\tau_{30}\}$) 时, 系统的零解是不稳定的, 系统在 $\tau=\tau_{mj}$ $(m=1,2,3;\ j=0,1,2,\cdots)$ 处经历 Hopf 分支.

定理 2.3.6 假设 $|\alpha_2+\beta_2|<1$ 且 $|\alpha_2-\beta_2|<1$, 则有

(1) 若 $-1<-\beta-\alpha\leqslant 1$ 和 $-1<\beta-\alpha\leqslant 1$ 成立, 则系统的零解是绝对稳定的.

(2) 若 α 和 β 满足: ① $-\beta-\alpha>-1$, ② $\beta-\alpha>-1$, ③ $-\beta-\alpha>1$ 或 $\beta-\alpha>1$ 成立, 则系统的零解是条件稳定的, 即当 $\tau\in[0,\tau_0)$ 时, 系统的零解是渐近稳定的, 当 $\tau>\tau_0$ (其中 $\tau_0=\min\{\tau_{10},\tau_{20},\tau_{30}\}$) 时, 系统的零解是不稳定的, 系统在 $\tau=\tau_{mj}$ $(m=1,2,3;\ j=0,1,2,\cdots)$ 处经历 Hopf 分支.

数值模拟

这部分利用计算机进行数值模拟仿真, 验证结论的正确性. 在 Matlab 环境下, 令 $f(x)=g(x)=\tanh(x)$.

取参数 $\alpha=0.1,\ \beta=0.2,\ \alpha_2=0.1,\ \beta_2=0.5$, 系统的零解是绝对稳定的, 令 τ 分别取 2 和 50, 仿真结果如图 2.3.2 和图 2.3.3 所示.

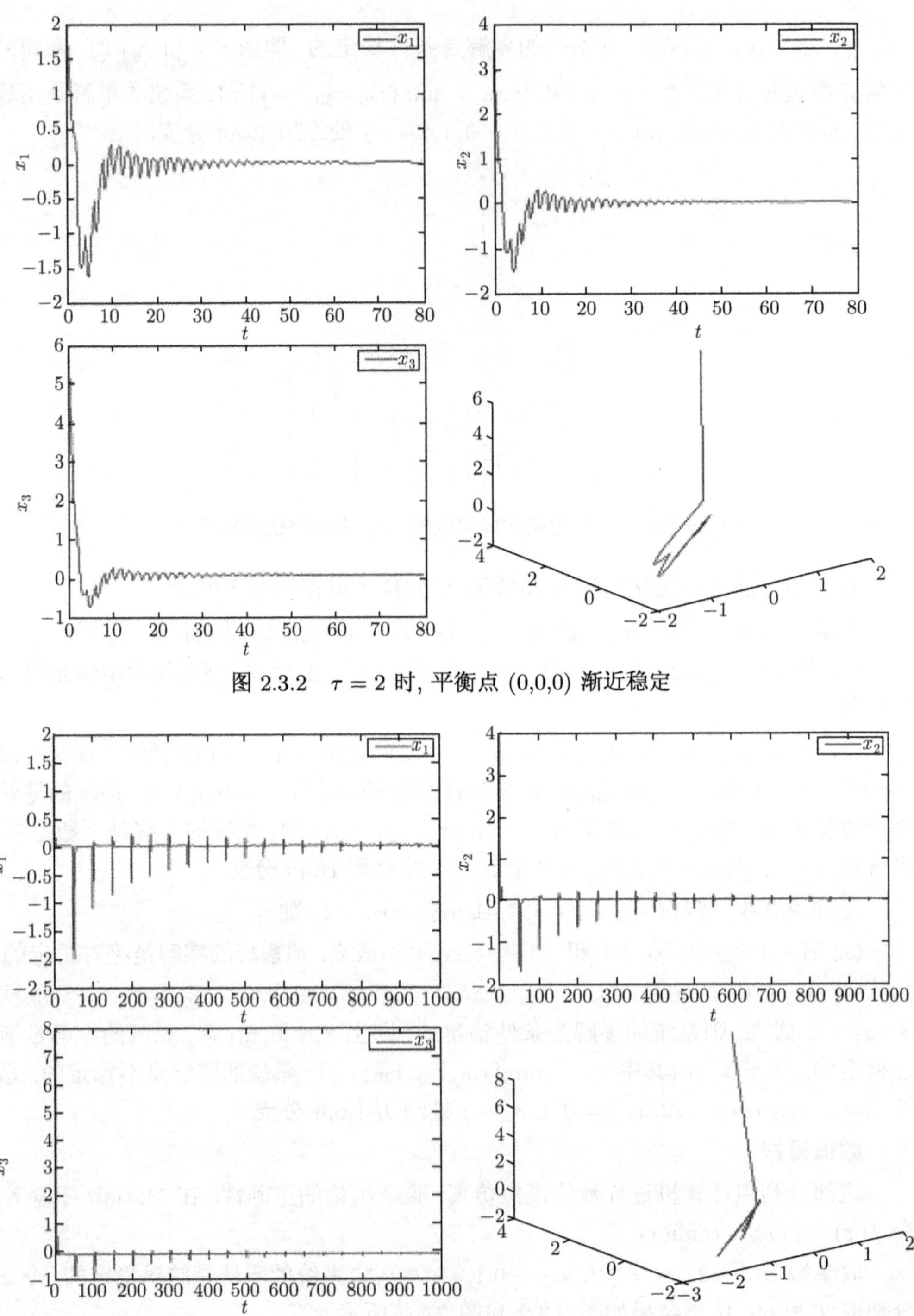

图 2.3.2 $\tau=2$ 时, 平衡点 (0,0,0) 渐近稳定

图 2.3.3 $\tau=50$ 时, 平衡点 (0,0,0) 渐近稳定

取参数 $\alpha=-5,\ \beta=-1,\ \alpha_2=0.1,\ \beta_2=0.1$, 系统的零解是条件稳定的, 令 τ 分别取 0.2 和 2, 仿真结果如图 2.3.4 和图 2.3.5 所示.

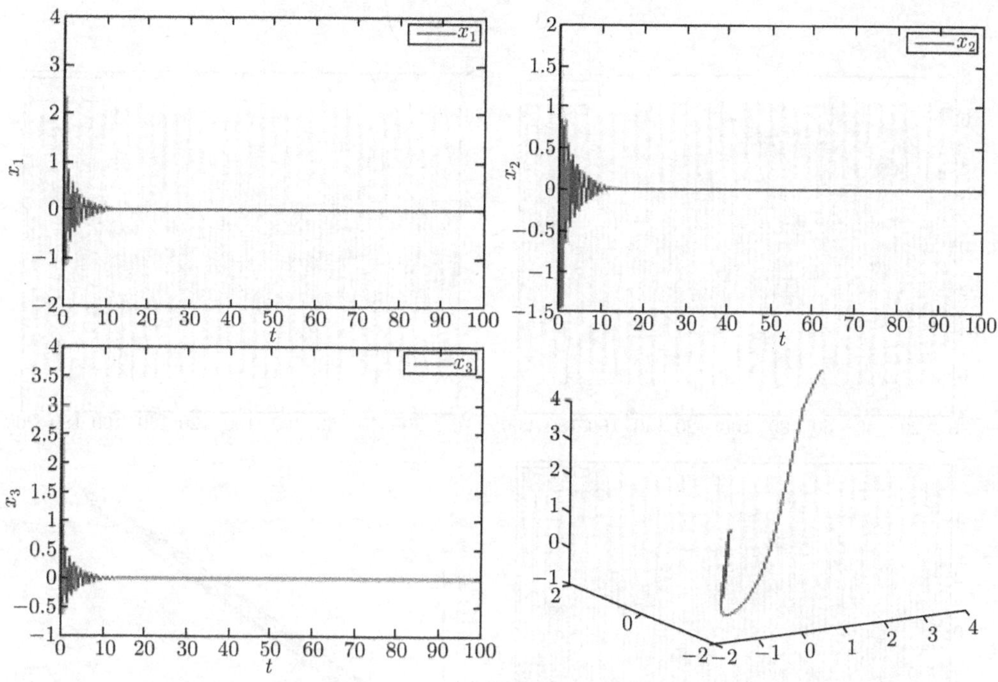

图 2.3.4 $\tau=0.2$, 平衡点 (0,0,0) 渐近稳定

我们得到连接情形 2, 情形 3, 情形 4 中的系统满足一定条件时, 存在一系列 τ 值, 使系统在 $\tau=\tau_{mj}\ (m=1,2,3,\ j=0,1,2,\cdots)$ 处经历 Hopf 分支, 尤其在第一个临界值 τ_0 处, 特征方程除了一对单纯虚根外其他根都具有严格负实部, 这样我们有必要对系统的 Hopf 分支性质进行分析, 主要讨论的问题是:

(1) Hopf 分支方向的问题, 即方程的周期解出现在分支值的哪一侧;

(2) 分支周期轨是否稳定.

下面仍以连接情形 2 为例, 利用中心流形理论和规范型的方法, 研究系统的 Hopf 分支性质. 系统 (2.3.1) 可以写成

$$\frac{\mathrm{d}}{\mathrm{d}t}[X(t)-CX(t-\tau)]=AX(t)+B_1f(X(t-\tau))+B_2g(X(t-\tau)), \tag{2.3.5}$$

其中

$$A=\begin{pmatrix}-1&0&0\\0&-1&0\\0&0&-1\end{pmatrix},\quad B_1=\begin{pmatrix}\alpha&0&0\\0&\alpha&0\\0&0&\alpha\end{pmatrix},\quad B_2=\begin{pmatrix}0&\beta&\beta\\\beta&0&\beta\\0&\beta&0\end{pmatrix},$$

$$C=\begin{pmatrix}\alpha_2 & \beta_2 & \beta_2\\ \beta_2 & \alpha_2 & \beta_2\\ 0 & \beta_2 & \alpha_2\end{pmatrix}.$$

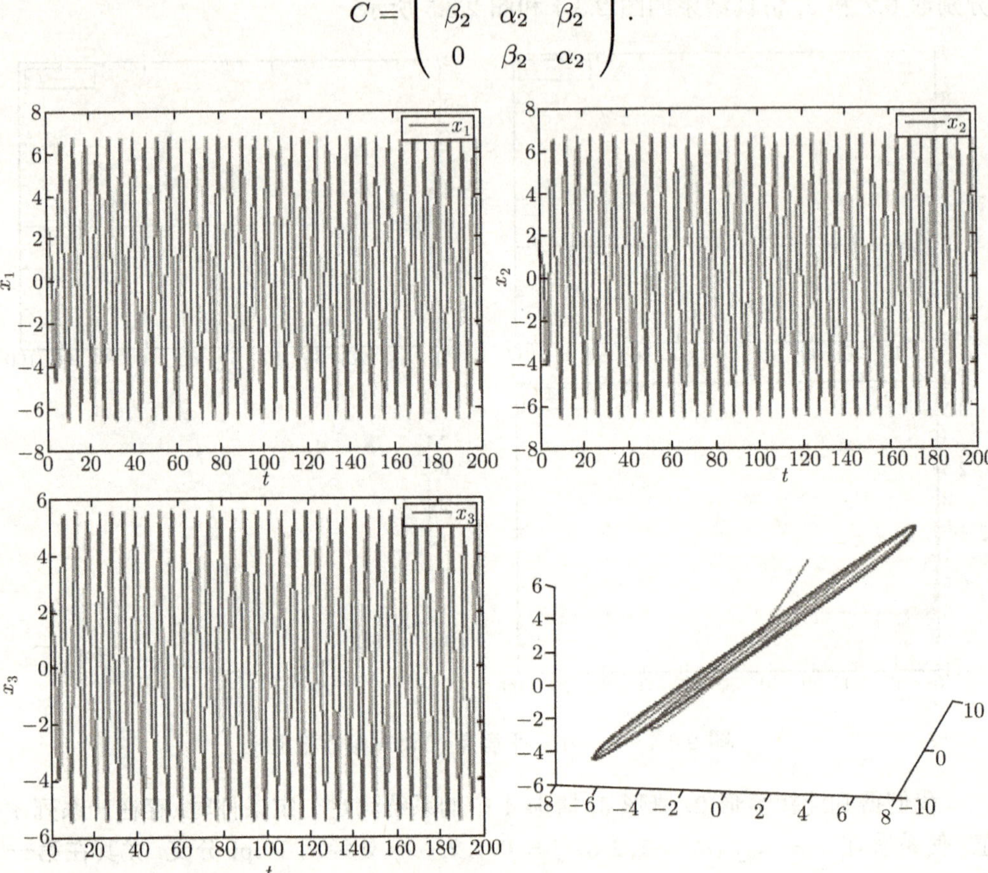

图 2.3.5 $\tau=2$, 系统经历了一个 Hopf 分支

引入变换 $Y(t)=X(\tau t)$, 则系统可写成如下形式

$$\frac{\mathrm{d}}{\mathrm{d}t}[Y(t)-CY(t-1)]=A\tau Y(t)+B_1\tau f(Y(t-1))+B_2\tau g(Y(t-1)), \tag{2.3.6}$$

此时系统的线性化系统为

$$\frac{\mathrm{d}}{\mathrm{d}t}[Y(t)-CY(t-1)]=A\tau Y(t)+B_1\tau Y(t-1)+B_2\tau Y(t-1).$$

记

$$k=\frac{f'''(0)}{6},\quad l=\frac{g'''(0)}{6},$$

则右端的非线性项为

$$F(v,\varphi)=\begin{bmatrix}(\tau_j+v)\left(k\alpha\, x_1^3(t-1)+\beta\, lx_2^3(t-1)+\beta\, lx_3^3(t-1)+\cdots\right)\\(\tau_j+v)\left(\beta\, l\, x_1^3(t-1)+k\alpha x_2^3(t-1)+\beta\, lx_3^3(t-1)+\cdots\right)\\(\tau_j+v)\left(\beta\, l\, x_1^3(t-1)+\beta\, lx_2^3(t-1)+k\alpha\, x_3^3(t-1)+\cdots\right)\end{bmatrix},$$

此时的特征方程为

$$(\gamma E-A\tau)\mathrm{e}^{\gamma}-C\gamma-(B_1+B_2)\tau=0,$$

即

$$\begin{vmatrix}(\gamma+\tau)\mathrm{e}^{\gamma}-(\alpha+\alpha_2\gamma) & \beta+\beta_2\gamma & \beta+\beta_2\gamma\\ \beta+\beta_2\gamma & (\gamma+\tau)\mathrm{e}^{\gamma}-(\alpha+\alpha_2\gamma) & \beta+\beta_2\gamma\\ 0 & \beta+\beta_2\gamma & (\gamma+\tau)\mathrm{e}^{\gamma}-(\alpha+\alpha_2\gamma)\end{vmatrix}=0.$$

与 2.2 节比较可知 $\gamma=\lambda\tau$, 为方便起见, 让 $\gamma=(\tau_j+v)\lambda$, 其中 $v\in\mathbb{R}$, $\tau_j\in\{\tau_{mj}\}$, 由定理 2.3.4 知当 $v=0$ 时, 方程有一对纯虚根 $\pm\mathrm{i}\omega_0\tau_j$, 方程 (2.3.6) 经历了一个 Hopf 分支. 取相空间为 $\varphi\in C\left([-1,0],\mathbb{R}^3\right)$, 令

$$D(\phi)=\phi(0)-C\phi(-1)\quad (\text{则 } D \text{ 为稳定的, 原子的}),$$

$$L(v,\varphi)=A(\tau_j+v)\varphi(0)-(B_1+B_2)(\tau_j+v)\varphi(-1).$$

由 Riesz 表示定理知, 存在 $\eta(\theta)$ 和 $\mu(\theta)$, 满足

$$D(\tau,\varphi)=\varphi(0)-\int_{-\tau}^{0}\mathrm{d}\mu(\theta)\varphi(\theta),\quad L(\tau,\varphi)=\int_{-\tau}^{0}\mathrm{d}\eta(\theta)\varphi(\theta).$$

事实上, 可以选取

$$\mu(\theta)=\begin{cases}-C, & \theta=-1,\\ O, & \theta\in(-1,0],\end{cases}$$

$$\eta(\theta)=\begin{cases}-(B_1+B_2), & \theta=-1,\\ O, & \theta\in(-1,0),\\ A, & \theta=0,\end{cases}$$

定义

$$A(\tau)\varphi=\begin{cases}\dfrac{\mathrm{d}\varphi(\theta)}{\mathrm{d}\theta}, & \theta\in[-1,0),\\ \varphi'(\theta)-C\varphi'(\theta)+L\varphi, & \theta=0,\end{cases}$$

$$R(\tau)\varphi=\begin{cases}O, & \theta\in[-1,0),\\ F(v,\varphi), & \theta=0,\end{cases}$$

则方程 (2.3.6) 可写成抽象的常微分方程

$$\dot{Y}_t = A(\tau)Y_t + R(\tau)Y_t. \tag{2.3.7}$$

定义 A 的形式伴随算子 A^* 为 $A^* = -\dfrac{\mathrm{d}\psi}{\mathrm{d}s}$, 且 A^* 的定义域为

$$D(A^*) = \left\{\psi \in C^* = C([0,\tau],\mathbb{R}^3) : \frac{\mathrm{d}\psi}{\mathrm{d}s} \in C^*; D\frac{\mathrm{d}\psi}{\mathrm{d}s} = -L\psi\right\},$$

定义 $C^* \times C$ 上的双线性形为

$$\begin{aligned}(\psi,\phi) =& \overline{\psi}(0)\,\phi(0) - \int_{-1}^{0} \mathrm{d}\left[\int_{\alpha=0}^{\theta} \overline{\psi}(\theta-\alpha)\mathrm{d}\mu(\alpha)\right]\phi(\theta)\\ &- \int_{-1}^{0}\int_{\theta=0}^{s} \overline{\psi}(\theta-s)\,\mathrm{d}\eta(\alpha)\,\phi(\theta)\,\mathrm{d}\theta,\end{aligned}$$

通过计算可得 $q(\theta) = q_0\mathrm{e}^{\mathrm{i}\omega_0\tau_j\theta}$, $\theta \in [-1,0]$ 和 $q^*(s) = lq^*\mathrm{e}^{\mathrm{i}\omega_0\tau_j s}$, $s \in [0,1]$ 是 $A(0)$ 和 A^* 关于 $\mathrm{i}\omega_0\tau_j$ 和 $-\mathrm{i}\omega_0\tau_j$ 的特征向量. 记

$$m = \tau\cos(\omega_0\tau_j) - \omega_0\tau_j\sin(\omega_0\tau_j) - \alpha,$$

$$n = \tau\sin(\omega_0\tau_j) + \omega_0\tau_j\cos(\omega_0\tau_j) - \alpha_2\omega_0\tau_j,$$

$$p = m^2 - n^2 - \beta^2 + (\beta_2\omega_0\tau_j)^2,$$

$$w = 2mn - 2\beta\beta_2\omega_0\tau_j,$$

$$\varpi = \frac{p\beta + w\beta_2\omega_0\tau_j}{\beta^2 + (\beta_2\omega_0\tau_j)^2},$$

$$\varsigma = \frac{w\beta - p\beta_2\omega_0\tau_j}{\beta^2 + (\beta_2\omega_0\tau_j)^2},$$

则

$$q_0 = \begin{pmatrix} \varpi + \varsigma\,\mathrm{i} \\ -m - n\,\mathrm{i} \\ \beta + \beta_2\omega_0\tau_j\,\mathrm{i} \end{pmatrix}, \quad q^* = \begin{pmatrix} \beta - \beta_2\omega_0\tau_j\,\mathrm{i} \\ -m + n\,\mathrm{i} \\ \varpi - \varsigma\,\mathrm{i} \end{pmatrix},$$

$$l = \frac{1}{q^*(I - C\mathrm{e}^{\mathrm{i}w_0\tau_j} - (B_1 + B_2)\tau_0\mathrm{e}^{-\mathrm{i}w_0\tau_j})\overline{q}_0},$$

且 $(q^*, q) = 1$.

在中心流形 C_0 上, 当 $v = 0$ 时, 我们定义

$$z(t) = (q^*, y_t), \quad W(t,\theta) = y_t(\theta) - 2\mathrm{Re}\{z(t)q(\theta)\},$$

则有

$$\dot{z}(t) = \mathrm{i}\omega_0\tau_j z + \bar{q}^*(0)F(0, y_t), \tag{2.3.8}$$

方程 (2.3.8) 可以写成如下形式

$$\dot{z}(t) = \mathrm{i}\omega_0\tau_j z + g(z, \bar{z}), \tag{2.3.9}$$

其中

$$g(z,\bar{z}) = g_{20}\frac{z^2}{2} + g_{11}z\bar{z} + g_{02}\frac{\bar{z}^2}{2} + g_{21}\frac{z^2\bar{z}}{2} + \cdots,$$

注意到 $Y_t(\theta) = W(t,\theta) + z(t)q(\theta) + \bar{z}(t)\bar{q}(\theta)$, 我们有

$$\begin{aligned}
x_1(t-\tau) =& (\varpi + \varsigma\,\mathrm{i})\mathrm{e}^{-\mathrm{i}\omega_0\tau_0}z + (\varpi - \varsigma\,\mathrm{i})\mathrm{e}^{\mathrm{i}\omega_0\tau_0}\bar{z} + w_{20}^{(1)}(-1)\frac{z^2}{2} + w_{11}^{(1)}(-1)z\bar{z}\\
&+ w_{02}^{(1)}(-1)\frac{\bar{z}^2}{2} + \cdots,\\
x_2(t-\tau) =& (-m - n\mathrm{i})\mathrm{e}^{-\mathrm{i}\omega_0\tau_0}z + (-m + n\mathrm{i})\mathrm{e}^{\mathrm{i}\omega_0\tau_0}\bar{z} + w_{20}^{(2)}(-1)\frac{z^2}{2} + w_{11}^{(2)}(-1)z\bar{z}\\
&+ w_{02}^{(2)}(-1)\frac{\bar{z}^2}{2} + \cdots,\\
x_3(t-\tau) =& (\beta + \beta_2\omega_0\tau_j\,\mathrm{i})\mathrm{e}^{-\mathrm{i}\omega_0\tau_0}z + (\beta - \beta_2\omega_0\tau_j\,\mathrm{i})\mathrm{e}^{\mathrm{i}\omega_0\tau_0}\bar{z} + w_{20}^{(3)}(-1)\frac{z^2}{2}\\
&+ w_{11}^{(3)}(-1)z\bar{z} + w_{02}^{(3)}(-1)\frac{\bar{z}^2}{2} + \cdots.
\end{aligned}$$

$$F(0,Y_t) = \begin{pmatrix}
\tau_j([\alpha k(\varpi+\varsigma\,\mathrm{i})^2(\varpi-\varsigma\,\mathrm{i})\mathrm{e}^{-\mathrm{i}\omega_0\tau_0} + \beta l(-m-n\mathrm{i})^2(-m+n\mathrm{i})\mathrm{e}^{-\mathrm{i}\omega_0\tau_0}\\
+\beta l(\beta+\beta_2\omega_0\tau_j\,\mathrm{i})^2(\beta-\beta_2\omega_0\tau_j\,\mathrm{i})\mathrm{e}^{-\mathrm{i}\omega_0\tau_0}]z^2\bar{z}+\cdots)\\
\tau_j([\beta l(\varpi+\varsigma\,\mathrm{i})^2(\varpi-\varsigma\,\mathrm{i})\mathrm{e}^{-\mathrm{i}\omega_0\tau_0} + \alpha k(-m-n\mathrm{i})^2(-m+n\mathrm{i})\mathrm{e}^{-\mathrm{i}\omega_0\tau_0}\\
+\beta l(\beta+\beta_2\omega_0\tau_j\,\mathrm{i})^2(\beta-\beta_2\omega_0\tau_j\,\mathrm{i})\mathrm{e}^{-\mathrm{i}\omega_0\tau_0}]z^2\bar{z}+\cdots)\\
\tau_j([\beta l(-m-n\mathrm{i})^2(-m+n\mathrm{i})\mathrm{e}^{-\mathrm{i}\omega_0\tau_0}\\
+\alpha k(\beta+\beta_2\omega_0\tau_j\,\mathrm{i})^2(\beta-\beta_2\omega_0\tau_j\,\mathrm{i})\mathrm{e}^{-\mathrm{i}\omega_0\tau_0}]z^2\bar{z}+\cdots)
\end{pmatrix}$$

$$\stackrel{\text{def}}{=} F_{z^2}\frac{z^2}{2} + F_{z\bar{z}}z\bar{z} + F_{\bar{z}^2}\frac{\bar{z}^2}{2} + F_{z^2\bar{z}}\frac{z^2\bar{z}}{2} + \cdots.$$

比较系数可以得知

$$g_{20} = g_{02} = g_{11} = 0,$$

$$g_{21} = \bar{q}^*(0)\cdot F_{z^2\bar{z}},$$

则有

$$c_1(0) = \frac{\mathrm{i}}{2\omega_0\tau_j}\left(g_{20}g_{11} - 2\left\|g_{11}\right\|^2 - \frac{1}{3}\left\|g_{02}\right\|^2\right) + \frac{g_{21}}{2}.$$

于是

$$a_1 = -\frac{\mathrm{Re}c_1(0)}{\gamma'(\tau_j)}, \quad a_2 = 2\mathrm{Re}c_1(0),$$

这里 a_1 和 a_2 完全由系统 (2.3.5) 中的参数确定. 由下面定理可以确定分支的性质.

定理 2.3.7 对于系统 (2.3.5)

(1) 当 $a_1 > 0, a_2 > 0$ 时, 在 $\tau = \tau_j$ 时的 Hopf 分支是上临界分支, 分支周期解轨道不稳定.

(2) 当 $a_1 < 0, a_2 > 0$ 时, 在 $\tau = \tau_j$ 时的 Hopf 分支是下临界分支, 分支周期解轨道不稳定.

(3) 当 $a_1 > 0, a_2 < 0$ 时, 在 $\tau = \tau_j$ 时的 Hopf 分支是上临界分支, 分支周期解轨道渐近稳定.

(4) 当 $a_1 < 0, a_2 < 0$ 时, 在 $\tau = \tau_j$ 时的 Hopf 分支是下临界分支, 分支周期解轨道渐近稳定.

第 3 章　时滞生命能量系统模型

20 世纪 90 年代我国学者祖元刚教授等利用物理学中的热力学第一定律, 把所研究的所有生命实体看成是同在一个系统内的一个元素, 把各元素之间的相互作用看成是系统内部的能量流动, 用系统论、能量流的方法建立所研究生命系统的数学模型, 给出了由常微分方程作为其数学模型的生命能量动态行为系统, 并用其解释了许多生命现象.

生命能量系统是一个用于描述生命体能量动态行为的普适的非线性动力学模型, 它以能量为状态变量, 以微分方程形式来揭示生命活动的动态行为. 生命系统的能量活动可以用生命能量系统的动力学方程来描述, 对于一个由 n 个组分构成的生命系统, 其能量动力学方程的基本形式为

$$u_i' = -A_i u_i^2 + B_i u_i + \sum_{i \neq j}^{n} (C_{ij} - D_{ij} u_i) u_j - \varphi_i \quad (i, j = 1, 2, \cdots, n),$$

其中 u_i 为第 i 组分的能量, A_i, B_i, C_{ij}, D_{ij} 为方程的特征参数, 用以表征组分 i 的能量容量、能量获取能力与交换能力, φ_i 为组分的能量消耗率, 它们都是非负的有界量, 其中 $\left(-A_i u_i^2 + B_i u_i\right)$ 是组分 i 与系统外界环境所交换的能量; $\sum_{i \neq j}^{n} \left(C_{ij} - D_{ij} u_i\right) u_j$ 是组分 i 与系统内其余 $n-1$ 个组分间交换能量的代数和.

黄椰等从考查生物系统与外界环境间的物质能量交换过程及其组分之间的相互关系着手, 亦导出了描述能量交换与竞争过程的微分方程组:

$$\frac{\mathrm{d}u_i}{\mathrm{d}t} = -\frac{\lambda_{ii}'}{N_{ii}'} u_i^2 + \lambda_{ii}' u_i + \sum_{\substack{j=1 \\ j \neq \mathrm{i}}}^{n} \lambda_{ij}' \eta_{ij} u_j - \sum_{\substack{j=1 \\ j \neq \mathrm{i}}}^{n} \frac{\lambda_{ij}'}{N_{ij}'} \eta_{ij} u_i u_j \ \ (i, j = 1, 2, \cdots, n; i \neq j).$$

时滞效应在生态中是一种普遍现象, 组分间能量交换的过程中也存在着时滞问题, 我们将时滞引入到生命能量系统模型, 这也十分符合实际意义. 现实世界中, 有许多生物环境可以近似的看成是捕食系统, 在捕食关系中, 捕食者和被捕食者之间必然存在着能量的相互转化, 而对于捕食者, 从被捕食者中获得能量, 能量的转化必然存在着时间滞后的问题, 也就是说在被捕食者被捕食后, 它必然有一部分能量立即消失, 而这部分能量传递给了捕食者, 并且要经过一段时间后才能变成捕食者自身的能量, 这就是带时间滞后问题的捕食关系能量系统模型.

3.1 二维时滞生命能量系统模型的稳定性分析

二种群生态系统是生态系统的基本形式之一. 由于二种群生态系统的相互作用颇具代表性, 几乎所有的复杂生态系统中的动力学行为都可以由此推演而出或受到启发性的理解, 因此研究二种群相互作用及其动力学特性已成了研究种群生态学、生态系统和生物数学的基础性课题.

考虑如下的二维时滞生命能量系统模型:

$$\begin{cases} u_1'(t) = -A_1u_1^2 + B_1u_1 + (C_{12} - D_{12}u_1)u_2(t-\tau_1) - \phi_1, \\ u_2'(t) = -A_2u_2^2 + B_2u_2 + (C_{21} - D_{21}u_2)u_1(t-\tau_2) - \phi_2. \end{cases} \tag{3.1.1}$$

令 (u_1^*, u_2^*) 为方程 (3.1.1) 的平衡点, 那么 (u_1^*, u_2^*) 满足:

$$\begin{cases} -A_1u_1^{*2} + B_1u_1^* + (C_{12} - D_{12}u_1^*)u_2^* - \phi_1 = 0, \\ -A_2u_2^{*2} + B_2u_2^* + (C_{21} - D_{21}u_2^*)u_1^* - \phi_2 = 0. \end{cases} \tag{3.1.2}$$

令

$$x_1 = u_1 - u_1^*, \quad x_2 = u_2 - u_2^*, \quad \begin{cases} 2A_1u_1^* - B_1 + D_{12}u_2^* = a_1, \\ 2A_2u_2^* - B_2 + D_{21}u_1^* = a_2, \end{cases} \quad \begin{cases} C_{12} - D_{12}u_1^* = b_1, \\ C_{21} - D_{21}u_2^* = b_2, \end{cases}$$

那么,

$$\begin{cases} x_1'(t) = -a_1x_1 + b_1x_2(t-\tau_1) - A_1x_1^2 - D_{12}x_1x_2(t-\tau_1), \\ x_2'(t) = -a_2x_2 + b_2x_1(t-\tau_2) - A_2x_2^2 - D_{21}x_2x_1(t-\tau_2). \end{cases} \tag{3.1.3}$$

显然 (0,0) 是方程 (3.1.3) 的一个平衡解. 其在 (0,0) 处线性化方程是

$$\begin{cases} x_1'(t) = -a_1x_1 + b_1x_2(t-\tau_1), \\ x_2'(t) = -a_2x_2 + b_2x_1(t-\tau_2). \end{cases} \tag{3.1.4}$$

方程 (3.1.4) 的特征方程是

$$\lambda^2 + (a_1 + a_2)\lambda + a_1a_2 - b_1b_2\mathrm{e}^{-\lambda\tau} = 0, \tag{3.1.5}$$

这里 $\tau = \tau_1 + \tau_2$.

如果方程 (3.1.5) 的根都有负实部, 那么方程 (3.1.3) 零解是渐近稳定的; 如果方程 (3.1.5) 至少有一个根具有正实部, 那么方程 (3.1.3) 零解是不稳定的. 下面介绍魏俊杰教授等给出的关于超越方程根的分布的结论.

引理 3.1.1 设有超越方程

$$\lambda^n + p_1^{(0)}\lambda^{n-1} + p_2^{(0)}\lambda^{n-2} + \cdots + p_n^{(0)} + [p_1^{(1)}\lambda^{n-1} + p_2^{(1)}\lambda^{n-2} + \cdots + p_n^{(1)}]\mathrm{e}^{-\lambda\tau_1}$$
$$+ [p_1^{(m)}\lambda^{n-1} + p_2^{(m)}\lambda^{n-2} + \cdots + p_n^{(m)}]\mathrm{e}^{-\lambda\tau_m} = 0, \tag{3.1.6}$$

当 $(p_1^{(0)}, \cdots, p_n^{(0)}, \cdots, p_n^{(1)}, \cdots, p_n^{(m)}; \tau_1, \tau_2, \cdots, \tau_m)$ 变化时, 方程 (3.1.6) 在右半平面的根的个数和发生变化的充要条件是方程 (3.1.6) 有根出现或穿过虚轴. 其中 $\tau_j \geqslant 0, (j = 1, \cdots, m)$ 且 $p_j^{(i)} \in C(0 \leqslant i \leqslant m, 1 \leqslant j \leqslant n)$.

下面利用上述结论, 考察方程 (3.1.5) 的根的分布. 本节中假定 $a_1 > 0, a_2 > 0$.

引理 3.1.2 设

$$|b_1 b_2| > a_1 a_2, \tag{3.1.7}$$

如果 $\tau = \hat{\tau}_j, \omega = \omega_0$, 那么 $\pm\mathrm{i}\omega_0$ $(\omega_0 > 0)$ 是方程 (3.1.5) 一对纯虚根, 其 $\hat{\tau}_j$, ω_0 由下式给出

$$\hat{\tau}_j = \frac{1}{\omega_0}[\omega_0\hat{\tau}_0 + 2j\pi] \quad (j = 0, 1, 2, \cdots),$$

$$\omega_0 = \sqrt{\frac{-a_1^2 - a_2^2 + \sqrt{(a_1^2 + a_1^2)^2 - 4(a_1^2 a_2^2 - b_1^2 b_2^2)}}{2}},$$

且

$$\hat{\tau}_0 = \begin{cases} \dfrac{1}{\omega_0}\arcsin\left(\dfrac{(a_1 + a_2)\omega_0}{-b_1 b_2}\right), & b_1 b_2 \leqslant -M, \\ \dfrac{1}{\omega_0}\left[\pi - \arcsin\left(\dfrac{(a_1 + a_2)\omega_0}{-b_1 b_2}\right)\right], & 0 < -b_1 b_2 < M, \text{或}; b_1 b_2 \geqslant M, \\ \dfrac{1}{\omega_0}\left[2\pi + \arcsin\left(\dfrac{(a_1 + a_2)\omega_0}{-b_1 b_2}\right)\right], & -M < -b_1 b_2 < 0, \end{cases}$$

$$M = \sqrt{a_1 a_2}\,|a_1 + a_2|\,.$$

证明 考虑方程 (3.1.5). 令 $\pm\mathrm{i}\omega(\omega > 0)$ 是方程 (3.1.5) 一对纯虚根, 那么

$$-\omega^2 + \mathrm{i}(a_1 + a_2)\omega + a_1 a_2 - b_1 b_2 \mathrm{e}^{-\mathrm{i}\omega\tau} = 0,$$

分离实部与虚部, 有

$$-\omega^2 + a_1 a_2 - b_1 b_2 \cos(\omega\tau) = 0,$$
$$(a_1 + a_2)\omega + b_1 b_2 \sin(\omega\tau) = 0.$$

因此由

$$\omega^4 + (a_1^2 + a_2^2)\omega^2 + a_1^2 a_2^2 - b_1^2 b_2^2 = 0$$

有

$$\omega^2 = \frac{-(a_1^2 + a_2^2) \pm \sqrt{(a_1^2 + a_1^2)^2 - 4(a_1^2 a_2^2 - b_1^2 b_2^2)}}{2}. \tag{3.1.8}$$

显然, 不等式 (3.1.7) 意味着方程 (3.1.8) 成立, 从而得到 $\omega_0, \hat{\tau}_j$.

考虑方程 (3.1.5) 在 $\hat{\tau}_j$ 附近根的性质. 假定 $\lambda(\tau)$ 是方程 (3.1.5) 满足 $\mathrm{Re}\,(\lambda(\hat{\tau}_j))=0, \mathrm{Im}\,(\lambda(\hat{\tau}_j))=\omega_0$ 的解. 那么, 横截条件成立:

引理 3.1.3 $\mathrm{Re}\left(\dfrac{\mathrm{d}\lambda(\hat{\tau}_j)}{\mathrm{d}\tau}\right)>0.$

证明 对方程 (3.1.5) 关于 τ 微分

$$\left(\frac{\mathrm{d}\lambda(\tau)}{\mathrm{d}\tau}\right)^{-1}\Bigg|_{\tau=\hat{\tau}_j}=\frac{a_1+a_2+2\mathrm{i}\omega_0}{(a_1+a_2)\omega_0^2+\mathrm{i}(\omega_0^3-\mathrm{i}\omega_0 a_1 a_2)}+\frac{\mathrm{i}\hat{\tau}_j}{\omega_0},$$

即

$$\mathrm{Re}\left(\frac{\mathrm{d}\lambda(\tau)}{\mathrm{d}\tau}\right)^{-1}\Bigg|_{\tau=\hat{\tau}_j}=\frac{\omega_0^2}{\varDelta}[a_1^2+a_2^2+2\omega_0^2]>0,$$

这里 $\varDelta=[a_1+a_2]^2\omega_0^4+\omega_0^2(\omega_0^2-a_1a_2)^2$.

下面讨论特征根的分布.

引理 3.1.4 (i) 如果 $b_1b_2>a_1a_2$, 则对所有的 $\tau\geqslant 0$, 方程 (3.1.5) 至少有一个根有正实部.

(ii) 如果 $-a_1a_2<b_1b_2<a_1a_2$, 则对所有的 $\tau\geqslant 0$, 方程 (3.1.5) 的所有根有负实部.

(iii) 如果 $b_1b_2<-a_1a_2$, 则存在 $\hat{\tau}_0$ 使得当 $\tau\in[0,\hat{\tau}_0)$, 方程 (3.1.5) 的所有根有负实部, 当 $\tau>\hat{\tau}_0$, 方程 (3.1.5) 至少有一个根有正实部. 进一步, 在 $(\hat{\tau}_j,\hat{\tau}_{j+1}](j=0,1,\cdots)$ 中, 方程 (3.1.5) 有 $2(j+1)$ 个具正实部的根.

证明 当 $\tau=0$, 方程 (3.1.5) 变为

$$\lambda^2+(a_1+a_2)\lambda+a_1a_2-b_1b_2=0, \tag{3.1.9}$$

且

$$\mathrm{Re}\lambda=\mathrm{Re}\left[\frac{-(a_1+a_2)}{2}\pm\sqrt{\frac{(a_1+a_2)^2}{4}-(a_1a_2-b_1b_2)}\right].$$

显然, 如果 $a_1a_2-b_1b_2>0$, 那么方程 (3.1.9) 的根都有负实部. 如果 $b_1b_2>a_1a_2$, 那么对所有的 $\tau\geqslant 0$, 方程 (3.1.5) 至少有一个具有正实部的根.

对 $\tau\geqslant 0$, 利用引理 3.1.1 得

(i) 如果 $-a_1a_2<b_1b_2<a_1a_2$, 那么对任意 $\tau\geqslant 0$, 方程 (3.1.5) 的所有根都有负实部.

(ii) 如果 $-a_1a_2-b_1b_2>0$, 那么存在 $\tau=\hat{\tau}_0$ 使得当 $\tau\in[0,\hat{\tau}_0)$, 方程 (3.1.5) 的所有根都有负实部, 当 $\tau>\hat{\tau}_0$, 方程 (3.1.5) 至少有一个根有正实部.

由引理 3.1.1~ 引理 3.1.4, 得系统 (3.1.3) 的稳定性和分支的相关结论.

定理 3.1.5 (i) 如果 $b_1b_2 > a_1a_2$, 那么方程 (3.1.3) 的零解对所有的 $\tau \geqslant 0$ 都是不稳定的.

(ii) 如果 $-a_1a_2 < b_1b_2 < a_1a_2$, 那么方程 (3.1.3) 的零解对所有的 $\tau \geqslant 0$ 都是绝对稳定的.

(iii) 如果 $b_1b_2 < -a_1a_2$, 那么存在一系列时滞参数 $\hat{\tau}_0 < \hat{\tau}_1 < \hat{\tau}_2 < \cdots < \hat{\tau}_j < \cdots$ 使得方程 (3.1.3) 的零解在 $\tau \in [0, \hat{\tau}_0)$ 是渐近稳定的, 而当 $\tau > \hat{\tau}_0$ 时是不稳定的, 当 $\tau = \hat{\tau}_j, j = 0, 1, \cdots$ 时, 方程 (3.1.3) 在原点 (0, 0) 经历一个 Hopf 分支, 这里 $\hat{\tau}_0$ 满足引理 3.1.2.

(iv) $b_1b_2 - a_1a_2 = 0$ 是方程 (3.1.3) 的 Pitchfork 分支.

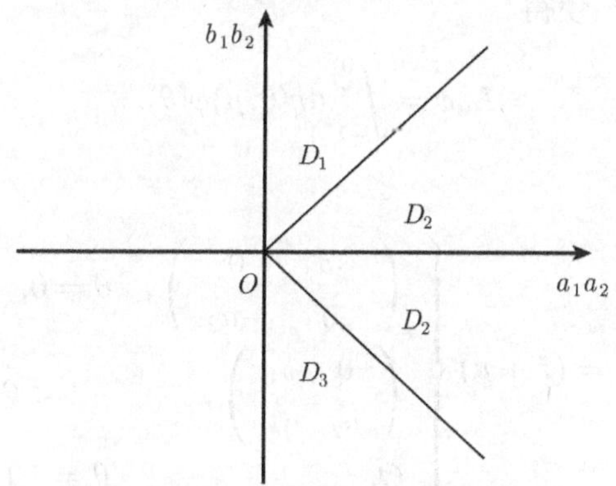

图 3.1.1 系统 (3.1.1) 的分支图

直线 $b_1b_2 - a_1a_2 = 0$ 和 $b_1b_2 + a_1a_2 = 0$ 将 a_1, a_2, b_1, b_2 平面分为三个区域, D_1, D_2, D_3.

$$D_1 = \{b_1b_2 > a_1a_2\},$$
$$D_2 = \{-a_1a_2 \leqslant b_1b_2 < a_1a_2\},$$
$$D_3 = \{b_1b_2 < -a_1a_2\},$$

其中 D_1 是不稳定区域, D_2 是绝对稳定区域, D_3 是条件稳定区域, 直曲线 $b_1b_2 - a_1a_2 = 0$ 为临界边界.

下面研究当 $\tau_1 = \tau_2$ 时分支方向, 稳定性和分支周期解的周期. 所利用的是 Hassard,Kazarinoff 介绍的正规型方法和中心流形定理.

令 $t = s\tau, x_1(s\tau) = y_1(t), x_2(s\tau) = y_2(t)$, 仍用 t 代替 s, 方程 (3.1.3) 可以写为

$$\begin{cases} y_1'(t) = \tau[-a_1y_1 + b_1y_2(t-1) - A_1y_1^2 - D_{12}y_1y_2(t-1)], \\ y_2'(t) = \tau[-a_2y_2 + b_2y_1(t-1) - A_2y_2^2 - D_{21}y_2y_1(t-1)]. \end{cases} \tag{3.1.10}$$

不失一般性, 用 $\tilde{\tau}$ 代替所有临界值 $\tau = \hat{\tau}_j$ $(j = 1, 2, \cdots)$. 令 $\hat{\tau}_j = \tilde{\tau}$, $\tau = \tilde{\tau} + \mu$, 那么

$\mu=0$ 是方程 (3.1.10)Hopf 分支值. 方程 (3.1.10) 的非线性部分是

$$f=(\tilde{\tau}+\mu)\begin{pmatrix} -A_1y_1^2-D_{12}y_1y_2(t-1) \\ -A_2y_2^2-D_{21}y_2y_1(t-1) \end{pmatrix}.$$

令 $C^k[-1,0]$ 表示 $[-1,0]$ 上的实二维、分量有 k 阶连续导数的向量值函数空间. 令

$$L_\mu(\phi)=(\tilde{\tau}+\mu)\begin{pmatrix} -a_1 & 0 \\ 0 & -a_2 \end{pmatrix}\begin{pmatrix} \phi_1(0) \\ \phi_2(0) \end{pmatrix}+(\tilde{\tau}+\mu)\begin{pmatrix} 0 & b_1 \\ b_2 & 0 \end{pmatrix}\begin{pmatrix} \phi_1(-1) \\ \phi_2(-1) \end{pmatrix}, \tag{3.1.11}$$

由 Riesz 表示定理, 存在一个 2×2 分量为 $\theta\in[-1,0]$ 内有界变差函数的矩阵 $\eta(\theta,\mu):[-1,0]\to\mathbb{R}^{2\times 2}$ 使得

$$L_\mu\phi=\int_{-1}^0 \mathrm{d}\eta(\theta,\mu)\phi(\theta).$$

对 $\phi\in C$, 可以取

$$\eta(\theta,\mu)=(\tilde{\tau}+\mu)\begin{cases} \begin{pmatrix} -a_1 & 0 \\ 0 & -a_2 \end{pmatrix}, & \theta=0, \\ \begin{pmatrix} 0 & b_1 \\ b_2 & 0 \end{pmatrix}, & -1<\theta<0 \\ O. & \theta=-1. \end{cases}$$

$\phi\in C^1[-1,0]$, 定义

$$A(\mu)\phi=\begin{cases} \dfrac{\mathrm{d}\phi(\theta)}{\mathrm{d}\theta}, & -1\leqslant\theta<0, \\ \displaystyle\int_{-1}^0 \mathrm{d}\eta(\theta,\mu)\phi(\theta), & \theta=0, \end{cases} \tag{3.1.12}$$

$$R\phi=(\tilde{\tau}+\mu)\begin{cases} O, & -1\leqslant\theta<0, \\ \begin{pmatrix} -A_1\phi_1^2-D_{12}\phi_1\phi_2(t-1) \\ -A_2\phi_2^2-D_{21}\phi_2\phi_1(t-1) \end{pmatrix}, & \theta=0. \end{cases} \tag{3.1.13}$$

因此方程 (3.1.10) 可以改写为

$$u_t'=A(\mu)u+Ru_t. \tag{3.1.14}$$

这里 $u=(y_1,y_2)^{\mathrm{T}}, u_t=u(t+\theta), \theta\in[-1,0]$. 对 $\alpha\in C^1[0,1]$, 定义

$$A^*\alpha(s)=\begin{cases} -\dfrac{\mathrm{d}\alpha(s)}{\mathrm{d}s}, & 0<s\leqslant 1, \\ \displaystyle\int_{-1}^0 \mathrm{d}\eta^{\mathrm{T}}(t,0)\alpha(-t), & s=0, \end{cases} \tag{3.1.15}$$

对 $\phi \in C([-1,0],C^2), \psi \in C([0,1],(C^2)^*)$, 定义

$$\langle \psi, \phi \rangle = \bar{\psi}(0)\phi(0) - \int_{\theta=-1}^{0}\int_{\xi=0}^{\theta} \bar{\psi}(\xi-\theta)\mathrm{d}\eta(\theta)\phi(\xi)\mathrm{d}\xi,$$

其中 $\eta(\theta) = \eta(\theta,0)$, 则 $A = A(0)$ 和 A^* 是共轭算子. 令 $q(\theta)$ 和 $q^*(\theta)$ 是 A 和 A^* 的属于 $\mathrm{i}\tilde{\tau}\omega_0$ 和 $-\mathrm{i}\tilde{\tau}\omega_0$ 特征向量. 令方程 (3.1.14) 的解是 u_t.

定义 $z(t) = \langle q^*, u_t\rangle$, 在中心流形 C_0 上, 有

$$W(t,\theta) = W(z(t),\bar{z}(t),\theta),$$

其中

$$W(z,\bar{z},\theta) = W_{20}(\theta)\frac{z^2}{2} + W_{11}(\theta)z\bar{z} + W_{02}(\theta)\frac{\bar{z}^2}{2} + W_{30}(\theta)\frac{z^3}{2} + \cdots.$$

z 和 $\bar{z}$ 是中心流形 C_0 在 q^* 和 $\bar{q}^*$ 方向的局部坐标. 注意如果 u_t 是实的, 那么 W 是实的. 本章只考虑实解. 设 $u_t \in C_0$,

$$\dot{z}(t) = \mathrm{i}\omega_0\tilde{\tau}z + \bar{q}^* f(0, W(z,\bar{z},\theta) + 2\mathrm{Re}\{z(t)q(\theta)\}) = \mathrm{i}\omega_0\tilde{\tau}z + \bar{q}^* f_0,$$

即

$$\dot{z}(t) = \mathrm{i}\omega_0\tilde{\tau}z + g(z,\bar{z}).$$

这里

$$g(z,\bar{z}) = \frac{1}{2}g_{20}z^2 + g_{11}z\bar{z} + \frac{1}{2}g_{02}\bar{z}^2 + \frac{1}{2}g_{21}z^2\bar{z} + \cdots,$$

且 g_{ij} 依赖于 τ. 当 $\theta = 0$ 时, 方程 (3.1.10) 与方程 (3.1.14) 的解相同. 进一步

$$q(\theta) = q_0\mathrm{e}^{\mathrm{i}\omega_0\tilde{\tau}\theta}, \quad q^*(\theta) = q_0^*\mathrm{e}^{\mathrm{i}\omega_0\tilde{\tau}\theta}, \tag{3.1.16}$$

满足 $\langle q^*(\theta), q(\theta)\rangle = 1, \langle q^*(\theta), \bar{q}(\theta)\rangle = 0$. 计算得

$$q(\theta) = \left(1, \frac{\mathrm{i}\omega_0 + a_1}{b_1\mathrm{e}^{-\mathrm{i}\omega_0\tilde{\tau}}}\right)^{\mathrm{T}} \mathrm{e}^{\mathrm{i}\omega_0\tilde{\tau}\theta},$$

$$q^*(\theta) = \frac{1}{D}\left(\frac{-\mathrm{i}\omega_0 + a_2}{b_1\mathrm{e}^{\mathrm{i}\omega_0\tilde{\tau}}}, 1\right)\mathrm{e}^{\mathrm{i}\omega_0\tilde{\tau}\theta},$$

$$\bar{D} = \left[-\frac{(b_2 + \mathrm{i}\omega_0\tilde{\tau} + a_1) + (b_1 + \mathrm{i}\omega_0\tilde{\tau} + a_2) + (a_2 + 2\mathrm{i}\omega_0\tilde{\tau} + a_1)}{b_1}\right]^{-1},$$

$$q_0\mathrm{e}^{\mathrm{i}\omega_0\tilde{\tau}\theta}, q^*(\theta) = q_0^*\mathrm{e}^{\mathrm{i}\omega_0\tilde{\tau}\theta}.$$

注意

$$\dot{W}=\dot{u}_t-\dot{z}q-\dot{\bar{z}}\bar{q}=\begin{cases}AW-2\mathrm{Re}\{\bar{q}^*(0)f_0q(\theta)\}, & \theta\in[-1,0],\\ AW-2\mathrm{Re}\{\bar{q}^*(0)f_0q(\theta)\}+f_0, & \theta=0\end{cases}$$
$$=AW+H(z,\bar{z},\theta),$$

且

$$H(z,\bar{z},\theta)=\frac{1}{2}H_{20}(\theta)z^2+H_{11}(\theta)z\bar{z}+\frac{1}{2}H_{02}(\theta)\bar{z}^2+\cdots.$$

比较展开系数得

$$(A-2\mathrm{i}\omega_0\tilde{\tau})W_{20}(\theta)=-H_{02}(\theta),$$
$$AW_{11}=-H_{11}(\theta),$$

且对于 $\theta\in[-1,0]$ 有

$$H(z,\bar{z},\theta)=-\bar{q}^*(0)\bar{f}_0q(\theta)-\bar{q}^*(0)\bar{f}_0\bar{q}(\theta)$$
$$=-g(z,\bar{z})q(\theta)-\bar{g}(z,\bar{z})\bar{q}(\theta).$$

计算参数有

$$H_{20}(\theta)=-g_{20}q(\theta)-\bar{g}_{20}\bar{q}(\theta),$$
$$H_{11}(\theta)=-g_{11}q(\theta)-\bar{g}_{11}\bar{q}(\theta).$$

故

$$\dot{W}_{20}(\theta)=2\mathrm{i}\omega_0\tilde{\tau}W_{20}(\theta)+g_{20}q(\theta)+\bar{g}_{20}\bar{q}(\theta).$$

注意 $q(\theta)=q(0)\mathrm{e}^{\mathrm{i}\omega_0\tilde{\tau}}$, 因此

$$\dot{W}_{20}(\theta)=\frac{\mathrm{i}g_{20}}{\omega_0\tilde{\tau}}q(0)\mathrm{e}^{\mathrm{i}\omega_0\tilde{\tau}\theta}+\frac{\mathrm{i}g_{20}}{3\omega_0\tilde{\tau}}\bar{q}(0)\mathrm{e}^{-\mathrm{i}\omega_0\tilde{\tau}\theta}+E_1\mathrm{e}^{2\mathrm{i}\omega_0\tilde{\tau}\theta}.$$

类似得

$$W_{11}(\theta)=-\frac{\mathrm{i}g_{11}}{\omega_0\tilde{\tau}}q(0)\mathrm{e}^{\mathrm{i}\omega_0\tilde{\tau}\theta}+\frac{\mathrm{i}g_{11}}{\omega_0\tilde{\tau}}\bar{q}(0)\mathrm{e}^{-\mathrm{i}\omega_0\tilde{\tau}\theta}+E_2.$$

由 A 定义, 有

$$\int_{-1}^{0}\mathrm{d}\eta(\theta)W_{20}(\theta)=2\mathrm{i}\tilde{\tau}\omega_0W_{20}(0)-H_{20}(0),$$
$$\int_{-1}^{0}\mathrm{d}\eta(\theta)W_{11}(\theta)=-H(0).$$

这里 $\eta(\theta)=\eta(0,\theta)$. 令 $M=\dfrac{\mathrm{i}\omega_0\tilde{\tau}+a_1}{b_1\mathrm{e}^{-\mathrm{i}\omega_0\tilde{\tau}}}$, 那么

$$g(z,\bar{z})=\bar{q}^{*\mathrm{T}}(0)f_0(z,\bar{z})=\bar{q}^{*\mathrm{T}}(0)f_0(0,u_t),$$

这里

$$f=\tilde{\tau}\begin{pmatrix}-2(A_1+D_{12}M\mathrm{e}^{-\mathrm{i}\omega_0\tilde{\tau}})\dfrac{z^2}{2}-(2(A_1+D_{12}\bar{M}\mathrm{e}^{\mathrm{i}\omega_0\tilde{\tau}}+D_{12}M\mathrm{e}^{-\mathrm{i}\omega_0\tilde{\tau}})z\bar{z})\\ -2(A_1+D_{12}\bar{M}^2\mathrm{e}^{2\mathrm{i}\omega_0\tilde{\tau}})\dfrac{\bar{z}^2}{2}-[2(A_1W_{20}^1(0)+4A_1W_{11}^1(0))\\ +(D_{12}\bar{M}\mathrm{e}^{\mathrm{i}\omega_0\tilde{\tau}}W_{20}^1(0)+D_{12}W_{20}^2(-1))+2D_{12}M\mathrm{e}^{-\mathrm{i}\omega_0\tilde{\tau}}W_{11}^1(0)\\ +D_{12}W_{11}^2(-1)]\dfrac{z^2\bar{z}}{2}\\ -2(A_2M^2+D_{21}M\mathrm{e}^{\mathrm{i}\omega_0\tilde{\tau}})\dfrac{z^2}{2}-(2(A_2\left|M\right|^2+D_{21}M\mathrm{e}^{-\mathrm{i}\omega_0\tilde{\tau}}+D_{21}\bar{M}\mathrm{e}^{\mathrm{i}\omega_0\tilde{\tau}})z\bar{z})\\ -2(A_2\bar{M}^2+D_{21}\bar{M}\mathrm{e}^{-\mathrm{i}\omega_0\tilde{\tau}})\dfrac{\bar{z}^2}{2}-[2(A_2\bar{M}W_{20}^2(0)+4A_2MW_{11}^2(0))\\ +(D_{21}W_{20}^2(0)\mathrm{e}^{-\mathrm{i}\omega_0\tilde{\tau}}+D_{21}W_{20}^1(-1)\bar{M})+2D_{21}\mathrm{e}^{\mathrm{i}\omega_0\tilde{\tau}}W_{11}^2(0)\\ +2D_{21}W_{11}^1(-1)M]\dfrac{z^2\bar{z}}{2}\end{pmatrix},$$

且

$$E_1=\begin{pmatrix}2\omega_0\mathrm{i}+a_1 & -b_2\mathrm{e}^{-2\omega_0\tilde{\tau}}\mathrm{i}\\ -b_1\mathrm{e}^{-2\omega_0\tilde{\tau}}\mathrm{i} & 2\omega_0\mathrm{i}+a_2\end{pmatrix}^{-1}\begin{pmatrix}-2(A_1+D_{12}M\mathrm{e}^{-\mathrm{i}\omega_0\tilde{\tau}})\\ -2(A_2\left|M\right|^2\mathrm{e}^{-2\mathrm{i}\omega_0\tilde{\tau}}+D_{21}M\mathrm{e}^{-\mathrm{i}\omega_0\tilde{\tau}}\end{pmatrix},$$

$$E_2=\begin{pmatrix}a_1 & -b_2\\ -b_2 & a_2\end{pmatrix}^{-1}\begin{pmatrix}-2(A_1-D_{12}\bar{M}\mathrm{e}^{\mathrm{i}\omega_0\tilde{\tau}}+D_{12}M\mathrm{e}^{-\mathrm{i}\omega_0\tilde{\tau}})\\ -2(A_2M\mathrm{e}^{-\mathrm{i}\omega_0\tilde{\tau}})-D_{21}M\mathrm{e}^{-\mathrm{i}\omega_0\tilde{\tau}}-D_{21}\bar{M}\mathrm{e}^{\mathrm{i}\omega_0\tilde{\tau}}\end{pmatrix}.$$

根据$E_1^{(1)},E_2^{(1)}$可得$W_{20}^{(1)}(0),W_{20}^{(1)}(-1),W_{11}^{(1)}(0),W_{11}^{(1)}(-1)$, 从而可以计算$g_{21},\mathrm{Re}c_1(0)$.

令

$$c_1(0)=\frac{\mathrm{i}}{2\omega_0\tilde{\tau}}(g_{20}g_{11}-2\left|g_{11}\right|^2)-\frac{\left|g_{02}\right|^2}{3}+\frac{g_{21}}{2},$$

$$\mu_2=-\frac{\mathrm{Re}\{c_1(0)\}}{\mathrm{Re}\{\lambda_0'(\tilde{\tau})\}},\quad \beta_2=2\mathrm{Re}\{c_1(0)\},$$

则 Hopf 分支方向和稳定性由临界值 $\tilde{\tau}$ 确定, μ_2 确定 Hopf 分支方向: 如果 $\mu_2>0(<0)$, 那么 Hopf 分支是超临界的 (亚临界) 且 $\tau>\tilde{\tau}(<\tilde{\tau})$ 分支周期解存在; β_2 确定分支周期解的稳定性; 如果 $\beta_2<0(>0)$ 分支周期解是稳定的 (不稳定).

下面考虑方程 (3.1.3) 的特例.

假设其中一个组分不直接从环境获得能量, 即只能从另一个组分获取能量, 即后者从环境中获取能量, 不仅供给自己, 还要为另一组分提供能量, 他们是捕食–被捕食关系.

$$\begin{cases} x' = -A_1x^2 + B_1x + (C_{12} - D_{12}x)y - \phi_1, \\ y' = (C_{21} - D_{21}y)x(t - \tau_1) - \phi_2. \end{cases} \tag{3.1.17}$$

对方程 (3.1.17), 令 $A_1 = 0.1, B_1 = 1.2, C_{12} = 1, \phi_1 = 0.1, x_0 = 1, C_{21} = 3, D_{21} = 0.25, \phi_2 = 2.5, y_0 = 2$, 系统有正平衡点 (1, 2). 计算得 $a_1 = 1, a_2 = 0.25, b_1 = -0.5, b_2 = 3.5$ 满足引理 3.1.2 条件 $|b_1b_2| > a_1a_2$, 且 $\tau_0 = 0.84$, 如果 $\tau < \tau_0$, 那么平衡点 (1,2) 是渐近稳定的, 如图 3.1.2~ 图 3.1.4 所示.

当 τ 大于临界值 τ_0, 平衡点 (1,2) 失去稳定性, Hopf 分支产生, 在 (1, 2) 处有一族周期解分支出来, 图 3.1.5~ 图 3.1.7 中, 分支周期解稳定.

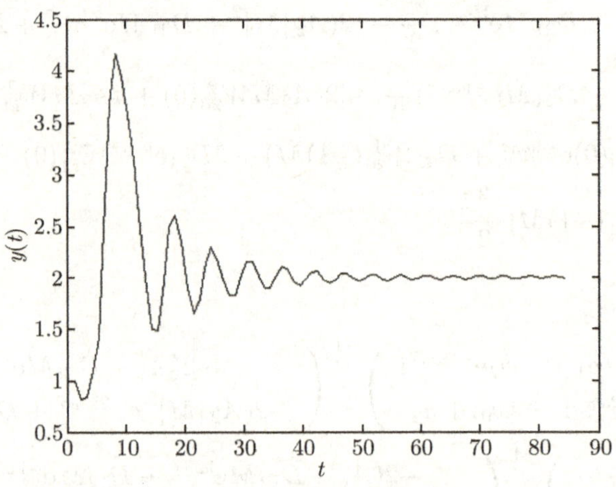

图 3.1.2　$y(t)$ 的稳定时域图

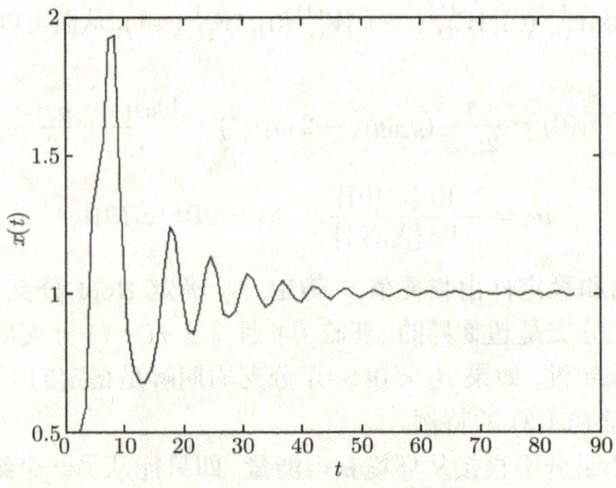

图 3.1.3　$x(t)$ 的稳定时域图

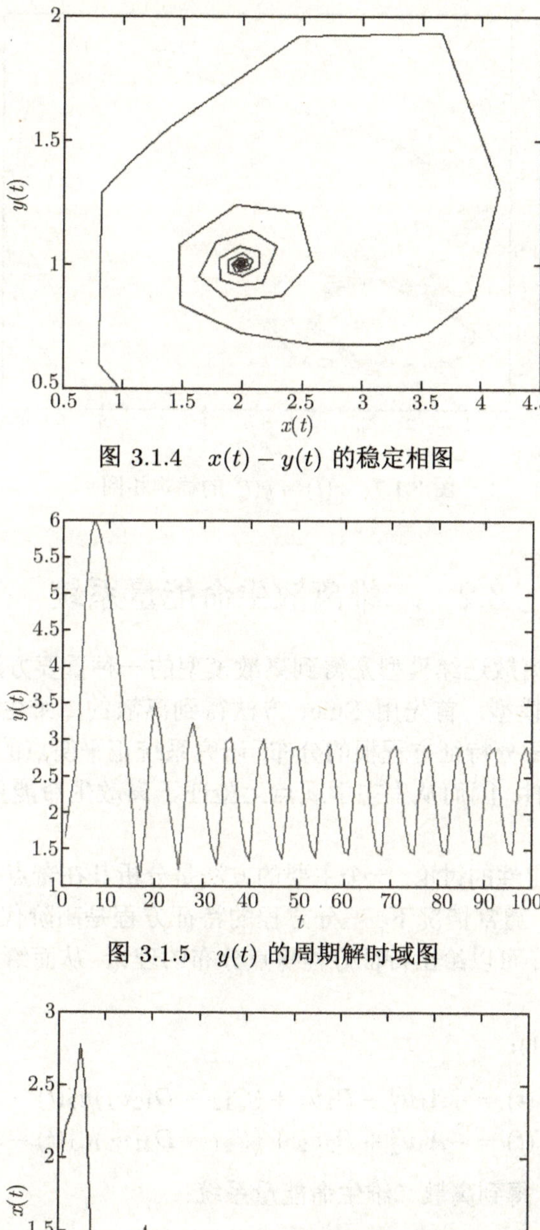

图 3.1.4　$x(t)-y(t)$ 的稳定相图

图 3.1.5　$y(t)$ 的周期解时域图

图 3.1.6　$x(t)$ 的周期解时域图

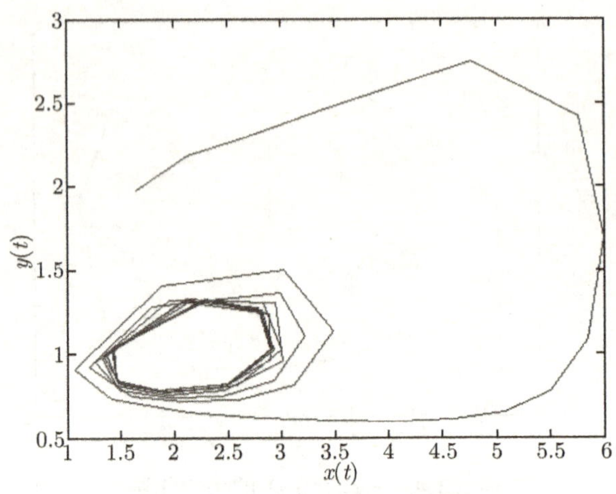

图 3.1.7　$x(t)-y(t)$ 的稳定相图

3.2　二维离散生命能量系统

利用数值方法离散连续模型是得到离散模型的一种重要方法. 本节主要研究离散生命能量系统模型. 首先用 Euler 方法得到离散的二维生命能量系统, 然后通过讨论模型线性部分特征方程根的分布, 研究系统正平衡点的稳定性, 得到了平衡点渐近稳定的条件. 因而从生态学观点上验证了离散生命能量系统存在稳定性现象.

对离散系统稳定性的讨论, 一个主要的方法是分析其在奇点处的线性部分的特征方程的根的分布. 通常情况下, 差分方程的特征方程是高阶代数方程. 本节利用 Rouche 定理及推论, 可以给出特征方程零点分布的理论, 从而给出了确定稳定性的一种方法.

考虑方程 (3.1.1):

$$\begin{cases} u_1'(t) = -A_1u_1^2 + B_1u_1 + (C_{12} - D_{12}u_1)u_2(t) - \phi_1, \\ u_2'(t) = -A_2u_2^2 + B_2u_2 + (C_{21} - D_{21}u_2)u_1(t) - \phi_2. \end{cases}$$

对其使用 Euler 法, 得到离散二维生命能量系统:

$$\begin{cases} u_1^{m+1} = u_1^m + h[-A_1u_1^{m2} + B_1u_1^m + (C_{12} - D_{12}u_1^m)\,u_2^m - \phi_1], \\ u_2^{m+1} = u_2^m + h[-A_2u_2^{m2} + B_2u_2^m + (C_{21} - D_{21}u_2^m)\,u_1^m - \phi_2]. \end{cases} \tag{3.2.1}$$

设该系统平衡态为 u_1^*, u_2^*, 则平衡态满足

$$\begin{cases} -A_1u_1^{*2} + B_1u_1^* + (C_{12} - D_{12}u_1^*)\,u_2^* - \phi_1 = 0, \\ -A_2u_2^{*2} + B_2u_2^* + (C_{21} - D_{21}u_2^*)\,u_1^* - \phi_2 = 0. \end{cases}$$

令 $x_1^m = u_1^m - u_1^*$, $x_2^m = u_2^m - u_2^*$, 则 $u_1^m = x_1^m + u_1^*$, $u_2^m = x_2^m + u_2^*$, 代入 (3.2.1) 得

$$\begin{cases} x_1^{m+1} = x_1^m + h[-A_1 x_1^{m2} - 2A_1 u_1^* x_1^m - A_1 u_1^{*2} + B_1 x_1^m \\ \qquad +B_1 u_1^* + C_{12} x_2^m + C_{12} u_2^* - D_{12} x_1^m x_2^m] \\ \qquad -hD_{12} u_2^* x_1^m - hD_{12} u_1^* x_2^m - hD_{12} u_1^* u_2^* - h\varphi_1, \\ x_2^{m+1} = x_2^m + h[-A_2 x_2^{m2} - 2A_2 u_2^* x_2^m - A_2 u_2^{*2} + B_2 x_2^m \\ \qquad +B_2 u_2^* + C_{21} x_1^m + C_{21} u_1^* - D_{21} x_2^m x_1^m] \\ \qquad -hD_{21} u_1^* x_2^m - hD_{21} u_2^* x_1^m - hD_{21} u_2^* u_1^* - h\varphi_2, \end{cases}$$

令

$$2A_1 u_1^* - B_1 + D_{12} u_2^* = a_1,$$

$$2A_2 u_2^* - B_2 + D_{21} u_1^* = a_2,$$

$$C_{12} - D_{12} u_1^* = b_1,$$

$$C_{21} - D_{21} u_2^* = b_2.$$

可得线性部分:

$$\begin{cases} x_1^{m+1} = x_1^m - a_1 h x_1^m + b_1 h x_2^m, \\ x_2^{m+1} = x_2^m - a_2 h x_2^m + b_2 h x_1^m. \end{cases}$$

令

$$A = \begin{pmatrix} 1 - a_1 h & b_1 h \\ b_2 h & 1 - a_2 h \end{pmatrix},$$

则特征方程为

$$|\lambda I - A| = \begin{vmatrix} \lambda - 1 + a_1 h & -b_1 h \\ -b_2 h & \lambda - 1 + a_2 h \end{vmatrix} = 0, \tag{3.2.2}$$

特征值为

$$\lambda = \frac{(2 - a_1 h - a_2 h) \pm h\sqrt{(a_1 - a_2)^2 + 4b_1 b_2}}{2},$$

从而当 $b_1 b_2 \geqslant -\dfrac{(a_1 - a_2)^2}{4}$ 时, 方程有两个实根, $b_1 b_2 < -\dfrac{(a_1 - a_2)^2}{4}$ 时, 方程有一对共轭复根

$$\lambda_{1,2} = \frac{2 - a_1 h - a_2 h}{2} \pm \frac{\mathrm{i}h\sqrt{-(a_1 - a_2)^2 - 4b_1 b_2}}{2}.$$

定理 3.2.1 (i) 当 $a_1 + a_2 > (a_1 a_2 - b_1 b_2)$ 时, $|\lambda| < 1$, 平衡点 u_1^*, u_2^* 是渐近稳定的;

(ii) 当 $a_1 + a_2 < (a_1 a_2 - b_1 b_2)$ 时, $|\lambda| > 1$, 平衡点 u_1^*, u_2^* 是不稳定的.

下面考虑系统 (3.1.1) 的特例 —— 串行传输方式:

这是一种相互依存的能量传输方式. 在一个两种群生态系统中, 一个种群可以从系统外获取能量, 除提供自己生长所需要的能量外, 还向另外一个种群提供能量, 而另一个种群不能直接从系统外摄取能量, 只能依靠前一个种群所提供的能量以维持自身的存在. 在种群生态学中这样的实例是很多的, 例如, 由绿色植物与草食动物组成的生态系统或捕食生态系统中的两个种群. 根据生命能量系统中动力学方程的定义, 两个种群串行能量传输系统的动力学方程应为

$$\begin{cases} u_1' = -A_1u_1^2 + B_1u_1 + (C_{12} - D_{12}u_1)\,u_2 - \varphi_1, \\ u_2' = (C_{21} - D_{21}u_2)\,u_1 - \varphi_2, \end{cases} \tag{3.2.3}$$

式中 u_1 为系统中能量提供者种群的能量状态, 简称该种群为 X, 而 u_2 为能量接受者的能量状态, 简称该种群为 Y, $\left(-A_1u_1^2 + B_1u_1\right)$ 为 X 从系统外获取的能量; $(C_{12} - D_{12}u_1)\,u_2$ 和 $(C_{21} - D_{21}u_2)\,u_1$ 为两个种群交换的能量. 由 X 被捕食, 则 $(C_{12} - D_{12}u_1)\,u_2 < 0$, 而 Y 是捕食者, 有 $(C_{21} - D_{21}u_2)\,u_1 > 0$. 式 (3.2.3) 表明了 Y 必须依赖于 X 的存在而存在, 而 X 则可以独立地生存.

用 Euler 方法得到串行传输时二维离散生命能量系统:

$$\begin{cases} u_1^{m+1} = u_1^m + h[-A_1u_1^{m2} + B_1u_1^m + (C_{12} - D_{12}u_1^m)\,u_2^m - \phi_1], \\ u_2^{m+1} = u_2^m + h[(C_{21} - D_{21}u_2^m)\,u_1^m - \phi_2]. \end{cases} \tag{3.2.4}$$

设该系统平衡态为 u_1^{**}, u_2^{**}, 则得到方程组

$$\begin{cases} -A_1u_1^{**2} + B_1u_1^{**} + (C_{12} - D_{12}u_1^{**})\,u_2^{**} - \varphi_1 = 0, \\ (C_{21} - D_{21}u_2^{**})\,u_1^{**} - \varphi_2 = 0. \end{cases}$$

与前面的分析类似, 令

$$\begin{gathered} 2A_1u_1^{**} - B_1 + D_{12}u_2^{**} = a_1, \\ D_{21}u_1^{**} = a_3, \\ C_{12} - D_{12}u_1^{**} = b_1, \\ C_{21} - D_{21}u_2^{**} = b_2, \end{gathered}$$

则得到如下定理.

定理 3.2.2　(i) 当 $a_1 + a_3 > (a_1a_3 - b_1b_2)$ 时, $|\lambda| < 1$, 平衡点 u_1^{**}, u_2^{**} 是渐近稳定的;

(ii) 当 $a_1 + a_3 < (a_1a_3 - b_1b_2)$ 时, $|\lambda| > 1$, 平衡点 u_1^{**}, u_2^{**} 是不稳定的.

下面看例子. 取 $A_1 = 0.1$, $B_1 = 1.2$, $C_{12} = 0.5$, $D_{12} = 1$, $C_{21} = 3$, $D_{21} = 0.25$, $\varphi_1 = 0.1$, $\varphi_2 = 2.5$, 则可得串行传输能量系统模型的稳定点 (1,2). 仿真图形如图 3.2.1～ 图 3.2.3 所示.

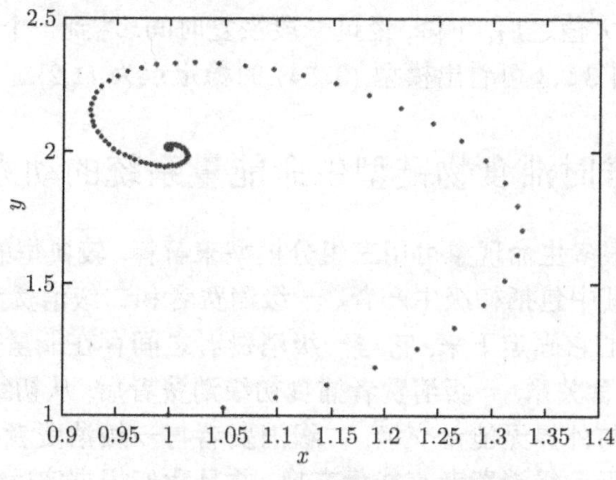

图 3.2.1 两种群能量关系的相图

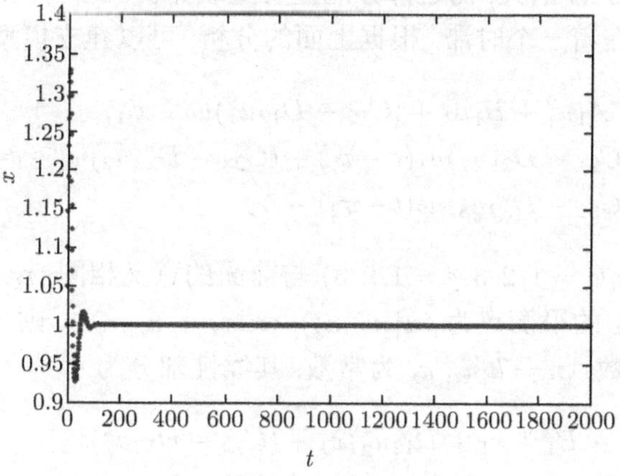

图 3.2.2 被捕食者的能量

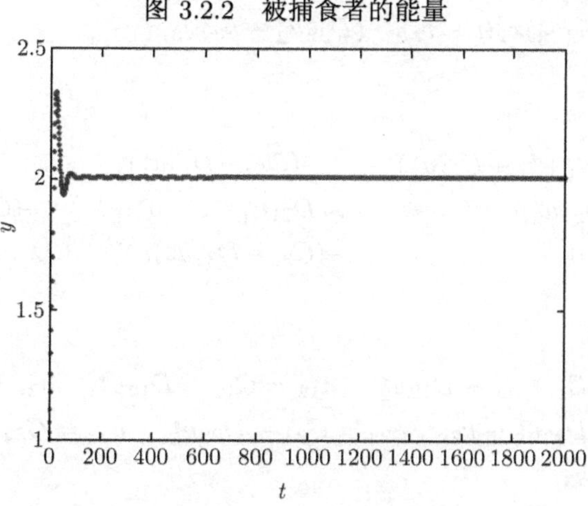

图 3.2.3 捕食者的能量

种群增长到最大值之后, 下降, 经过一段恢复时间, 达到一个稳定状态.

由图 3.2.1～ 图 3.2.3 可看出模型 (3.2.4) 的稳定点为 (1,2).

3.3 三维时滞食物链型生命能量系统的动力学性质

在自然界中, 很多生命现象可用三组分模型来解释, 较典型的如三种群食物链组成的生态系统, 其中包括初级生产者、一级消费者和二级消费者. 初级生产者从外界获得能量, 并把它固定下来, 它与一级消费者之间存在能量交换, 一级消费者与初级消费者是捕食关系, 一级消费者捕食初级消费者后, 从初级消费者中获得自身需要的能量, 而与外界无能量交换, 二级消费者与一级消费者是捕食关系, 与外界无能量交换, 至于一级消费者有能量交换, 并且我们根据实际情况, 认为当被捕食者被捕食后能量立即消失, 而这部分能量要变成捕食者自身的能量要需要一定的时间, 也就是说存在着一个时滞. 根据上面的分析, 可以建立模型如下：

$$\begin{cases} u_1' = -A_1u_1^2 + B_1u_1 + (C_{12} - D_{12}u_1)u_2 - \phi_1, \\ u_2' = (C_{21} - D_{21}u_2)u_1(t-\tau_1) + (C_{23} - D_{23}u_2)u_3 - \phi_2, \\ u_3' = (C_{32} - D_{32}u_3)u_2(t-\tau_2) - \phi_3, \end{cases} \tag{3.3.1}$$

A_i, B_i, C_{ij}, $D_{ij}, \varphi_i (i = 1, 2, 3, j = 1, 2, 3)$ 与前面的意义相同, τ_1, τ_2 分别是时滞.

设模型 (3.3.1) 的平衡点为 (u_1^*, u_2^*, u_3^*), 令 $x_i = u_i - u_i^*$, 则 $u_i = x_i + u_i^*$, 并设 ϕ_i 是 u_i 的线性函数, $\varphi_i = k_iu_i$, k_i 为常数, 其线性部分为

$$\begin{cases} x_1' = -(2A_1u_1^* - B_1 + k_1 + D_{12}u_2^*)x_1 + (C_{12} - D_{12}u_1^*)x_2, \\ x_2' = (C_{21} - D_{21}u_2^*)x_1(t-\tau_1) - (D_{21}u_1^* + D_{23}u_3^* + k_2)x_2 + (C_{23} - D_{23}u_2^*)x_3, \\ x_3' = (C_{32} - D_{32}u_3^*)x_2(t-\tau_2) - (D_{32}u_2^* + k_3)x_3, \end{cases}$$

其特征方程为

$$\det \begin{pmatrix} \lambda + (2A_1u_1^* - B_1 + k_1 + D_{12}u_2^*) & -(C_{12} - D_{12}u_1^*) & 0 \\ -(C_{21} - D_{21}u_2^*)e^{-\lambda\tau_1} & \lambda + (D_{21}u_1^* + D_{23}u_3^* + k_2) & -(C_{23} - D_{23}u_2^*) \\ 0 & -(C_{32} - D_{32}u_3^*)e^{\lambda\tau_2} & \lambda + (D_{32}u_2^* + k_3) \end{pmatrix} = 0.$$

记

$$a_{11} = 2A_1u_1^* - B_1 + k_1 + D_{12}u_2^*, \quad a_{12} = C_{12} - D_{12}u_1^*, \quad a_{21} = C_{21} - D_{21}u_2^*,$$
$$a_{22} = D_{21}u_1^* + D_{23}u_3^* + k_2, \quad a_{23} = C_{23} - D_{23}u_2^*, \quad a_{32} = C_{32} - D_{32}u_3^*,$$
$$a_{33} = D_{32}u_2^* + k_3.$$

下面就两种情形加以考虑.

情形 1 $\tau_1=\tau_2=\tau$. 特征方程变为

$$\begin{aligned}&\lambda^3+(a_{11}+a_{22}+a_{33})\lambda^2+(a_{11}a_{22}+a_{11}a_{33}+a_{22}a_{33})\lambda+a_{11}a_{22}a_{33}\\&-(a_{23}a_{32}+a_{21}a_{12})\lambda e^{-\lambda\tau}-(a_{23}a_{32}a_{11}+a_{21}a_{12}a_{33})e^{-\lambda\tau}=0.\end{aligned}\tag{3.3.2}$$

设

$$\begin{aligned}&A=a_{11}+a_{22}+a_{33},\quad B=a_{11}a_{22}+a_{11}a_{33}+a_{22}a_{33},\quad C=a_{11}a_{22}a_{33},\\&D=a_{23}a_{32}+a_{21}a_{12},\quad E=a_{23}a_{32}a_{11}+a_{21}a_{12}a_{33},\end{aligned}$$

则方程 (3.3.2) 变为

$$\lambda^3+A\lambda^2+B\lambda+C-D\lambda e^{-\lambda\tau}-Ee^{-\lambda\tau}=0.\tag{3.3.3}$$

设 $\mathrm{i}\omega$ 为方程 (3.3.3) 的根, 则有

$$\begin{cases}\omega D\sin\omega\tau+E\cos\omega\tau=-A\omega^2+C,\\-\omega D\cos\omega\tau+E\sin\omega\tau=\omega^3-B\omega.\end{cases}$$

两边平方, 消去 $\sin\omega\tau,\cos\omega\tau$ 得

$$\omega^6+(A^2-2B)\omega^4+(B^2-2AC-D^2)\omega^2+C^2-E^2=0.$$

设

$$\omega^2=z,\quad p=A^2-2B,\quad q=B^2-2AC-D^2,\quad r=C^2-E^2,$$

则得

$$z^3+pz^2+qz+r=0.$$

记

$$f(z)=z^3+pz^2+qz+r.\tag{3.3.4}$$

因为 $\lim\limits_{z\to+\infty}f(z)=+\infty$, 如果 $r<0$, 则式 (3.3.4) 至少有一正根. 又由于

$$\frac{df(z)}{dz}=3z^2+2pz+q,$$

因此, 若 $\varDelta=p^2-3q\leqslant 0$, 那么 $f(z)$ 在 $z\in[0,+\infty)$ 上单调增加, 所以对于 $r\geqslant 0$, $\varDelta\leqslant 0$, 式 (3.3.4) 在 $z\in[0,+\infty)$ 上无正根.

此外 $r\geqslant 0$, $\varDelta\geqslant 0$ 时 $3z^2+2pz+q=0$ 有两个实根, 设为 z_1^*,z_2^*

$$z_1^*=\frac{-p+\sqrt{\varDelta}}{3},\quad z_1^*=\frac{-p-\sqrt{\varDelta}}{3},$$

显然 $f''(z_1^*) = 2\sqrt{\Delta} > 0,\quad f''(z_1^*) = -2\sqrt{\Delta} < 0$, 所以 z_1^*, z_2^* 分别是 $f(z)$ 的极小值和极大值.

定理 3.3.1 对于多项式 (3.3.4)

(i) 如果 $r < 0$, 那么多项式 (3.3.4) 至少有一个正根,

(ii) 如果 $r \geqslant 0$ 且 $\Delta = p^2 - 3q \leqslant 0$, 那么多项式 (3.3.4) 没有正根,

(iii) 如果 $r \geqslant 0$ 且 $\Delta = p^2 - 3q > 0$, 那么多项式 (3.3.4) 有正根, 当且仅当 $z_1^* = \dfrac{-p+\sqrt{\Delta}}{3} > 0, f(z_1^*) \leqslant 0$.

关于本结论的证明请参见文献 [40].

假设多项式 (3.3.4) 有三个正根, 分别设为 $\omega_1 = \sqrt{z_1}, \omega_2 = \sqrt{z_2}, \omega_3 = \sqrt{z_3}$, 从而

$$\cos\omega_k\tau_k = \frac{-\omega^4 D + (BD - AC)\omega^2 + EC}{\omega^2 D^2 + E^2},$$

$$\tau_k^{(j)} = \frac{1}{\omega_k}\left\{\arccos\left(\frac{-\omega^4 D + (BD - AC)\omega^2 + EC}{\omega^2 D^2 + E^2}\right) + 2j\pi\right\} \quad (k=1,2,3;\quad j=0,1,\cdots). \tag{3.3.5}$$

定义 $\tau_{k_0}^{(0)} = \min\limits_{k\in[1,2,3]}\left\{\tau_k^{(0)}\right\},\quad \omega_0 = \omega_{k_0}$. 当 $\tau = 0$ 时, 特征方程变为

$$\lambda^3 + A\lambda^2 + (B - D)\lambda + C - E = 0. \tag{3.3.6}$$

引理 3.3.2 对于指数多项式 (3.3.3), 有以下结论:

(i) 如果 $r \geqslant 0$ 且 $\Delta = p^2 - 3q \leqslant 0$, 对于所有的 $\tau \geqslant 0$, 方程 (3.3.3) 和方程 (3.3.6) 正实部的根的个数相同;

(ii) 如果 $r < 0$ 或者 $r \geqslant 0$ 且 $\Delta = p^2 - 3q > 0$, $z_1^* = \dfrac{-p+\sqrt{\Delta}}{3} > 0,\quad f(z_1^*) \leqslant 0$, 对于 $\tau \in \left[0, \tau_{k_0}^{(0)}\right)$, 方程 (3.3.3) 和方程 (3.3.6) 正实部的根的个数相同.

引理 3.3.3 设 $z_k = \omega_k^2,\ f'(z_k) \neq 0$, 则

$$\frac{\mathrm{Re}\left\{\lambda(\tau_k^{(j)}\right\}}{\mathrm{d}\tau} \neq 0.$$

证明 对 $\lambda^3 + A\lambda^2 + B\lambda + C - D\lambda\mathrm{e}^{-\lambda\tau} - E\mathrm{e}^{-\lambda\tau} = 0$, 关于 τ 求导得

$$\left(\frac{\mathrm{d}\lambda}{\mathrm{d}\tau}\right)^{-1} = -\frac{3\lambda^2 + 2A\lambda + B - D\mathrm{e}^{-\lambda\tau}}{\lambda(D\lambda + E)\mathrm{e}^{-\lambda\tau}} - \frac{\tau}{\lambda},$$

$$\left[\frac{\mathrm{d}(\mathrm{Re}\lambda(\tau))}{\mathrm{d}\tau}\right]^{-1}_{\tau=\tau_k^{(j)}} = \mathrm{Re}\left[-\frac{3\lambda^2 + 2A\lambda + B}{\lambda(\lambda^3 + A\lambda^2 + B\lambda + C)}\right] + \mathrm{Re}\left[\frac{D}{\lambda(D\lambda + E)}\right]$$

$$
\begin{aligned}
&= \frac{1}{\Lambda}\left[\omega_k^2(3\omega_k^4 + 2(A^2 - 2B)\omega_k^2 + (B^2 - 2AC - D^2))\right] \\
&= \frac{1}{\Lambda} z_k(3z_k^2 + 2pz_k + q) \\
&= \frac{1}{\Lambda} z_k f'(z_k) \neq 0,
\end{aligned}
$$

其中 $\Lambda = (\omega_k^2 D)^2 + (\omega_k E)^2 > 0$.

当 $\tau = 0$ 时, 方程 (3.3.3) 化为 $\lambda^3 + A\lambda^2 + (B - D)\lambda + C - E = 0$.

定义条件

(H) $A > 0,\ C - E > 0,\ A(B - D) > C - E$.

根据 Routh-Hurwitz 判据可得

在条件 (H) 下, 方程 (3.3.3) 所有的根都有负实部.

定理 3.3.4 $A_i, B_i, C_{ij}, D_{ij}, k_l (i = 1, 2, 3, j = 1, 2, 3), A, B, C, D, E, p, q, r, \tau_k^{(j)}$ 满足引理 3.3.3、定理 3.3.1 条件, 并假设在条件 (H) 成立的条件下, 有以下结论:

(i) 如果 $r \geqslant 0$ 且 $\Delta = p^2 - 3q \leqslant 0$, 对于所有的 $\tau \geqslant 0$, 方程 (3.3.3) 所有的根都有负实部, 系统 (3.3.1) 在 $\tau \geqslant 0$ 是渐近稳定的;

(ii) 如果 $r < 0$ 或者 $r \geqslant 0$ 且 $\Delta = p^2 - 3q > 0$, $z_1^* = \dfrac{-p + \sqrt{\Delta}}{3} > 0$, $f(z_1^*) \leqslant 0$, $f(z)$ 至少有一个正根 z_k, 对于 $\tau \in \left[0, \tau_{k_0}^{(0)}\right)$, 方程 (3.3.3) 所有的根都有负实部, 系统 (3.3.1) 在 $\tau \in \left[0, \tau_{k_0}^{(0)}\right)$ 是渐近稳定的;

(iii) 如果 (ii) 中条件都满足并且 $f'(z_k) \neq 0$, 那么当 $\tau = \tau_k^{(j)}$ 系统 (3.3.1) 经历 Hopf 分支.

情形 2 $\tau_1 \neq \tau_2$.

设 $\tau_1 = 0$, 特征方程变为

$$
\lambda^3 + \bar{A}\lambda^2 + \bar{B}\lambda + \bar{C} - \bar{E}\lambda - \bar{D}\lambda e^{-\lambda\tau_2} - \bar{G} - \bar{F}e^{-\lambda\tau_2} = 0, \tag{3.3.7}
$$

其中 $\bar{A} = A$, $\bar{B} = B$, $\bar{C} = C$, $\bar{D} = a_{23}a_{32}$, $\bar{E} = a_{21}a_{12}$, $\bar{F} = a_{23}a_{32}a_{11}$, $\bar{G} = a_{21}a_{12}a_{33}$.

若 $\mathrm{i}\omega$ 是方程 (3.3.7) 的根, 则满足:

$$
\begin{cases}
\bar{D}\omega\sin\omega\tau_2 + \bar{F}\cos\omega\tau_2 = -\bar{A}\omega^2 + \bar{C} - \bar{G}, \\
-\bar{D}\omega\cos\omega\tau_2 + \bar{F}\sin\omega\tau_2 = \omega^3 + (\bar{E} - \bar{B})\omega,
\end{cases} \tag{3.3.8}
$$

两边平方相加得

$$
\omega^6 + [\bar{A}^2 + 2(\bar{E} - \bar{B})]\omega^4 + [(\bar{E} - \bar{B})^2 - 2\bar{A}(\bar{C} - \bar{G}) - \bar{D}^2]\omega^2 + (\bar{C} - \bar{G})^2 - \bar{F}^2 = 0.
$$

设 $z=\omega^2$, $p_1=\bar{A}^2+2(\bar{E}-\bar{B})$, $q_1=(\bar{E}-\bar{B})^2-2\bar{A}(\bar{C}-\bar{G})-\bar{D}^2$, $r_1=(\bar{C}-\bar{G})^2-\bar{F}^2$, 上式为:

$$z^3+p_1z^2+q_1z+r_1=0.$$

定义 $f_1(z)=z^3+p_1z^2+q_1z+r_1$, 经计算得

$$\frac{\mathrm{d}f_1(z)}{\mathrm{d}z}=3z^2+2p_1z+q_1,$$

由方程 (3.3.8) 得出

$$\tau_{2k}^{(j)}=\frac{1}{\omega_{2k}}\left\{\arccos\left(\frac{-\omega^4\bar{D}+(-\bar{A}^2\bar{F}+\bar{D}(\bar{B}-\bar{E})\omega^2+\bar{F}(\bar{C}-\bar{G})}{\omega^2\bar{D}^2+\bar{F}^2}\right)+2j\pi\right\}$$

$$(k=1,2,3;\quad j=0,1,2,\cdots),$$

取 $\tau_{2k_0}^{(0)}=\min\limits_{k\in[1,2,3]}\left\{\tau_{2k}^{(0)}\right\}$, $\omega_{20}=\omega_{2k_0}$, 按前面的推导可以得出: $\tau_1=0$ 时, 在 $r\geqslant 0$ 且 $\varDelta=p^2-3q\leqslant 0$, 方程 (3.3.7) 所有的根都有负实部. 根据儒歇定理, 一定存在 $\tau_1^*(\tau_2)>0$, 使得在 $[0,\tau_1^*(\tau_2))$ 根有负实部, 又

$$\begin{aligned}\left(\frac{\mathrm{d}\lambda}{\mathrm{d}\tau_2}\right)^{-1}&=-\frac{3\lambda^2+2\bar{A}\lambda+(\bar{B}-\bar{E})-\bar{D}\mathrm{e}^{-\lambda\tau_2}+\bar{D}\lambda\tau_2\mathrm{e}^{-\lambda\tau_2}+\bar{F}\tau_2\mathrm{e}^{-\lambda\tau_2}}{\lambda(\bar{D}\lambda\mathrm{e}^{-\lambda\tau_1}+\bar{F}\mathrm{e}^{-\lambda\tau_1})}\\&=-\frac{3\lambda^2+2\bar{A}\lambda+(\bar{B}-\bar{E})-\bar{D}\mathrm{e}^{-\lambda\tau_2}}{\lambda(\bar{D}\lambda+\bar{F})\mathrm{e}^{-\lambda\tau_2}}-\frac{\tau_2}{\lambda}.\end{aligned}$$

从而,

$$\begin{aligned}\left[\frac{\mathrm{d}(\mathrm{Re}\lambda(\tau))}{\mathrm{d}\tau_2}\right]^{-1}_{\tau_2=\tau_k^{(j)}}&=\mathrm{Re}\left[-\frac{3\lambda^2+2\bar{A}\lambda+(\bar{B}-\bar{E})}{\lambda(\lambda^3+\bar{A}\lambda^2+\bar{B}\lambda+\bar{C}-\bar{E}\lambda-\bar{G})}\right]+\mathrm{Re}\left[\frac{\bar{D}}{\lambda(\bar{D}\lambda+\bar{F})}\right]\\&=\frac{1}{\varLambda_1}z_k(3z_k^2+2p_1z_k+q_1)\\&=\frac{1}{\varLambda_1}z_kf_1'(z_k)\neq 0.\end{aligned}$$

其中 $\varLambda_1=(\omega_k^2\bar{D})^2+(\omega_k\bar{F})^2>0$.

经过上面的分析, 当参数满足一定的条件时, 系统产生分支现象, 在三维相空间中, 轨迹最终收敛于一个稳定的极限环, 也就是说最终初级生产者、一级消费者、二级消费者的能量最终达到一个平衡的状态.

3.4　三维离散生命能量系统模型的稳定性分析

3.4.1　三阶离散系统稳定的充要条件

设 $A=(a_{ij})_{3\times 3}\in\mathbb{R}^{3\times 3}$, 用 $\det(A), M(A), \mathrm{tr}(A)$ 分别表示 A 的行列式, A 的 2

阶子式之和及 A 的迹. 记

$$C(x)=|xE_3-A|=x^3-\operatorname{tr}(A)x^2+M(A)x-\det(A).$$

设 $\lambda_1,\lambda_2,\lambda_3$ 是 $C(x)$ 的三个根 (A 的三个特征值). 令 $P(x)$ 表示以 $\lambda_1\lambda_2$, $\lambda_1\lambda_3$, $\lambda_2\lambda_3$ 为根的首 1 多项式, 则

$$P(x)=x^3-M(A)x^2+\det(A)\operatorname{tr}(A)x-[\det(A)]^2.$$

定理 3.4.1 设 $A\in\mathbb{R}^{3\times3}$, 则 A 的特征值的模都小于 1 的充要条件是

(i) $|\det(A)|<1$;

(ii) $|\det(A)+\operatorname{tr}(A)|-M(A)<1$;

(iii) $M(A)-\operatorname{tr}(A)\det(A)+[\det(A)]^2<1$.

证明 设

$$C(x)=|xE_3-A|=x^3-\operatorname{tr}(A)x^2+M(A)x-\det(A),$$

$\lambda_1,\lambda_2,\lambda_3$ 是 A 的三个特征根, 即 $\lambda_1,\lambda_2,\lambda_3$ 是 $C(x)$ 的三个根.

$$P(x)=x^3-M(A)x^2+\det(A)\operatorname{tr}(A)x-[\det(A)]^2,$$

$\lambda_1\lambda_2,\lambda_1\lambda_3,\lambda_2\lambda_3$ 是 $P(x)$ 的三个根.

充分性. 由 (ii) 知

$$C(-1)<0<C(1),$$

故 $C(x)$ 至少有一个根, 不妨设为 λ_1, 使得 $|\lambda_1|<1$, 则 $C(x)$ 的其余两根 λ_2,λ_3 有四种情况.

(1) 若 λ_2,λ_3 是共轭复根, 设为 $\lambda_2=a+bi,\lambda_3=a-bi,b\neq0.P(x)$ 的三个根是 $\lambda_1\lambda_2=\lambda_1(a+bi),\lambda_1\lambda_3=\lambda_1(a-bi),\quad\lambda_2\lambda_3=a^2+b^2$. 由于

$$P(0)=-[\det(A)]^2<0.$$

而由 (iii) 知 $P(1)>0$, 故 $P(x)$ 有一个实根模小于 1, 故只有

$$|\lambda_2\lambda_3|=|a^2+b^2|<1,$$

所以 $|a\pm bi|<1$, 也即得 $\lambda_1,\lambda_2,\lambda_3$ 的模均小于 1.

(2) 若 λ_2,λ_3 均是实数, 且 $|\lambda_2|<1,|\lambda_3|<1$, 则 $\lambda_1,\lambda_2,\lambda_3$ 的模均小于 1.

(3) 若 λ_2,λ_3 均是实数, 且 $|\lambda_2|>1,\quad|\lambda_3|>1$. 由式 (ii) 知

$$C(-1)<0<C(1),$$

即

$$(\lambda_1-1)(\lambda_2-1)(\lambda_3-1)<0,$$

其中 $(\lambda_1-1)<0$, 故

$$(\lambda_2-1)(\lambda_3-1)>0,$$

所以 λ_2,λ_3 同号. 不妨设 $|\lambda_1|<1<|\lambda_2|\leqslant|\lambda_3|$, 由于 λ_2,λ_3 同号, 故 $P(x)$ 有两个实根同号, 又由 (iii) 知 $P(1)>0$, 即

$$(1-\lambda_1\lambda_2)(1-\lambda_2\lambda_3)(1-\lambda_1\lambda_3)>0.$$

因为 $P(x)$ 有一个根模小于 1, 即 $|\lambda_1\lambda_2|<1$, 所以 $(1-\lambda_1\lambda_2)>0$, 故

$$(1-\lambda_2\lambda_3)(1-\lambda_1\lambda_3)>0.$$

又因 $\lambda_2>1,\lambda_3>1$, 故 $(1-\lambda_2\lambda_3)<0$, 故

$$(1-\lambda_1\lambda_3)<0.$$

因为 $|\lambda_1\lambda_3|>1$, 又由 $|\lambda_2|>1$, 所以 $|\lambda_1\lambda_2\lambda_3|>1$, 与式 (i) 矛盾, 故 (3) 不成立.

(4) 若 λ_2,λ_3 均是实数, 且 $|\lambda_2|<1,|\lambda_3|>1$. 由 $|\lambda_1|<1,|\lambda_2|<1,|\lambda_3|>1,C(-1)<0$ 得 $(\lambda_1+1)(\lambda_2+1)(\lambda_3+1)>0$. 故 $\lambda_3>1$. 又由 $C(-1)<0$ 得

$$(\lambda_1-1)(\lambda_2-1)(\lambda_3-1)<0,$$

得到 $\lambda_3<-1$ 矛盾, 所以 (4) 不成立.

由 (1)~(4) 即得满足条件 (i)~(iii), 可得 A 的特征值模都小于 1.

必要性. 由 $|\lambda_1|<1$, $|\lambda_2|<1$, $|\lambda_3|<1$ 得

$$|\det(A)|=|\lambda_1\lambda_2\lambda_3|<1,$$

故式 (i) 成立. 若 $C(-1)\geqslant 0$ 或 $C(1)\leqslant 0$, 由

$$\lim_{x\to\infty}C(x)=+\infty,$$

$$\lim_{x\to-\infty}C(x)=-\infty,$$

知 $C(x)$ 至少有一个模大于等于 1 的实根. 与题设矛盾, 故

$$C(-1)<0<C(1),$$

从而 (ii) 成立. 又由于 $|\lambda_1|<1$, $|\lambda_2|<1$, $|\lambda_3|<1$, 所以 $P(x)$ 的根 $|\lambda_1\lambda_2|<1$, $|\lambda_2\lambda_3|<1$, $|\lambda_1\lambda_3|<1$, 故 $(1-\lambda_1\lambda_2)(1-\lambda_2\lambda_3)(1-\lambda_1\lambda_3)<0$. 故 $P(1)>0$, 从而 (iii) 成立.

3.4.2 并行传输方式

生态系统中三种组分形成的种群均能独立的从外界摄取能量以提供自身能量的积累与消耗. 一般情况下, 这样类型的相互联系较为松散. 但当生活环境条件变化, 如生存空间限制, 食物资源短缺等, 往往使组分之间的相互作用加剧.

非依存性的三组分形式如下:

$$\begin{cases} u_1' = -A_1u_1^2 + B_1u_1 + (C_{12} - D_{12}u_1)u_2 + (C_{13} - D_{13}u_1)u_3 - \phi_1, \\ u_2' = -A_2u_2^2 + B_2u_2 + (C_{21} - D_{21}u_2)u_1 + (C_{23} - D_{23}u_2)u_3 - \phi_2, \\ u_3' = -A_3u_3^2 + B_3u_3 + (C_{31} - D_{31}u_3)u_1 + (C_{32} - D_{32}u_3)u_2 - \phi_3. \end{cases}$$

用 Euler 法得到离散的三维生命能量系统 (u_i^j 表示 u_i 的第 j 项) 如下:

$$\begin{cases} u_1^{m+1} = u_1^m + h[-A_1 (u_1^m)^2 + B_1u_1^m + (C_{12} - D_{12}u_1^m)u_2^m + (C_{13} - D_{13}u_1^m)u_3^m - \phi_1], \\ u_2^{m+1} = u_2^m + h[-A_2 (u_2^m)^2 + B_2u_2^m + (C_{21} - D_{21}u_2^m)u_1^m + (C_{23} - D_{23}u_2^m)u_3^m - \phi_2], \\ u_3^{m+1} = u_3^m + h[-A_3 (u_3^m)^2 + B_3u_3^m + (C_{31} - D_{31}u_3^m)u_1^m + (C_{32} - D_{32}u_3^m)u_2^m - \phi_3]. \end{cases}$$

设该系统平衡态为 u_1^*, u_2^*, u_3^*, 则平衡态满足:

$$\begin{cases} -A_1 (u_1^*)^2 + B_1u_1^* + (C_{12} - D_{12}u_1^*)u_2^* + (C_{13} - D_{13}u_1^*)u_3^* - \phi_1 = 0, \\ -A_2 (u_2^*)^2 + B_2u_2^* + (C_{21} - D_{21}u_2^*)u_1^* + (C_{23} - D_{23}u_2^*)u_3^* - \phi_2 = 0, \\ -A_3 (u_3^*)^2 + B_3u_3^* + (C_{31} - D_{31}u_3^*)u_1^* + (C_{32} - D_{32}u_3^*)u_2^* - \phi_3 = 0. \end{cases}$$

令

$$x_1^m = u_1^m - u_1^*, \quad x_2^m = u_2^m - u_2^*, \quad x_3^m = u_3^m - u_3^*,$$

$$\begin{cases} -2u_1^*A_1 + B_1 - D_{12}u_2^* - D_{13}u_3^* = -a_1, \\ C_{12} - D_{12}u_1^* = b_1, \\ C_{13} - D_{13}u_1^* = c_1. \end{cases}$$

$$\begin{cases} -2u_2^*A_2 + B_2 - D_{21}u_1^* - D_{23}u_3^* = -a_2, \\ C_{21} - D_{21}u_2^* = b_2, \\ C_{23} - D_{23}u_2^* = c_2. \end{cases}$$

$$\begin{cases} -2u_3^*A_3 + B_3 - D_{31}u_1^* - D_{32}u_2^* = -a_3, \\ C_{31} - D_{31}u_1^* = b_3, \\ C_{32} - D_{32}u_1^* = c_3. \end{cases}$$

可得线性部分为

$$\begin{cases} x_1^{m+1} = x_1^m - ha_1x_1^m + hb_1x_2^m + hc_1x_3^m, \\ x_2^{m+1} = x_2^m + ha_2x_1^m - hb_2x_2^m + hc_2x_3^m, \\ x_3^{m+1} = x_3^m + ha_3x_1^m + hb_3x_2^m - hc_3x_3^m. \end{cases}$$

其矩阵为

$$A=\begin{pmatrix} 1-a_1h & hb_1 & hc_1 \\ ha_2 & 1-hb_2 & hc_2 \\ ha_3 & hb_3 & 1-hc_3 \end{pmatrix},$$

特征方程为

$$|\lambda E-A|=\begin{vmatrix} \lambda-1+a_1h & -hb_1 & -hc_1 \\ -ha_2 & \lambda-1+hb_2 & -hc_2 \\ -ha_3 & -hb_3 & \lambda-1+hc_3 \end{vmatrix}=0.$$

定理 3.4.2 (1) 当 $|\det(A)|<1$, $|\det(A)+\mathrm{tr}(A)|-M(A)<1, M(A)-\mathrm{tr}(A)\det(A)+[\det(A)]^2<1$ 时, $|\lambda|<1$, 平衡点 u_1^*, u_2^*, u_3^* 是渐近稳定的;

(2) 当

$$|\det(A)|\geqslant 1,$$

或

$$|\det(A)+\mathrm{tr}(A)|-M(A)\geqslant 1,$$

或

$$M(A)-\mathrm{tr}(A)\det(A)+[\det(A)]^2\geqslant 1$$

时, $|\lambda|\geqslant 1$, 平衡点 u_1^*, u_2^*, u_3^* 是不稳定的.

3.4.3 串行传输方式

在一个三种群生态系统中, 一个种群从外界获得能量, 不仅维持自己的生长, 而且还要向其他组分提供能量, 而另一种群不能直接从系统外摄取能量, 只能依靠前一种群所提供的能量来维持自身的存在. 较为典型的如三种群食物链组成的生态系统. 例如, 由羊草、羊和狼组成的生态系统. 羊草从阳光里吸收能量并将其以有机物的方式固定下来, 羊吃羊草获得自身需要的能量, 狼则通过吃羊来获得自身的能量.

对于依存性的三组分形式如下:

$$\begin{cases} u_1'=-A_1u_1^2+B_1u_1+(C_{12}-D_{12}u_1)u_2-\phi_1, \\ u_2'=(C_{21}-D_{21}u_2)u_1+(C_{23}-D_{23}u_2)u_3-\phi_2, \\ u_3'=(C_{32}-D_{32}u_3)u_2-\phi_3, \end{cases}$$

其中 u_1—— 羊草种群的能量, u_2—— 羊群的能量, u_3—— 狼种群的能量. 根据捕食与被捕食的关系有

$$(C_{12}-D_{12}u_1)u_2\leqslant 0,\quad (C_{21}-D_{21}u_2)u_1\geqslant 0, (C_{23}-D_{23}u_2)u_3\leqslant 0,\quad (C_{32}-D_{32}u_3)u_2\geqslant 0.$$

下面讨论依存型的稳定性. 假设 ϕ_i 为组分的能量消耗率为 0, 则

$$\begin{cases} u_1' = -A_1u_1^2 + B_1u_1 + (C_{12} - D_{12}u_1)u_2 = 0, & (3.4.1) \\ u_2' = (C_{21} - D_{21}u_2)u_1 + (C_{23} - D_{23}u_2)u_3 = 0, & (3.4.2) \\ u_3' = (C_{32} - D_{32}u_3)u_2 = 0, & (3.4.3) \end{cases}$$

由式 (3.4.3) 可知 $u_3 = \dfrac{C_{32}}{D_{32}}$. 代入式 (3.4.2) 得

$$u_2 = \frac{C_{21}u_1 - \dfrac{C_{32}}{D_{32}}C_{23}}{D_{21}u_1 - \dfrac{C_{32}}{D_{32}}D_{23}},$$

代入式 (3.4.1) 得

$$-A_1u_1^2 + B_1u_1 + (C_{12} - D_{12}u_1) \times \frac{C_{21}u_1 - \dfrac{C_{32}}{D_{32}}C_{23}}{D_{21}u_1 - \dfrac{C_{32}}{D_{32}}D_{23}} = 0.$$

如果系统失去的能量与得到的能量相差很小时 $C_{12} \approx C_{21}, D_{12} \approx D_{21}, C_{23} \approx C_{32}$, 这时 $-A_1u_1^2 + (B_1 - C_{21})u_1 + C_{32} = 0$ 的根是

$$(u_1)_{1,2} = \frac{C_{21} - B_1 \pm \sqrt{(B_1 - C_{21})^2 + 4A_1C_{32}}}{-2A_1},$$

当 $(B_1 - C_{21})^2 \geqslant -4A_1C_{32}$ 时系统稳定.

用 Euler 方法得到串行传输时三维离散生命能量系统:

$$\begin{cases} u_1^{m+1} = u_1^m + h\left\{-A_1\left(u_1^m\right)^2 + B_1u_1^m + (C_{12} - D_{12}u_1^m)u_2^m\right\}, \\ u_2^{m+1} = u_2^m + h\left\{(C_{21} - D_{21}u_2^m)u_1^m + (C_{23} - D_{23}u_2^m)u_3^m\right\}, \\ u_3^{m+1} = u_3^m + h\left\{(C_{32} - D_{32}u_3^m)u_2^m\right\}. \end{cases}$$

设该系统平衡态为 $u_1^\#, u_2^\#$, 得

$$\begin{cases} -A_1(u_1^\#)^2 + B_1u_1^\# + (C_{12} - D_{12}u_1^\#)u_2^\# = 0, \\ (C_{21} - D_{21}u_2^\#)u_1^\# - (C_{23} - D_{23}u_2^\#)u_3^\# = 0, \\ (C_{32} - D_{32}u_3^\#)u_2^\# = 0. \end{cases}$$

令

$$x_1^m = u_1^m - u_1^\#, \quad x_2^m = u_2^m - u_2^\#, \quad x_3^m = u_3^m - u_3^\#,$$

整理得

$$\begin{aligned}x_1^{m+1} =& x_1^m + h\{-A(x_1^m)^2 - 2Ax_1^m u_1^{\#} - A(u_1^{\#})^2 + B_1 x_1^m + B_1 u_1^{\#} + C_{12}x_2^m + C_{12}u_2^{\#}\\ &-D_{12}x_1^m \cdot x_2^m - D_{12}x_1^m \cdot u_2^{\#} - D_{12}u_1^{\#}x_2^m - D_{12}u_1^{\#}u_2^{\#}\},\\ x_2^{m+1} =& x_2^m + h\{C_{21}x_1^m + C_{21}u_1^{\#} - D_{21}x_2^m x_1^m - D_{21}x_2^m u_1^{\#} - D_{21}u_2^{\#}x_1^m - D_{21}u_2^{\#}u_1^{\#}\\ &-C_{23}x_3^m - C_{23}u_3^{\#} + D_{23}x_2^m x_3^m + D_{23}x_2^m u_3^{\#} + D_{23}u_2^{\#}x_3^m + D_{23}u_2^{\#}u_3^{\#},\\ x_3^{m+1} =& x_3^m + h\{C_{32}x_2^m + C_{32}u_2^{\#} - D_{32}x_3^m x_2^m - D_{32}x_3^m u_2^{\#} - D_{32}u_3^{\#}x_2^m - D_{32}u_3^{\#}u_2^{\#}.\end{aligned}$$

令

$$\begin{aligned}&2A_1u_1^{\#} - B_1 + D_{12}u_2^{\#} = a_1, \quad C_{12} - D_{12}u_1^{\#} = b_1;\\ &c_{21} - D_{21}u_2^{\#} = a_2, \quad D_{21}u_1^{\#} - D_{23}u_3^{\#} = b_2, \quad C_{23} - D_{23}u_2^{\#} = c_2;\\ &C_{32} - D_{32}u_3^{\#} = b_3, \quad D_{32}u_2^{\#} = 0 = c_3.\end{aligned}$$

可得线性部分为

$$\begin{cases}x_1^{m+1} = x_1^m - a_1hx_1^m + b_1hx_2^m,\\ x_2^{m+1} = x_2^m + a_2hx_1^m - b_2hx_2^m - hc_2x_3^m,\\ x_3^{m+1} = x_3^m + b_3hx_2^m.\end{cases}$$

特征矩阵为

$$B = \begin{pmatrix} 1-a_1h & b_1h & 0\\ a_2h & 1-b_2h & c_2h\\ 0 & b_3h & 1\end{pmatrix}.$$

下面举例说明. 对于串行传输方式:

$$\begin{cases}u_1' = -A_1u_1^2 + B_1u_1 + (C_{12} - D_{12}u_1)u_2 - \phi_1,\\ u_2' = (C_{21} - D_{21}u_2)u_1 + (C_{23} - D_{23}u_2)u_3 - \phi_2,\\ u_3' = (C_{32} - D_{32}u_3)u_2 - \phi_3.\end{cases}$$

当系统的消耗率为零, 即 $\phi_i = 0$ 时, 取

$$\begin{aligned}&A_1 = 2, B_1 = 1, C_{23} = C_{32} = 1, D_{23} = -1.5, D_{32} = 0.5, h = 0.5,\\ &C_{12} = C_{21} = 1, D_{12} = D_{21} = 2,\end{aligned}$$

则有 $u_1^{\#} = 0.5, u_2^{\#} = 0, u_3^{\#} = 1$. 这时有 $a_1 = 1, b_1 = 0; a_2 = 1, b_2 = 4, c_2 = 1; b_3 = 0, c_3 = 0$.

代入方程得

$$\begin{cases}u_1^{m+1} = u_1^m + 0.5\left\{-2\left(u_1^m\right)^2 + u_1^m + (1 - 2u_1^m)u_2^m\right\},\\ u_2^{m+1} = u_2^m + 0.5\left\{(1 - 2u_2^m)u_1^m + (1 + 1.5u_2^m)u_3^m\right\},\\ u_3^{m+1} = u_3^m + 0.5\left\{(1 - 0.5u_3^m)u_2^m\right\}.\end{cases}$$

特征矩阵为

$$B=\begin{pmatrix} 1-a_1h & 0 & 0 \\ h & -1 & -h \\ 0 & 0 & 1 \end{pmatrix}=\begin{pmatrix} 0.5 & 0 & 0 \\ 0.5 & -1 & -0.5 \\ 0 & 0 & 1 \end{pmatrix}.$$

计算得 $\mathrm{tr}(B)=0.5, \det(B)=-0.5, M(B)=-0.75$, 满足条件

(i) $|\det(B)|=0.5<1$;

(ii) $|\det(B)+\mathrm{tr}(B)|-M(B)=|0.5-0.5|+0.75=0.75<1$;

(iii) $M(B)-\mathrm{tr}(B)\det(B)+[\det(B)]^2=-0.75+0.5\times 0.5+(0.5)^2=-0.25<1$,

所以特征方程的根都在单位圆内.

经过上面的分析, 利用 Euler 法将方程进行离散化后, 得到线性部分及线性矩阵. 当一些参数满足一定的条件时, 在三维空间中, 初级消费者、一級消费者、二级消费者的能量最终达到一个渐近平衡状态.

第 4 章　离散血红细胞生存模型的稳定性与分支性

血红细胞是人体内的重要细胞, 关于刻画该细胞的连续动力学模型的特性已有许多学者进行了研究. 骨髓中血红细胞再生数量模型如下：

$$x'(t) = -\mu x(t) + p\mathrm{e}^{-\nu x(t-\tau)},$$

这里 $\mu \in (0,1)$, $p, \nu, \tau \in (0, +\infty)$. $x(t)$ 表示 t 时刻血红细胞的数量, μ 反映血红细胞的死亡率, $-\mu x(t)$ 反映了血红细胞数量的衰减; p 和 ν 是与血红细胞的再生有关的正常数, τ 是血红细胞再生的时间; $p\mathrm{e}^{-\nu x(t-\tau)}$ 描述了新产生的细胞数量依赖于过去的状态 $x(t-\tau)$, 并以非线性速度增长.

数值方法是得到离散模型的重要方法之一. 离散模型的性态可以与连续模型有许多不同. 本章利用 Euler 方法得到了离散血红细胞模型, 并对其动力学特性进行了讨论.

4.1　离散血红细胞模型的建立

令 $x(t) = u(\tau t)$. 红细胞再生数量模型可写成

$$u'(t) = -\mu\tau u(t) + p\tau\mathrm{e}^{-\nu u(t-1)}. \tag{4.1.1}$$

我们考虑形如 $h = \dfrac{1}{m}$ 的步长, 这里 $m \in \mathbb{Z}_+$. 将 Euler 方法应用于方程 (4.1.1) 得到差分方程

$$u_{n+1} = u_n - \mu\tau h u_n + p\tau h\mathrm{e}^{-\nu u_{n-m}}, \tag{4.1.2}$$

其中 u_n 是 $u(nh)$ 的近似值. 令 u^* 是方程 (4.1.2) 的一个正平衡点, $y_n = u_n - u^*$, 则有

$$y_{n+1} = y_n - \mu\tau h y_n - \mu\tau h u^* + \mu u^*\tau h\mathrm{e}^{-\nu y_{n-m}}. \tag{4.1.3}$$

通过引入新的变量 $Y_n = (y_n, y_{n-1}, \cdots, y_{n-m})^{\mathrm{T}}$, 我们可将式 (4.1.3) 写成如下形式

$$Y_{n+1} = F(Y_n, \tau), \tag{4.1.4}$$

$$F = (F_0, F_1, \cdots, F_m)^{\mathrm{T}},$$

$$F_k = \begin{cases} y_n - \mu\tau h y_n - \mu\tau h u^* + \mu\tau h u^*\mathrm{e}^{-\nu y_{n-m}}, & k = 0, \\ y_{n-k}, & 1 \leqslant k \leqslant m. \end{cases}$$

方程 (4.1.4) 的线性部分是

$$Y_{n+1} = AY_n. \tag{4.1.5}$$

这里

$$A = \begin{pmatrix} 1-\mu\tau h & 0 & \cdots & 0 & -\nu\mu\tau u^* h \\ 1 & 0 & \cdots & 0 & 0 \\ 0 & 1 & \cdots & 0 & 0 \\ \vdots & \vdots & & \vdots & \vdots \\ 0 & 0 & \cdots & 1 & 0 \end{pmatrix}.$$

A 的特征方程为

$$z^m \left[(z-1) + \mu\tau h\right] + \nu\mu\tau u^* h = 0. \tag{4.1.6}$$

下面给出判别代数多项式零点分布的一个结论:

定理 4.1.1 假设 $\hat{B} \subset \mathbb{R}$ 是一个有界闭连通集, 设

$$f(\lambda,\tau) = \lambda^m + p_1(\tau)\lambda^{m-1} + p_2(\tau)\lambda^{m-2} + \cdots + p_m(\tau),$$

在 $(\lambda,\tau) \in C \times \hat{B}$ 中连续, τ 是个参数, $\tau \in \hat{B}$, 则随着 τ 变化时, 只有 $f(\lambda,\tau)$ 的零点在单位圆上或者穿过单位圆时, $f(\lambda,\tau)$ 在单位圆

$$\{\lambda \in C : |\lambda| = 1\}$$

外的零点的阶数之和才会发生改变.

证明 令 $\lambda(\tau_0)$ 是 $f(\lambda,\tau)$ 的满足 $|\lambda| > 1$ 的一个零点. 则

$$|\lambda| \leqslant \sum_{i=1}^{n} |p_j(\tau)|.$$

因而, 函数 $f(\lambda,\tau)$ 的位于单位圆外的零点一致有界, 于是存在常数 $r > 0$, 使得 $f(\lambda,\tau)$ 的任意零点满足 $1 < |\lambda| < r$. 令

$$\hat{A} = \{\lambda \in C : 1 < |\lambda| < r\}.$$

则 $\lambda \in \mathrm{In}\hat{A}$($\hat{A}$ 的内点的集合). 由题设条件可得对任意 $\tau_0 \in \hat{B}$, $f(\lambda,\tau)$ 在

$$\partial\hat{A} = \left\{\hat{A}\,|\lambda| = \text{或}\,|\lambda| = r\right\}$$

上没有零点. 由 Rouche 定理, 存在 τ_0 的开邻域 $W(\lambda_0) \subset \hat{B}$ 使得对任意 $\tau \in W(\tau_0) \subset \hat{B}, f(\lambda,\tau)$ 的属于 $\mathrm{In}\hat{A}$ 的零点的阶数之和与 τ 无关. 对任意 $\hat{B}$, 由于

$\bigcup_{\tau_0\in\hat{B}} W(\tau_0)$ 是 $\hat{B}$ 的一个开覆盖, 由有限覆盖定理, $f(\lambda,\tau)$ 的属于 $\text{In}\hat{A}$ 的零点的阶数之和是一个定数. 因而, 随着 τ 的变化, 只有 $f(\lambda,\tau)$ 的零点在单位圆上或者穿过单位圆时, $f(\lambda,\tau)$ 在单位圆

$$\{\lambda\in C:|\lambda|=1\}$$

外的零点的重数之和才会发生改变.

利用以上引理讨论特征方程 (4.1.6) 根的分布.

引理 4.1.2 存在 $\overline{\tau}>0$, 使得当 $0<\tau<\overline{\tau}$ 时方程 (4.1.6) 的所有根的模小于 1.

证明 当 $\tau=0$ 时, 方程 (4.1.6) 变为

$$z^{m+1}-z^m=0.$$

此时, $z=0$ 是方程的 m 重根, $z=1$ 是该方程的单根. 考虑使得 $|z(0)=1|$ 的根 $z(\tau)$. 这个根的变化连续依赖于 τ 并且关于 τ 可微. 对方程 (4.1.6) 求微分, 我们有

$$\frac{\mathrm{d}|z|^2}{\mathrm{d}\tau}=z\frac{\mathrm{d}\overline{z}}{\mathrm{d}\tau}+\overline{z}\frac{\mathrm{d}z}{\mathrm{d}\tau},$$

$$\left.\frac{\mathrm{d}|z|^2}{\mathrm{d}\tau}\right|_{\substack{z=1\\ \tau=0}}=2\left(-\mu-\mu u^*\nu\right)h<0.$$

因而, 对充分小的 $\tau>0$, 有 $|z|<1$. 这样对充分小的 $\tau>0$, 方程 (4.1.6) 的根都满足 $|z|<1$, 因而这样的 $\overline{\tau}$ 是存在的.

引理 4.1.3 当步长 h 充分小时, 令 $u^*\nu<1$, 则对所有 $\tau>0$, 方程 (4.1.6) 没有模为 1 的根.

证明 设 $\mathrm{e}^{\frac{\mathrm{i}\omega^*}{m}}$ 是 $\tau=\tau^*$ 时方程 (4.1.6) 的根, 从而

$$\mathrm{e}^{\frac{\mathrm{i}(m+1)\omega^*}{m}}=(1-\mu\tau^*h)\,\mathrm{e}^{\frac{\mathrm{i}m\omega^*}{m}}-\mu u^*\nu\tau^*h,$$

故

$$\begin{cases}\cos\dfrac{m+1}{m}\omega^*-(1-\mu\tau^*h)\cos\omega^*=-\mu u^*\nu\tau^*h,\\ \sin\dfrac{m+1}{m}\omega^*-(1-\mu\tau^*h)\sin\omega^*=0.\end{cases}$$

所以

$$\cos\frac{\omega^*}{m}=1+\frac{\left(\mu^2-\mu^2\left(u^*\nu\right)^2\right)h^2\tau^{*2}}{2\left(1-\mu\tau^*h\right)}.$$

令 $u^*\nu<1$, 对充分小的 $h>0$, 有 $\cos\dfrac{\omega^*}{m}>1$, 矛盾.

由引理 4.1.3 的证明可知, 如果 $u^*\nu \geqslant 1$, 那么方程 (4.1.6) 的模为 1 的根 $\mathrm{e}^{\pm \mathrm{i}\frac{\omega^*}{m}}$ 满足

$$\begin{cases} \cos\dfrac{\omega^*}{m} = 1 + \dfrac{\left(\mu^2 - \mu^2\left(u^*\nu\right)^2\right)h^2\tau^{*2}}{2\left(1-\mu\tau^* h\right)}, \\ h = \dfrac{1}{m}, \\ \tau^* = \dfrac{\sin\dfrac{m+1}{m}\omega^* - \sin\omega^*}{-h\sin\omega^*}. \end{cases} \tag{4.1.7}$$

显然, 存在时滞参数的序列 $\tau_0 < \tau_1 < \cdots < \tau_{m+1}$ 满足方程 (4.1.7).

引理 4.1.4 如果步长 h 充分小, 那么

$$d_h = \left.\frac{\mathrm{d}\left|z\right|^2}{\mathrm{d}\tau}\right|_{\tau=\tau^*,\omega=\omega^*} > 0,$$

这里 τ^* 和 ω^* 满足方程 (4.1.7).

由定理 4.1.1 和引理 4.1.2~ 引理 4.1.4, 关于系统 (4.1.4) 的稳定性与分支性, 下列结论成立.

定理 4.1.5 (1) 如果 $u^*\nu < 1$, 那么, 对所有 $\tau > 0$, 方程 (4.1.4) 的零解是绝对稳定的;

(2) 如果 $u^*\nu \geqslant 1$ 那么存在时滞参数的序列 $\tau_0 < \tau_1 < \cdots < \tau_{m+1}$, 使得当 $\tau \in (0, \tau_0)$ 时方程 (4.1.4) 的零解是渐近稳定的, 当 $\tau \in (0, \tau_0)$ 时是不稳定的, 当 $\tau = \tau_j, j = 0, 1, 2, \cdots, m+1$ 时, 方程 (4.1.4) 在原点经历 Hopf 分支, 其中 τ_j 满足方程 (4.1.7).

证明 (1) 令 $u^*\nu < 1$. 由引理 4.1.2, 引理 4.1.4, 对所有 $\tau > 0$ 方程 (4.1.6) 没有模为 1 的根. 由定理 4.1.1, 对所有 $\tau > 0$ 方程 (4.1.6) 没有模小于 1 的根.

(2) 令 $u^*\nu \geqslant 1$. 由引理 4.1.3, 当 $\tau \in (0, \tau_0)$ 时, 方程 (4.1.6) 的所有的根的模长都小于 1, 当 $\tau > \tau_0$ 时, 方程 (4.1.6) 至少有一对根的模长大于 1.

4.2 离散血红细胞模型的动力学性质

在点 $(0, 0, \cdots, 0)$, 式 (4.1.4) 经历了 Hopf 分支, 不失一般性, 记临界值 $\tau_j(j = 0, 1, 2, \cdots, m+1)$ 为 τ^*. 对映射 (4.1.4), 有

$$Y_{n+1} = AY_n + \frac{1}{2}B\left(Y_n, Y_n\right) + \frac{1}{6}C\left(Y_n, Y_n, Y_n\right) + O\left(\left\|Y_n\right\|^4\right),$$

其中

$$B\left(Y_n, Y_n\right) = \left(B_0\left(Y_n, Y_n\right), 0, \cdots, 0\right)^{\mathrm{T}},$$

$$B_0(\varphi,\varphi)=(\tau\mu u^*\nu)^2(\varphi_m)^2,$$

$$C(Y_n,Y_n,Y_n)=(C_0(Y_n,Y_n,Y_n),0,\cdots,0)^{\mathrm{T}},$$

$$C_0(\phi,\phi,\phi)=(\tau\mu u^*\nu)^3(\phi_m)^3.$$

令 $q\in C^{m+1}$ 是属于特征值 $\mathrm{e}^{\frac{\mathrm{i}\omega^*}{m}}$ 的一个特征向量,

$$Aq=\mathrm{e}^{\frac{\mathrm{i}\omega^*}{m}}q^*,\quad A\overline{q}=\mathrm{e}^{-\frac{\mathrm{i}\omega^*}{m}}\overline{q}.$$

我们引入一个伴随特征向量 $q^*\in C^{m+1}$, 且具有性质

$$A^{\mathrm{T}}q^*=\mathrm{e}^{-\frac{\mathrm{i}\omega^*}{m}}q^*,\quad A^{\mathrm{T}}\overline{q^*}=\mathrm{e}^{\frac{\mathrm{i}\omega^*}{m}}\overline{q^*},$$

并且满足规范性

$$\langle q^*,q\rangle=1,$$

这里的内积定义为

$$\langle q^*,q\rangle=\sum_{i=0}^{m}\overline{q^*}_i q_i.$$

引理 4.2.1 令 $q=(q_0,q_1,\cdots,q_m)^{\mathrm{T}}$ 是 A 的属于特征值 $\mathrm{e}^{\frac{\mathrm{i}\omega^*}{m}}$ 的特征向量, 并且 $q^*=(q_0^*,q_1^*,\cdots,q_m^*)^{\mathrm{T}}$ 是 A^{T} 属于特征值 $\mathrm{e}^{-\frac{\mathrm{i}\omega^*}{m}}$ 的特征向量. 则

$$q_i=\mathrm{e}^{\frac{i\omega^*}{m}}q_{i+1}\quad(i=0,1,2,\cdots,m-1),$$

并且 $q_0=1$,

$$q^*=\overline{K}\begin{pmatrix}q_0^*\\-h\mathrm{e}^{\mathrm{i}\omega^*}\mu u^*\nu\tau^*q_0^*\\-h\mathrm{e}^{-\frac{\mathrm{i}\omega^*(m-1)}{m}}\mu u^*\nu\tau^*q_0^*\\\vdots\\-h\mathrm{e}^{-\frac{\mathrm{i}\omega^*}{m}}\mu u^*\nu\tau^*q_0^*\end{pmatrix},$$

其中 $K=\left[1-\mu u^*\nu\tau^*\mathrm{e}^{-\frac{(m+1)\mathrm{i}\omega^*}{m}}\right]^{-1}$, $q_0^*=1$.

证明 令 $q=(q_0,q_1,\cdots,q_m)^{\mathrm{T}}$ 是 A 的属于特征值 z 的一个特征向量. 则

$$\begin{cases}(1-h\mu\tau)q_0-\mu u^*\nu\tau hq_m=zq_0,\\q_i=zq_{i+1}\quad(i=0,1,2,\cdots,m-1).\end{cases}$$

直接计算得

$$q=\left(1,\mathrm{e}^{-\frac{\mathrm{i}\omega^*}{m}},\mathrm{e}^{-\frac{2\mathrm{i}\omega^*}{m}},\cdots,\mathrm{e}^{-\mathrm{i}\omega^*}\right)^{\mathrm{T}}$$

是 A 的属于特征值 $\mathrm{e}^{\frac{\mathrm{i}\omega^*}{m}}$ 的一个特征向量. 类似地, 可得

$$q^*=\overline{K}\begin{pmatrix}1\\ -h\mathrm{e}^{\mathrm{i}\omega^*}\mu u^*\nu\tau^*\\ -h\mathrm{e}^{-\frac{\mathrm{i}\omega^*(m-1)}{m}}\mu u^*\nu\tau^*\\ \vdots\\ -h\mathrm{e}^{-\frac{\mathrm{i}\omega^*}{m}}\mu u^*\nu\tau^*\end{pmatrix}^{\mathrm{T}},$$

其中 $K=\left[1-\mu u^*\nu\tau^*\mathrm{e}^{-\frac{(m+1)\mathrm{i}\omega^*}{m}}\right]^{-1}$.

记 T^c 是关于 $\mathrm{e}^{\pm\frac{\mathrm{i}\omega^*}{m}}$ 的由 $\{\mathrm{Re}(q),\mathrm{Im}(q)\}$ 生成的 2 维实特征子空间, 并且除 $\mathrm{e}^{\pm\frac{\mathrm{i}\omega^*}{m}}$ 外其他实特征值生成的子空间 T^s 的维数是 $m-1$. 任意 $x\in\mathbb{R}^{m+1}$ 可分解为

$$x=vq+\overline{vq}+y,$$

这里 $v\in C, vq+\overline{vq}\in T^c, y\in T^s$. 复变量 v 看作 T^c 上的新坐标,

$$v=\langle q^*,x\rangle,$$

$$y=x-\langle q^*,x\rangle q-\langle\overline{q^*},x\rangle\overline{q}.$$

在 $\tau=\tau^*$ 时

$$\begin{aligned}&v\mapsto\mathrm{e}^{\frac{\mathrm{i}\omega^*}{m}}v+\langle q^*,\quad F(vq+\overline{vq}+y)\rangle,\\&y\mapsto Ay+F(vq+\overline{vq}+y)-\langle q^*,\quad F(vq+\overline{vq}+y)\rangle q-\langle\overline{q^*},F(vq+\overline{vq}+y)\rangle\overline{q}.\end{aligned}$$

利用 Taylor 展开可得

$$\begin{cases}v\mapsto zv+\dfrac{1}{2}g_{20}v^2+g_{11}v\overline{v}+\dfrac{1}{2}g_{02}\overline{v}^2+\dfrac{1}{2}G_{21}v^2\overline{v}+\langle G_{10},y\rangle v+\langle G_{01},y\rangle\overline{v},\\ y\mapsto A_0y+\dfrac{1}{2}H_{20}v^2+H_{11}v\overline{v}+\dfrac{1}{2}H_{02}\overline{v}^2+O\left(|v|^3\right),\end{cases}\tag{4.2.1}$$

其中 $g_{ij}\in C, G_{10},G_{01}\in C^{m+1}$, 且

$$\begin{aligned}&g_{20}=\langle q^*,B(q,q)\rangle,\quad g_{11}=\langle q^*,B(q,\overline{q})\rangle,\\&g_{02}=\langle q^*,B(\overline{q},\overline{q})\rangle,\quad G_{21}=\langle q^*,C(q,q,\overline{q})\rangle,\\&\langle G_{10},y\rangle=\langle q^*,B(q,y)\rangle,\quad\langle G_{01},y\rangle=\langle q^*,B(\overline{q},y)\rangle,\\&H_{20}=B(q,q)-\langle q^*,B(q,q)\rangle q-\langle\overline{q^*},B(q,q)\rangle\overline{q},\\&H_{11}=B(q,\overline{q})-\langle q^*,B(q,\overline{q})\rangle q-\langle\overline{q^*},B(q,\overline{q})\rangle\overline{q},\\&H_{02}=B(\overline{q},\overline{q})-\langle q^*,B(q,\overline{q})\rangle q-\langle\overline{q^*},B(\overline{q},\overline{q})\rangle\overline{q}.\end{aligned}$$

下面寻找中心流形

$$y = V(v,\overline{v}) = \frac{1}{2}\omega_{20}v^2 + \omega_{11}v\overline{v} + \frac{1}{2}\omega_{02}\overline{v}^2 + O\left(|v|^3\right). \tag{4.2.2}$$

将式 (4.2.2) 代入式 (4.2.1) 有

$$\begin{cases} \omega_{20} = \left(v^2 I - A\right)^{-1} H_{20}, \\ \omega_{11} = (I - A)^{-1} H_{11} = 0, \\ \omega_{02} = \left(\overline{v}^2 I - A\right)^{-1} H_{02} = 0, \end{cases}$$

其 Taylar 展开系数为

$$g_{20} = \langle q^*, B(q,q)\rangle, \quad g_{11} = \langle q^*, B(q,\overline{q})\rangle, \quad g_{02} = \langle q^*, B(\overline{q},\overline{q})\rangle,$$

$$\begin{aligned} g_{21} =& \langle q^*, C(q,q,\overline{q})\rangle - 2\langle q^*, B\left(q, \left(I - A^{-1}\right)B(q,\overline{q})\right)\rangle \\ &+ \langle q^*, B(\overline{q}, \left(z^2 I - A\right)^{-1} B(q,q))\rangle \\ &- \frac{1-2z}{z^2 - z}\langle q^*, B(q,q)\rangle\langle q^*, B(q,\overline{q})\rangle - 2(1-\overline{v})^{-1}|q^*, B(q,\overline{q})|^2 \\ &- \left(z^2 - \overline{z}\right)^{-1}|\langle q^*, B(\overline{q},\overline{q})\rangle|^2. \end{aligned}$$

定义

$$c_1(\tau) = \frac{g_{20}g_{21}(2z + \overline{z} - 3)}{2(\overline{z} - 1)(z^2 - z)} + \frac{|g_{11}|^2}{(1 - \overline{z})} + \frac{|g_{02}^2|}{2(z^2 - \overline{z})} + \frac{g_{21}}{2}. \tag{4.2.3}$$

将 $z = \mathrm{e}^{\frac{-\mathrm{i}w^*}{m}}$ 代入式 (4.2.3), 计算 $c_1(\tau^*)$, 利用离散系统的 Hopf 分支性质, 可得到以下结论.

定理 4.2.2 映射 (4.1.4) 的 Hopf 分支方向和稳定性由 $\iota = -\frac{\mathrm{Re}\left[\mathrm{e}^{\frac{-\mathrm{i}w^*}{m}} c_1(\tau^*)\right]}{d_{\mathrm{h}}}$ 的符号确定: 如果 $\iota > 0\,(< 0)$, 那么 Hopf 分支时超临界的 (亚临界), $\mathrm{Re}\left[\mathrm{e}^{\frac{-\mathrm{i}w^*}{m}} c_1(\tau^*)\right]$ 确定分支周期解的稳定性: 若 $\mathrm{Re}\left[\mathrm{e}^{\frac{-\mathrm{i}w^*}{m}} c_1(\tau^*)\right] < 0\,(> 0)$, 则分支周期解是轨道稳定 (不稳定) 的.

下面利用 Matlab 对以上结论进行仿真. 取 $h = 0.05, \mu = 0.5, p = 2, v = 3.694$, 则平衡点为 $u_n = 0.5415$, 临界值 $\tau_0 = 2.418$. 图 4.2.1 中, $\tau = 1 < 2.418$, 此时平衡点是稳定的. 图 4.2.2 中, $\tau = 3 < 2.418$, 此时平衡点失去稳定, 且有新的周期解产生.

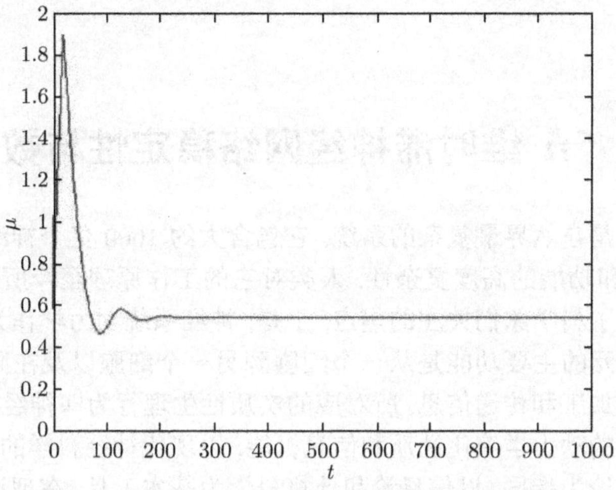

图 4.2.1 $\tau = 1 < 2.418$ 的稳定时域图

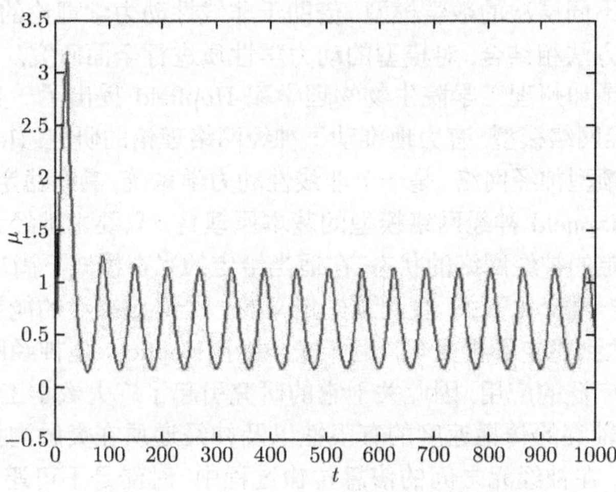

图 4.2.2 $\tau = 3 < 2.418$ 的周期时域图

第 5 章 n 维时滞神经网络稳定性与数值分析

大脑被认为是自然界最复杂的系统, 它包含大约 1000 亿个神经元和更多的连接, 由于其结构和功能的高度复杂性, 人类对它的工作原理至今所知甚少, 因此它自然而然地成为了科学家们关注的焦点, 于是, 神经系统动力学作为一门新兴学科应运而生. 神经元的主要功能是从一个细胞到另一个细胞以及在同一个细胞的不同部分之间进行加工和传递信息, 所对应的实质性生理行为即神经元触发. 人们为了更好地研究脑的动力学演化性质和信息机能, 以现代神经科学的成果为基础, 以非线性动力学理论为指导, 以信息论和计算科学为基本工具, 在理论和实验的结合上建立了人工神经网络模型, 模拟人脑的功能. 这是一个多学科综合领域, 它通过构建脑神经系统不同层次的数学模型, 借助于非线性动力学理论的新成果, 将定性分析和数值模拟方法相结合, 对模型的动力学性质进行全面研究.

1982 年, 美国加州理工学院生物物理学家 Hopfield 提出了一类反馈神经网络——Hopfield 神经网络模型, 有力地推动了神经网络理论的研究. Hopfield 神经网络是一种典型的反馈型神经网络, 是一个非线性动力学系统, 具有稳定性, 吸引子以至于混沌现象等. Hopfield 神经网络模型的基本原理是: 只要由神经元兴奋的算法和联接权系数所决定的神经网络的状态, 在适当给定的兴奋模式下尚未达到稳定状态, 那么该状态就会一直变化下去, 直到预先定义的一个必定减小的能量函数达到极小值, 状态猜测才达到稳定不再变化. 近年来, 由于 Hopfield 型神经网络在信号和图像传输方面有着广泛的应用, 因此关于它的研究引起了广大数学工作者的关注. 由于神经冲动沿着轴突的传播速度的有限性以及神经递质在突触沟扩散速度的有限性等因素的影响, 在神经元之间的信息传输过程中, 时滞是不可避免的. 因此关于时滞对神经网络动力学行为的影响更是备受重视. 而对其周期解的研究即有重要的现实意义又是一个重要的数学课题. 众所周知, 周期解可由 Hopf 分支产生, 然而这些周期解一般只是在分支值的小邻域内存在, 那么大范围内这些周期解是否可以继续存在, 这就是 Hopf 分支的全局延拓问题. 在多数情况下, 全局 Hopf 分支才更有应用价值, 因而三十年来对全局 Hopf 分支的研究已成为分支理论研究的一个热点.

当神经网络引入时滞以后它的稳定性分析将变得非常困难, 通常具时滞神经网络的稳定性分析有两种方法: 一种是将系统在它的平衡点附近线性化, 来得出神经网络局部稳定的条件; 另一种是通过构造一个合适的 Liapunov 函数, 得出保证神经网络稳定的条件, 甚至是全局稳定条件. 关于时滞连续神经网 Hopf 分支的研究已刻画了神经网络的周期解的相关性态. 对于有 Hopf 分支的时滞 Hopfield 型神经网络, 当系统在参数 $\tau=\tau_0$ 处产生 Hopf 分支时, 其数值逼近是否也有一个相应的 Hopf 分支参数? 该参数与 τ_0 是否有某种关系? 许多学者证明连续型系统的数值离散化系统可以与原系统的性质有很大的不同; 音叉分支是神经网络的另一种重要的临界失稳状态. 下面我们对相关内容逐一介绍.

5.1 Pitchfork 分支的存在性

本节讨论 Hopfield 神经网络模型

$$\begin{cases}\dot{u}_1(t)=-a_1u_1(t)+F_1(u_n(t-\tau_1)),\\ \dot{u}_2(t)=-a_2u_2(t)+F_2(u_1(t-\tau_2)),\\ \cdots\cdots\\ \dot{u}_n(t)=-a_nu_n(t)+F_n(u_{n-1}(t-\tau_n))\end{cases}\tag{5.1.1}$$

的音叉分支, 也就是 Pitchfork 分支问题. 目前, 很多学者关心诸如弹性结构的变形、壳体及薄板的失稳、弹性杆屈曲等问题. 这些问题中最常见的是对应于尖点突变的极值失稳. 当把刻画该类问题的系统经 Liapunov-Schmidt 约化后, 这类问题就可以归结为标准的音叉的普适开折问题.

下面介绍 Pitchfork 分支问题.

对方程 (5.1.1), 引入如下变换:

$$\begin{cases}x_1(t)=u_1(t-(\tau_2+\tau_3+\cdots+\tau_n)),\\ x_2(t)=u_2(t-(\tau_3+\tau_4+\cdots+\tau_n)),\\ \cdots\cdots\\ x_{n-1}(t)=u_{n-1}(t-\tau_n),\\ x_n(t)=u_n(t),\end{cases}$$

则模型 (5.1.1) 化为等价系统

$$\begin{cases}\dot{x}_1(t)=-a_1x_1(t)+F_1(x_n(t-\tau)),\\ \dot{x}_2(t)=-a_2x_2(t)+F_2(x_1(t)),\\ \cdots\cdots\\ \dot{x}_n(t)=-a_nx_n(t)+F_n(x_{n-1}(t)),\end{cases}\tag{5.1.2}$$

其中 $\tau=\tau_1+\tau_2+\cdots+\tau_n$.

关于方程 (5.1.2), 我们作如下的假设:

(H_1) $a_i>0(i=1,2,\cdots,n)$ 都是常数, $F_i(x)(i=1,2,\cdots,n)$ 是二次连续可微递增函数, 且当 $x\neq0$ 时 $xF_i(x)>0$.

(H_2) 当 $x\neq0$ 时, $xF_i''(x)<0$, 存在 $L>0$, 使对 $x\in\mathbb{R}$ 有 $|F_i(x)|\leqslant L$.

注 1　关于 $F_i(x)$ 的上述假设对人们构造的神经网络模型是合理的. 例如, 取 $F_1(x)=F_2(x)=\cdots=F_n(x)=\tanh(x)$, 则方程 (5.1.2) 满足假设 (H_1) 和 (H_2).

定理 5.1.1　在 (H_1) 和 (H_2) 成立的条件下, 直线 $a_1a_2\cdots a_n=\prod\limits_{i=1}^{n}F_i'(0)$ 是方程 (5.1.2) 的 Pitchfork 分支曲线.

证明　显然, 由 (H_1) 知 $F_i(0)=0(i=1,2,\cdots,n)$, 即 $(0,0,\cdots,0)$ 是方程 (5.1.2) 的常值解. 由 $F_i(x)(i=1,2,\cdots,n)$ 都是增函数知 $F_i'(x)\geqslant 0(i=1,2,\cdots,n)$. 由 (H_2) 中的当 $x\neq 0$ 时 $xF_i''(x)<0, i=1,2,\cdots,n$, 知

$$F_i'(0)=\max_{x\in\mathbb{R}}F_i'(x)\quad(i=1,2,\cdots,n). \tag{5.1.3}$$

$(x_1^*,x_2^*,\cdots,x_n^*)$ 是方程 (5.1.2) 的平衡解当且仅当 $(x_1^*,x_2^*,\cdots,x_n^*)$ 满足方程

$$\begin{cases}a_1x_1=F_1\left(\dfrac{1}{a_n}F_n\left(\dfrac{1}{a_{n-1}}F_{n-1}\left(\cdots\dfrac{1}{a_2}F_2(x_1)\right)\right)\right),\\ a_2x_2=F_2(x_1),\\ \cdots\cdots\\ a_nx_n=F_n(x_{n-1}).\end{cases}$$

令

$$h(x)=x-\frac{1}{a_1}F_1\left(\frac{1}{a_n}F_n\left(\frac{1}{a_{n-1}}F_{n-1}\left(\cdots\frac{1}{a_2}F_2(x)\right)\right)\right). \tag{5.1.4}$$

首先考虑

$$a_1a_2\cdots a_n>\prod_{i=0}^{n}F_i'(0)$$

的情形.

由 $h(x)$ 的定义有

$$\begin{aligned}h'(x)=&1-\frac{1}{a_1a_2\cdots a_n}F_1'\left(\frac{1}{a_n}F_n\left(\frac{1}{a_{n-1}}F_{n-1}\left(\cdots\frac{1}{a_2}F_2(x)\right)\right)\right)\\&F_n'\left(\frac{1}{a_{n-1}}F_{n-1}\left(\cdots\frac{1}{a_2}F_2(x)\right)\right)\cdots F_2'(x).\end{aligned}$$

从而由式 (5.1.4) 知

$$h'(0)=1-\frac{1}{a_1a_2\cdots a_n}F_1'(0)F_n'(0)F_{n-1}'(0)\cdots F_2'(0)>0.$$

由于 $F_i'(0)=\max\limits_{x\in\mathbb{R}}F_i'(x)$, 所以

$$h'(x)>0.$$

显然 $h(0)=0$, 从而 $x_1=0$ 是式 (5.1.4) 的唯一解, 故 $(0,0,\cdots,0)$ 是方程 (5.1.2) 的唯一平衡解.

下面考虑

$$a_1a_2\cdots a_n < \prod_{i=0}^{n} F_i'(0)$$

的情形, 此时

$$h'(0) = 1 - \frac{1}{a_1a_2\cdots a_n}F_1'(0)F_n'(0)F_{n-1}'(0)\cdots F_2'(0) < 0,$$

于是存在 $x=0$ 的一个邻域 $N(0)$, 使得当 $x \in N(0)$ 时 $h'(x) < 0$. 由于 $h(0) = 0$, 故当 $x \in N(0)$ 且 $x > 0$ 时 $h(x) < 0$.

此外, 由 $|F_i(x)| \leqslant L, i = 1, 2, \cdots, n$, 所以

$$\lim_{x\to+\infty} h(x) = \lim_{x\to+\infty}\left(x - \frac{1}{a_1}F_1\left(\frac{1}{a_n}F_n\left(\frac{1}{a_{n-1}}F_{n-1}\left(\cdots\frac{1}{a_2}F_2(x)\right)\right)\right)\right) = +\infty,$$

从而, 存在 $x_1^1 > 0$ 使 $h(x_1^1) = 0$, 且 $x \in (0, x_1^1)$ 时

$$h(x) < 0,$$

于是有

$$h'(x_1^1) \geqslant 0.$$

由 (H_2) 知 $x > 0$ 时, $F_i'(x)(i = 1, 2, \cdots, n)$ 是递减的, 所以当 $x > x_1^1$ 时,

$$\begin{aligned} h'(x) =& 1 - \frac{1}{a_1a_2\cdots a_n}F_1'\left(\frac{1}{a_n}F_n\left(\frac{1}{a_{n-1}}F_{n-1}\left(\cdots\frac{1}{a_2}F_2(x)\right)\right)\right) \\ & F_n'\left(\frac{1}{a_{n-1}}F_{n-1}\left(\cdots\frac{1}{a_2}F_2(x)\right)\right)\cdots F_2'(x) \geqslant 0, \end{aligned}$$

即 x_1^1 是式 (5.1.4) 的唯一正解.

令

$$x_i^1 = \frac{1}{a_i}F_i(x_{i-1}^1), \quad i = 2, 3, \cdots, n.$$

从而 $(x_1^1, x_2^1, \cdots, x_1^n)$ 是方程 (5.1.2) 的平衡点. 并且再无另外满足 $x_1^* > 0$ 的平衡解 $(x_1^*, x_2^*, \cdots, x_n^*)$.

同理可以证明, 存在 $x_1^2 < 0$ 使得 $(x_1^2, x_2^2, \cdots, x_n^2)$ 是系统 (5.1.2) 的平衡解, 其中 $x_i^2 = \frac{1}{a_i}F_i(x_{i-1}^2), i = 2, 3, \cdots, n$. 而且也无另外的满足 $x_1^* < 0$ 的平衡解 $(x_1^*, x_2^*, \cdots, x_n^*)$. 用 $(x_1^1, x_2^1, \cdots, x_n^1)$ 和 $(x_1^2, x_2^2, \cdots, x_n^2)$ 表示系统 (5.1.2) 的两个非零常值解. 定理证毕.

推论 5.1.2 在假设 (H_1) 和 (H_2) 下, 有

$$\frac{1}{a_1a_2\cdots a_n}F_1'(x_1^1)F_2'(x_2^1)\cdots F_n'(x_n^1)<1, \tag{5.1.5}$$

和

$$\frac{1}{a_1a_2\cdots a_n}F_1'(x_1^2)F_2'(x_2^2)\cdots F_n'(x_n^2)<1. \tag{5.1.6}$$

证明 由定理 5.1.1 的证明过程知

$$h'(x_1^1)\geqslant 0.$$

假设 $h'(x_1^1)=0$, 由于 $x\in(0,x_1^1)$ 时 $h(x)<0$, 故一定存在 $x_0\in(0,x_1)$ 使 $h'(x_0)>0$. 由 $x\in(0,x_1^1)$ 时 $F_i(x)(i=1,2,\cdots,n)$ 都是增函数, $F_i'(x)(i=1,2,\cdots,n)$ 都是减函数, 故当 $x>x_0$ 时, 有

$$\begin{aligned}h'(x)=&\frac{1}{a_1a_2\cdots a_n}F_1'\Big(\frac{1}{a_n}F_n\Big(\frac{1}{a_{n-1}}F_{n-1}\Big(\cdots\frac{1}{a_2}F_2(x)\cdots\Big)\Big)\Big)\\&\cdot F_n'\Big(\frac{1}{a_{n-1}}F_{n-1}\Big(\frac{1}{a_{n-2}}F_{n-2}\Big(\cdots\frac{1}{a_2}F_2(x)\cdots\Big)\Big)\Big)\cdot F_3'\Big(\frac{1}{a_2}F_2(x)\Big)\cdot F_2'(x)\end{aligned}$$

从而有

$$h'(x_1^1)>0,$$

即

$$\frac{1}{a_1a_2\cdots a_n}F_1'(x_1^1)F_2'(x_2^1)\cdots F_n'(x_n^1)<1,$$

从而式 (5.1.5) 成立.

式 (5.1.6) 的证明类似, 略.

5.2 Hopf 分支的存在性

考虑系统 (5.1.2) 在平衡点 $(0,0,\cdots,0)$ 的 Hopf 分支的存在性. 方程 (5.1.2) 在 $(0,0,\cdots,0)$ 处的线性方程是

$$\begin{cases}\dot{x}_1(t)=-a_1x_1(t)+F_1'(0)x_n(t-\tau),\\ \dot{x}_2(t)=-a_2x_2(t)+F_2'(0)x_1(t),\\ \cdots\cdots\\ \dot{x}_n(t)=-a_nx_n(t)+F_n'(0)x_{n-1}(t).\end{cases} \tag{5.2.1}$$

其特征方程是

$$\det\begin{pmatrix}\lambda+a_1 & 0 & 0 & \cdots & 0 & -F_1'(0)\mathrm{e}^{-\lambda\tau}\\ -F_2'(0) & \lambda+a_2 & 0 & \cdots & 0 & 0\\ 0 & -F_3'(0) & \lambda+a_3 & \cdots & 0 & 0\\ 0 & 0 & -F_4'(0) & \cdots & 0 & 0\\ \vdots & \vdots & \vdots & & \vdots & \vdots\\ 0 & 0 & 0 & \cdots & -F_n'(0) & \lambda+a_n\end{pmatrix}=0,$$

即

$$\lambda^n+\sum_{i=1}^{n}a_i\lambda^{n-1}+\sum_{1\leqslant i<i\leqslant n}a_ia_j\lambda^{n-2}+\sum_{1\leqslant i<j<k\leqslant n}a_ia_ja_k\lambda^{n-3}+\cdots$$

$$+\sum_{1\leqslant i<j<k<\cdots<l\leqslant n}a_ia_ja_k\cdots a_l\lambda+a_1a_2\cdots a_n-\prod_{i=1}^{n}F_i'(0)\mathrm{e}^{-\lambda\tau}=0.$$

令

$$A_1=\sum_{i=1}^{n}a_i,\quad A_2=\sum_{1\leqslant i<i\leqslant n}a_ia_j,\quad A_3=\sum_{1\leqslant i<j<k\leqslant n}a_ia_ja_k,\cdots,$$

$$A_{n-1}=\sum_{1\leqslant i<j<k<\cdots<l\leqslant n}a_ia_ja_k\cdots a_l,\quad A_n=a_1a_2\cdots a_n.$$

则上式化为

$$\lambda^n+A_1\lambda^{n-1}+A_2\lambda^{n-2}+A_3\lambda^{n-2}+\cdots A_n-\prod_{i=1}^{n}F_i'(0)\mathrm{e}^{-\lambda\tau}=0.\tag{5.2.2}$$

引理 5.2.1 方程 (5.2.2) 有一对纯虚根的充要条件是 $A_n^2<\left(\prod_{i=0}^{n}F_i'(0)\right)^2$.

证明 $\mathrm{i}\omega(\omega>0)$ 是方程 (5.2.2) 的根, 当且仅当 ω 满足

$$\mathrm{i}^n\omega^n+\mathrm{i}^{n-1}\omega^{n-1}A_1+\mathrm{i}^{n-2}\omega^{n-2}A_2+\cdots+\mathrm{i}\omega_{n-1}^{A}+A_n=\prod_{i=1}^{n}F_i'(x_1^i)\mathrm{e}^{-\omega\tau},$$

即

$$\begin{cases}\omega^n-\omega^{n-2}A_2+\cdots-\omega^2A_{n-2}+A_n=\pm\prod_{i=1}^{n}F_i'(0)\cos\omega\tau,\\ \omega^{n-1}A_1-\omega^{n-3}A_3+\cdots-\omega_{n-1}^{A}=\mp\prod_{i=1}^{n}F_i'(0)\sin\omega\tau,\end{cases}\quad n=2m,\tag{5.2.3}$$

$$\begin{cases}\omega^n-\omega^{n-2}A_2+\cdots-\omega^3A_{n-2}+A_n\omega=\pm\prod_{i=1}^{n}F_i'(0)\sin\omega\tau,\\ \omega^{n-1}A_1-\omega^{n-3}A_3+\cdots-{}_{n-1}^{A}=\mp\prod_{i=1}^{n}F_i'(0)\cos\omega\tau,\end{cases}\quad n=2m+1,\tag{5.2.4}$$

将式 (5.2.3), (5.2.4) 平方相加有

$$\omega^{2n}+B_2\omega^{2n-2}+B_4\omega^{2n-4}+\cdots+B_{2n-2}\omega^2+B_{2n}=\left(\prod_{i=1}^{n}F_i'(0)\right)^2,\tag{5.2.5}$$

其中

$$B_2=A_1^2+\sum_{i+j=2,i\neq j}(-1)^{i+1}A_iA_j,$$

$$
\begin{aligned}
&B_4 = A_2^2 + \sum_{i+j=4, i\neq j} (-1)^{i+2} A_i A_j,\\
&B_6 = A_3^2 + \sum_{i+j=6, i\neq j} (-1)^{i+3} A_i A_j,\\
&\cdots\cdots\\
&B_{2n-2} = A_{n-1}^2 + \sum_{i+j=2n-2, i\neq j} (-1)^{i+n} A_i A_j,\\
&B_{2n} = A_n^2,\\
&i, j = 0, 1, \cdots, n.
\end{aligned}
$$

$A_0 = 1$, 其中 $B_i > 0(i = 2, 4, \cdots, 2n)$.

令 $z = \omega^2$, 则式 (5.2.5) 化为

$$
z^n + B_2 z^{n-1} + B_4 z^{n-2} + \cdots + B_{2n-2} z + B_{2n} = \left(\prod_{i=1}^{n} F_i'(0)\right)^2. \tag{5.2.6}
$$

如果 $A_n^2 < \left(\prod_{i=0}^{n} F_i'(0)\right)^2$, 则 $B_{2n} - \left(\prod_{i=1}^{n} F_n'(0)\right)^2 < 0$.

设

$$
g(z) = z^n + B_2 z^{n-1} + B_4 z^{n-2} + \cdots + B_{2n-2} z + B_{2n} - \left(\prod_{i=1}^{n} F_i'(0)\right)^2,
$$

则

$$
g(0) = B_{2n} - \left(\prod_{i=1}^{n} F_i'(0)\right)^2 < 0, \quad \lim_{x\to+\infty} g(x) = +\infty,
$$

故必有 $z_0 > 0$ 使得 $g(z_0) = 0$. 从而方程 (5.2.6) 至少有一个正根, 且

$$
g'(z_1) = n z_1^{n-1} + B_2 (n-1) z_1 \cdots + B_{2n-2} z_1 > 0.
$$

记 $\lambda(\tau) = \alpha(\tau) \pm \mathrm{i}\omega(\tau)$ 为方程 (5.2.2) 的根, 且满足 $\alpha(\tau_0) = 0, \omega(\tau_0) = \omega_0 > 0$. 其中 ω_0 满足方程 (5.2.6), τ_0 由方程 (5.2.3) 或 (5.2.4) 确定.

引理 5.2.2 $\frac{\mathrm{d}\alpha(\tau)}{\mathrm{d}\tau}|_{\tau=\tau_0} > 0$.

证明 对方程 (5.2.2) 两边分别求导得

$$
\left(\frac{\mathrm{d}\lambda}{\mathrm{d}\tau}\right)^{-1} = -\frac{n\lambda^{n-1} + (n-1)A_1\lambda^{n-1} + \cdots 2A_{n-2}\lambda - A_{n-1}}{\lambda \prod_{i=1}^{n} F_i'(0) \mathrm{e}^{-\lambda\tau}} - \frac{\tau}{\lambda \prod_{i=1}^{n} F_i'(0)}.
$$

从而

$$\left.\frac{\mathrm{d}\alpha(\tau)}{\mathrm{d}\tau}\right|_{\tau=\tau_0,\lambda=\mathrm{i}\omega_0}=\frac{\omega_0^2 g'(z_0)}{\Delta}>0.$$

其中

$$\begin{aligned}\Delta=&[n\omega_0^{n-1}-(n-2)A_2\omega_0^{n-3}+\cdots+A_{n-2}\omega_0]^2\\&+[(n-1)\omega_0^{n-2}-(n-3)A_2\omega_0^{n-4}+\cdots+A_{n-1}]^2,\end{aligned}$$

或

$$\begin{aligned}\Delta=&[n\omega_0^{n-1}-(n-2)A_2\omega_0^{n-3}+\cdots+A_{n-3}\omega_0^2-A_{n-1}]^2\\&+[(n-1)\omega_0^{n-2}-(n-3)A_2\omega_0^{n-4}+\cdots+A_{n-2}\omega_0]^2.\end{aligned}$$

设条件 (H_3)：

$$\Delta_1=A_1>0,\quad \Delta_2=\begin{vmatrix}A_1&1\\A_3&A_2\end{vmatrix}>0,\quad \Delta_3=\begin{vmatrix}A_1&1&0\\A_3&A_2&1\\A_5&A_4&A_3\end{vmatrix}>0,\cdots,$$

$$\Delta_n=\begin{vmatrix}A_1&1&0&\cdots&0\\A_3&A_2&1&\cdots&0\\\vdots&\vdots&\vdots&&0\\A_{2n-3}&A_{2n-4}&A_{2n-5}&\cdots&1\\A_{2n-1}&A_{2n-2}&A_{2n-3}&\cdots&A_n\end{vmatrix}=A_n\Delta_{n-1}>0.$$

下面给出关于系统 (5.1.2) 的稳定性的条件.

定理 5.2.3 (1) 如果条件 (H_3) 满足, 且 $A_n^2>\left(\prod\limits_{i=0}^n F_i'(0)\right)^2$, 则系统 (5.1.2) 的零解对所有的 $\tau\geqslant 0$ 是渐近稳定的;

(2) 如果条件 (H_3) 满足, 且 $A_n^2<\left(\prod\limits_{i=0}^n F_i'(0)\right)^2$, 则存在 $\tau_0>0$ 使得系统 (5.1.2) 的零解对所有的 $\tau\in[0,\tau_0)$ 是渐近稳定的;

(3) 存在一列 $\tau_j=\dfrac{1}{\omega_0}[\omega_0\tau_0+2k\pi]$, 或 $\tau_j=\dfrac{1}{\omega_0}[\omega_0\tau_0+(2k+1)\pi](j=1,2,\cdots)$, 使得方程 (5.1.2) 的零解在 $\tau_j(j=0,1,2,\cdots)$ 处经历 Hopf 分支.

证明 (1) 当 $\tau=0$ 时, 式 (5.2.2) 化为

$$\lambda^n+A_1\lambda^{n-1}+A_2\lambda^{n-2}+A_3\lambda^{n-2}+\cdots+A_n-\prod_{i=1}^n F_i'(0)=0. \tag{5.2.7}$$

由式 (5.2.7) 可以看出, 当条件 (H_3) 满足时, 0 不是方程 (5.2.2) 的解, 当 $\tau=0$ 时方程 (5.2.7) 的解都具有负实部, 而 $A_n^2>\left(\prod\limits_{i=0}^{n}F_i'(0)\right)^2$ 时, 方程 (5.1.2) 没有纯虚根, 从而方程 (5.2.2) 的根对所有的 $\tau\geqslant 0$ 都有负实部, 即系统 (5.2.1) 的零解对所有的 $\tau\geqslant 0$ 是渐近稳定的.

(2) 当如果条件 (H_3) 满足, 且 $A_n^2<\left(\prod\limits_{i=0}^{n}F_i'(0)\right)^2$ 时, 有定理 5.2.1 及儒歇定理, 知当 $\tau\in[0,\tau_0)$ 时, 方程 (5.2.2) 的根均具有负实部. 而 $\tau>\tau_0$ 时, 方程 (5.2.2) 至少具有一对具正实部的根, 因此结论 (2) 成立.

(3) 由 Hopf 分支的存在定理知存在一列 $\tau_j=\dfrac{1}{\omega_0}[\omega_0\tau_0+2k\pi]$, 或 $\tau_j=\dfrac{1}{\omega_0}[\omega_0\tau_0+(2k+1)\pi]$, $j=1,2,\cdots$, 使得方程 (5.1.2) 的零解在 $\tau_j(j=0,1,2,\cdots)$ 处经历 Hopf 分支.

5.3　模型的多重稳定性

下面讨论方程 (5.1.2) 的多重稳定性.

方程 (5.1.2) 在 $(x_1^1,x_2^1,\cdots,x_n^1)$ 处的线性方程是

$$\begin{cases}\dot{x}_1(t)=-a_1x_1(t)+F_1'(x_1^n)x_n(t-\tau),\\ \dot{x}_2(t)=-a_2x_2(t)+F_2(x_1^1)x_1(t),\\ \cdots\cdots\\ \dot{x}_n(t)=-a_nx_n(t)+F_n(x_1^{n-1})x_{n-1}(t),\end{cases}$$

其特征方程是

$$\det\begin{pmatrix}\lambda+a_1 & 0 & 0 & \cdots & 0 & -F_1'(x_1^n)\mathrm{e}^{-\lambda\tau}\\ -F_2'(x_1^1) & \lambda+a_2 & 0 & \cdots & 0 & 0\\ 0 & -F_3'(x_1^2) & \lambda+a_3 & \cdots & 0 & 0\\ 0 & 0 & -F_4'(x_1^3) & \cdots & 0 & 0\\ \vdots & \vdots & \vdots & & \vdots & \vdots\\ 0 & 0 & 0 & \cdots & -F_n'(x_1^{n-1}) & \lambda+a_n\end{pmatrix}=0.$$

令

$$A_1=\sum_{i=1}^{n}a_i,\quad A_2=\sum_{1\leqslant i<i\leqslant n}a_ia_j,\quad A_3=\sum_{1\leqslant i<j<k\leqslant n}a_ia_ja_k,\cdots,$$

$$A_{n-1}=\sum_{1\leqslant i<j<k<\cdots<l\leqslant n}a_ia_ja_k\cdots a_l,\quad A_n=a_1a_2\cdots a_n.$$

设

$$\Delta_1=A_1>0,\quad \Delta_2=\begin{vmatrix}A_1 & 1\\ A_3 & A_2\end{vmatrix}>0,\quad \Delta_3=\begin{vmatrix}A_1 & 1 & 0\\ A_3 & A_2 & 1\\ A_5 & A_4 & A_3\end{vmatrix}>0,\cdots,$$

$$\Delta_n=\begin{vmatrix}A_1 & 1 & 0 & \cdots & 0\\ A_3 & A_2 & 1 & \cdots & 0\\ \vdots & \vdots & \vdots & & \vdots\\ A_{2n-3} & A_{2n-4} & \cdots & A_{n-1} & 1\\ A_{2n-1} & A_{2n-2} & \cdots & A_{n+1} & A_n\end{vmatrix}=A_n\Delta_{n-1}>0. \tag{5.3.1}$$

$$\bar{\Delta}_1=B_2>0,\quad \bar{\Delta}_2=\begin{vmatrix}B_2 & 1\\ B_6 & B_4\end{vmatrix}>0,\quad \bar{\Delta}_3=\begin{vmatrix}B_2 & 1 & 0\\ B_6 & B_4 & 1\\ B_{10} & B_8 & B_6\end{vmatrix}>0,\cdots,$$

$$\bar{\Delta}_n=\begin{vmatrix}B_2 & 1 & 0 & \cdots & 0\\ B_6 & B_4 & 1 & \cdots & 0\\ \vdots & \vdots & \vdots & & \vdots\\ B_{4n-6} & B_{4n-8} & \cdots & B_{2(n-1)} & 1\\ B_{4n-2} & B_{4n-4} & \cdots & B_{2(n+1)} & B_{2n}\end{vmatrix}=B_{2n}\bar{\Delta}_{2n-2}>0. \tag{5.3.2}$$

类似于 5.2 节的讨论, 有以下结论.

定理 5.3.1 在条件 (H_1) 和 (H_2) 下, 平衡解 $(x_1^1,x_2^1,\cdots,x_n^1)$ 和 $(x_1^2,x_2^2,\cdots,x_n^2)$ 渐近稳定的充要条件是式 (5.3.1) 和式 (5.3.2) 同时成立.

5.4 时滞 Hopfield 神经网络 Hopf 分支的数值逼近

令 $t=st$, 并记 s 为 t, 那么系统 (5.1.2) 可重写为

$$\begin{cases}\dot{x}_1(t)=\tau\left[-a_1x_1(t)+F_1(x_n(t-1))\right],\\ \dot{x}_2(t)=\tau\left[-a_2x_2(t)+F_2(x_1(t))\right],\\ \cdots\cdots\\ \dot{x}_n(t)=\tau\left[-a_nx_n(t)+F_n(x_{n-1}(t-1))\right],\end{cases} \tag{5.4.1}$$

由假定 (H_1) 知, $(0,0,\cdots,0)$ 是方程 (5.4.1) 的平衡点, 在 $(0,0,\cdots,0)$ 线性化得

$$\begin{cases} \dot{x}_1(t) = \tau\left[-a_1 x_1(t) + F_1'(0)(x_n(t-1))\right], \\ \dot{x}_2(t) = \tau\left[-a_2 x_2(t) + F_2'(0)(x_1(t))\right], \\ \cdots\cdots \\ \dot{x}_n(t) = \tau\left[-a_n x_n(t) + F_2'(0)(x_{n-1}(t))\right]. \end{cases} \tag{5.4.2}$$

方程 (5.4.2) 的特征方程是

$$\det\begin{pmatrix} \mu+\tau a_1 & 0 & 0 & \cdots & 0 & -\tau F_1'(0)\mathrm{e}^{-\mu} \\ -\tau F_2'(0) & \mu+\tau a_2 & 0 & \cdots & 0 & 0 \\ 0 & -\tau F_3'(0) & \mu+\tau a_3 & \cdots & 0 & 0 \\ 0 & 0 & -F_4'(0) & \cdots & 0 & 0 \\ \vdots & \vdots & \vdots & & \vdots & \vdots \\ 0 & 0 & 0 & \cdots & -\tau F_n'(0) & \mu+\tau a_n \end{pmatrix} = 0,$$

即

$$\mu^n + \sum_{i=1}^{n} \tau a_i \mu^{n-1} + \sum_{1\leqslant i<j\leqslant n} \tau^2 a_i a_j \mu^{n-2} + \sum_{1\leqslant i<j\leqslant n} \tau^3 a_i a_j a_k \mu^{n-3} + \cdots$$

$$+ \sum_{1\leqslant i<j<k<\cdots<L\leqslant n} \tau^{n-1} a_i a_j a_{k\cdots a_l} \mu + \tau^n \left[a_1 a_2 \cdots a_n - \prod_{i=1}^{n} F_i'(0)\mathrm{e}^{-\mu}\right] = 0.$$

记

$$A_1 = \sum_{i=1}^{n} a_i, \quad A_2 = \sum_{1\leqslant i<j\leqslant n} a_i a_j, \quad A_3 = \sum_{1\leqslant i<j<k\leqslant n} a_i a_j a_k, \cdots,$$

$$A_{n-1} = \sum_{1\leqslant i<j<k<\cdots<l\leqslant n} a_i a_j a_k \cdots a_l, \quad A_n = a_1 a_2 \cdots a_n,$$

那么

$$d(\mu,\tau) = \mu^n + \tau A_1 \mu^{n-1} + \tau^2 A_2 \mu^{n-2} + \tau^3 A_3 \mu^{n-2} + \cdots + \tau^n \left[A_n - \prod_{i=0}^{n} F_i'(0)\mathrm{e}^{-\mu}\right] = 0.$$

假设条件:

(H_4) 对所有 τ^* 邻域内 τ, $d(\mu,\tau)=0$, 有一对简单复共轭根 $\mu_{1,2}(\tau) = \eta(\tau) \pm \mathrm{i}\omega(\tau)$, 同时其他根都有严格负实部.

(H_5) 对 $\tau = \tau^*$, 有 $\eta(\tau^*) = 0, \omega(\tau^*) = \omega_0 \neq 0, \eta'(\tau^*) > 0$.

这就保证系统 (5.4.1) 在 $\tau = \tau^*$ 有一个 Hopf 分支.

令

$$A=\tau\begin{pmatrix} -a_1 & 0 & 0 & \cdots & 0 & 0 \\ F_2'(0) & -a_2 & 0 & \cdots & 0 & 0 \\ 0 & F_3'(0) & -a_3 & \cdots & 0 & 0 \\ 0 & 0 & F_4'(0) & \cdots & 0 & 0 \\ \vdots & \vdots & \vdots & & \vdots & \vdots \\ 0 & 0 & 0 & \cdots & F_n'(0) & -a_n \end{pmatrix},$$

$$B=\tau\begin{pmatrix} 0 & 0 & 0 & \cdots & 0 & F_1'(0) \\ 0 & 0 & 0 & \cdots & 0 & 0 \\ 0 & 0 & 0 & \cdots & 0 & 0 \\ 0 & 0 & 0 & \cdots & 0 & 0 \\ \vdots & \vdots & \vdots & & \vdots & \vdots \\ 0 & 0 & 0 & \cdots & 0 & 0 \end{pmatrix},$$

$$N=\tau\begin{pmatrix} \frac{1}{2}F_1''(0)\,x_1^2(t-1)+\frac{1}{6}F'''(0)\,x_1^3(t-1)+\cdots \\ \frac{1}{2}F_2''(0)\,x_2^2(t)+\frac{1}{6}F_2'''(0)\,x_2^3(t)+\cdots \\ \frac{1}{2}F_3''(0)\,x_3^2(t)+\frac{1}{6}F_3'''(0)\,x_3^3(t)+\cdots \\ \vdots \\ \frac{1}{2}F_n''(0)\,x_n^2(t)+\frac{1}{6}F_n'''(0)\,x_n^3(t)+\cdots \end{pmatrix},\quad X=(x_1,x_2,x_3,\cdots,x_n)^{\mathrm{T}}.$$

系统 (5.4.1) 可以写为

$$\dot{X}=AX(t)+BX(t-1)+N(X(t),X(t-1)).$$

利用 Euler 法 $\left(h=\dfrac{1}{m},m\in\mathbb{Z}_+\right)$ 得

$$X_{n+1}=X_n+\tau h\left[AX_n+BX_{n-m}+N(X_n,X_{n-m})\right]. \tag{5.4.3}$$

令 $Y_n=\left(X_n^{\mathrm{T}},X_{n-1}^{\mathrm{T}},\cdots,X_{n-m}^{\mathrm{T}}\right)^{\mathrm{T}}$, 则方程 (5.4.3) 可以写为

$$Y_{n+1}=F(Y_n,\tau), \tag{5.4.4}$$

其中

$$F=\left(F_0^{\mathrm{T}},F_1^{\mathrm{T}},\cdots,F_m^{\mathrm{T}}\right)^{\mathrm{T}},$$

$$F_k = \begin{cases} X_n + \tau h\left[AX_n + BX_{n-m} + N\left(X_n, X_{n-m}\right)\right], & k = 0 \\ X_{n-k}, & 1 \leqslant k \leqslant m. \end{cases}$$

方程 (5.4.4) 线性部分是

$$Y_{n+1} = \hat{A}\left(\tau\right) Y_n, \tag{5.4.5}$$

$$\hat{A}\left(\tau\right) = \begin{bmatrix} I + h\tau A & O & \cdots & O & h\tau B \\ I & O & \cdots & O & O \\ O & I & \cdots & O & O \\ \vdots & \vdots & & \vdots & \vdots \\ O & O & \cdots & I & O \end{bmatrix},$$

I 是 $n \times n$ 单位阵.

方程 (5.4.5) 的特征方程是

$$\begin{aligned} &\det\left[z^m\left(\left(z-1\right)I - h\tau A\left(\tau\right)\right) - h\tau B\left(\tau\right)\right] \\ &= \left(z-1\right)^n + \tau A_1 h\left(z-1\right)^{n-1} + \tau^2 A_2 h^2\left(z-1\right)^{n-2} \\ &\quad + \cdots + \tau^n\left[A_n h^n - \prod_{i=1}^{n} F_i'\left(0\right) z^{-m} h^n\right] = 0. \end{aligned} \tag{5.4.6}$$

考虑

$$\begin{aligned} D\left(\mu, \tau, h\right) &= \det\left[\left(g\left(\mu h\right) I - \tau A\left(\tau\right)\right) - \tau B\left(\tau\right) \mathrm{e}^{-\mu}\right] \\ &= \left(\mu g\left(\mu h\right)\right)^n + \tau A_1\left(\mu g\left(\mu h\right)\right)^{n-1} + \tau^2 A_2\left(\mu g\left(\mu h\right)\right)^{n-2} \\ &\quad + \cdots + \tau^n\left[A_n h^n - \prod_{i=1}^{n} F_i'\left(0\right) \mathrm{e}^{-\mu} h^n\right] = 0, \end{aligned} \tag{5.4.7}$$

其中 $g\left(x\right) = \dfrac{\mathrm{e}^x - 1}{x}$.

引理 5.4.1 令方程 (5.4.1) 满足条件 (H_4), (H_5) 且 $D_\mu\left(\mathrm{i}\omega_0, \tau_*, 0\right) \neq 0$, 那么方程 (5.4.7) 满足:

(i) $D\left(\mu, \tau, h\right) = 0$ 有一对复共轭根 $\mu_{1,2} = \eta\left(\tau, h\right) \pm \mathrm{i}\omega\left(\tau, h\right)$.

(ii) 存在 $\tau_h = \tau_* + O\left(h\right)$, 使得 $\eta\left(\tau_h, h\right) = 0, \omega\left(\tau_h, h\right) = \omega_h \neq 0$, $\eta'\left(\tau_h, h\right) > 0$.

(iii) 存在 $r > 0$ 与 τ, h 无关, 使得如果对所有 $\left(\tau, h\right) \in N\left(\tau_*, 0\right)$, $h = \dfrac{1}{m}, m \in \mathbb{Z}^+$,

那么 $D\left(\mu, \tau, h\right) = 0 \Rightarrow \begin{cases} \mu = \eta\left(\tau, h\right) \pm \mathrm{i}\omega\left(\tau, h\right) + \mathrm{i}2km\pi \\ \mathrm{Re}\mu < -r, \end{cases}$

这里 $N\left(\tau_{*,0}\right)$ 是 τ_* 的邻域.

证明 (1) $\lim\limits_{h \to 0} D\left(\mu, \tau, h\right) = d\left(\mu, \tau\right)$, 定义 $D\left(\mu, \tau, 0\right) = d\left(\mu, \tau\right)$, 则

$$D\left(\mathrm{i}\omega_0,\tau_*,0\right)=d\left(\mathrm{i}\omega_0,\tau_*\right).$$

(2) 在 $(\mathrm{i}\omega_0,\tau_*,0)$, 由于 $D_\mu\left(\mathrm{i}\omega_0,\tau_*,0\right)\neq 0$, 由隐函数定理, 存在 $(\tau_*,0)$ 的邻域 $\eta\left(\tau,h\right),\omega\left(\tau,h\right)$; 使得 $\mu_{1,2}=\eta\left(\tau,h\right)\pm\mathrm{i}\omega\left(\tau,h\right),\eta\left(\tau_*,0\right)=0,\omega\left(\tau_*,0\right)=\omega_0\neq 0$.

(3) 由于 $\eta\left(\tau_*,0\right)=0,\eta'\left(\tau_*,0\right)>0$, 存在 $\tau_h=\tau_*+O\left(h\right)$ 使得

$$\eta(\tau_h,h)=0,\quad \omega(\tau_h,h)\neq 0,\quad \eta'(\tau_h,h)>0.$$

(4) 如果 $D\left(\mu,\tau,h\right)=0$, 那么 $D\left(\overline{\mu},\tau,h\right)=0$. 如果 $h=\dfrac{1}{m}$, 其中 m 是正整数, 那么对 $D\left(\mu,\tau,h\right)=0$, 有 $D(\mu+\mathrm{i}2km\pi,\tau,h)=0$. 结论 (iii) 等价于：如果对正的 $r,D\left(\mu,\tau,\dfrac{1}{m}\right)=0,\mathrm{Re}\mu\geqslant -r,0\leqslant\mathrm{Im}\mu\leqslant m\pi$, 那么 $\mu=\eta\left(\tau,\dfrac{1}{m}\right)\pm\mathrm{i}\omega\left(\tau,\dfrac{1}{m}\right)$, 这里 η 和 ω 同上面的定义. 令 μ_m,τ_m,h_m 使得 $D\left(\mu_m,\tau_m,h_m\right)=0,(\tau_m,h_m)\in N\left(\tau_*,0\right),\lim\limits_{m\to\infty}h_m=0$.

下面证明 μ_m 一致有界. 由 $g\left(x\right)$ 性质, 存在 $\varepsilon>0$, 使得 $\left|g\left(\mu_m h_m\right)\right|>\varepsilon$,

$$\begin{aligned}&\left|(\mu g\left(\mu h\right))\right|\\=&\frac{\left|\tau A_1\left(\mu g\left(\mu h\right)\right)^{n-1}+\tau^2A_2\left(\mu g\left(\mu h\right)\right)^{n-2}+\cdots+\tau^n\left[A_n-\prod\limits_{i-1}^{n}F_i'\left(0\right)\left(\mathrm{e}^{(-\mu h)}\right)^m\right]\right|}{\left|\left(\mu g\left(\mu h\right)\right)^{n-1}\right|}\\=&\left|\tau A_1+\tau^2A_2\frac{1}{\mu G\left(\mu h\right)}+\tau^3A_3\frac{1}{\left(\mu g\left(\mu h\right)\right)^2}+\cdots+\tau^n\left[A_n-\prod_{i=1}^{n}F_i'\left(0\right)\right]\mathrm{e}^{-\mu}\frac{1}{\left(\mu g\left(\mu h\right)\right)^{n-1}}\right|\end{aligned}$$

对 $\left(\tau_m,h_m\right)\in N\left(\tau_*,0\right),\mathrm{Re}\mu\geqslant -r$,

$$\left|(\mu g\left(\mu h\right))\right|\leqslant\left|2\psi_*A_1\right|+\frac{\left(2\tau_*\right)^2A_2}{\left|\mu g\left(\mu h\right)\right|}+\frac{\left(2\tau_*\right)^3A_3}{\left|\mu g\left(\mu h\right)^2\right|}+\cdots+\frac{\left|\left(2\tau_*\right)^{nA_n}\right|+\left|\prod\limits_{i=1}^{n}F_i'\left(0\right)\right|\mathrm{e}^r}{\left|\left(\mu g\left(\mu h\right)\right)^{n-1}\right|}.$$

令 $M>0$ 使得 $|\mu|>M$, 则有

$$\left|(\mu g\left(\mu h\right))\right|\leqslant\left|2\tau_*A_1\right|+\frac{2\left(\tau_*\right)^2A_2^2}{M\varepsilon}+\frac{\left(2\tau_*\right)^3A_3}{M\varepsilon^3}+\cdots+\frac{\left|\left(2\tau_*\right)^nA_n\right|+\left|\prod\limits_{i=1}^{n}F_i'\left(0\right)\right|\mathrm{e}^r}{M\varepsilon^{n-1}}=\tilde{M}.$$

令 $\hat{M}=\max\left\{M,\tilde{M}\right\}$, 那么 $\left|\mu_m\right|\leqslant\hat{M}\dfrac{1}{\varepsilon}$.

当 $m_j\to\infty$, 存在 m_j, 使得 $\mu_{mj}\to\mu_0,\tau_{mj}\to\tau_0,h_{mj}\to 0$, 且 $D\left(\mu_0,\tau_0,0\right)=0$, 由 $D\left(\mu,\tau,h\right)$ 连续性, 有 $\mu_0=\mathrm{i}\omega_0,\tau_*=\tau_0$. 故

$$D(\mu,\tau,h)=0\Rightarrow\begin{cases}\mu=\eta(\tau,h)\pm\mathrm{i}\omega(\tau,h)+\mathrm{i}2km\pi,\\ \mathrm{Re}\mu<-r.\end{cases}$$

引理 5.4.2 如果 $h=\dfrac{1}{m}$, 那么 μ 是方程 $D(\mu,\tau,h)=0$ 的根当且仅当 $\mathrm{e}^{\frac{\mu}{m}}$ 是方程 (5.4.6) 的根.

证明

$$\begin{aligned}d_m(z,m,\tau)=&(z-1)^n+A_1h(z-1)^{n-1}+A_2h^2(z-1)^{n-2}+\cdots\\&+A_nh^n-\prod_{i=1}^{n}F_i'(0)\,z^{-m}h^n=0.\end{aligned}$$

将 $z=\mathrm{e}^{\frac{\mu}{m}}$ 代入方程得

$$\begin{aligned}&d_m\left(\mathrm{e}^{\frac{\mu}{m}},m,\tau\right)\\&=(\mu g(\mu h))^n+\tau A_1(\mu g(\mu h))^{n-1}+\tau^2A_2(\mu g(\mu h))^{n-2}+\cdots\\&\quad+\tau^n\left[A_nh^n-\prod_{i=1}^{n}F_i'(0)\,\mathrm{e}^{-\mu}h^n\right]\\&=0.\end{aligned}$$

定理 5.4.3 如果系统 (5.4.1) 在 $\tau=\tau_*$ 有一个 Hopf 分支点, 那么, 只要步长 h 充分小, 差分方程 (5.4.3) 在 $\tau_h=\tau_*+O(h)$ 也有一个 Hopf 分支点.

证明 (1) 假设在 $\tau=\tau_*, d(\mu,\tau)=0$ 有一对简单复共轭根 $\mu=\pm\mathrm{i}\omega_0$, 同时其他根都有负实部. 根据引理 5.4.2 知, 当 $\tau_h=\tau_*+O(h)\left(h=\dfrac{1}{m}\right)$ 时方程 (5.4.7) 有一对简单复共轭根 $z=\mathrm{e}^{\pm\frac{\mathrm{i}\omega_h}{m}}$ 满足 $|z|=1$, 同时其他根模小于 1.

(2) 对 $z=\mathrm{e}^{h\mu}, h=\dfrac{1}{m}$, 有

$$\frac{\mathrm{d}|z|^2}{\mathrm{d}\tau}=z\frac{\mathrm{d}\bar z}{\mathrm{d}\tau}+\bar z\frac{\mathrm{d}z}{\mathrm{d}\tau}=\mathrm{e}^{h\mu}\mathrm{e}^{h\bar\mu}\frac{\mathrm{d}\bar\mu}{\mathrm{d}\tau}+\mathrm{e}^{h\bar\mu}\mathrm{e}^{h\mu}\frac{\mathrm{d}\mu}{\mathrm{d}\tau}=2\mathrm{e}^{h\mu}\mathrm{e}^{h\bar\mu}\frac{\mathrm{d}\eta(\tau,h)}{\mathrm{d}\tau}.$$

但 $\left.\dfrac{\mathrm{d}\eta(\tau,h)}{\mathrm{d}\tau}\right|_{\tau=\tau_h}>0$, 所以 $\left.\dfrac{\mathrm{d}|z|}{\mathrm{d}\tau}\right|_{\tau=\tau_h}>0$.

(3) 对 $k=1,2,3,4,\dfrac{\omega_h}{m}=h\omega_0+O\left(h^2\right),\mathrm{e}^{k\frac{\mathrm{i}\omega_h}{m}}\neq0$.

定理得证.

5.5 神经网络模型 Hopf 分支周期解的方向与稳定性

假定 $F_i\,(i=1,2,\cdots,n)$ 满足假设 (H_1), 且 $F_i\in C^3\,(i=1,2,\cdots,n)$, 那么方程 (5.4.1) 写为

$$
\begin{cases}
\dot{x}_1(t) = \tau\left[-a_1x_1(t) + F_1'(0)x_n(t-1) + \dfrac{1}{2}F_1''\left(x_n^2(t-1)\right)\right.\\
\qquad\left. + \dfrac{1}{6}F_1'''\left(x_n^3(t-1) + O\left(x_n^4\right)\right)\right],\\
\dot{x}_2(t) = \tau\left[-a_2x_2(t) + F_2'(0)x_1(t) + \dfrac{1}{2}F_2''(0)x_1^2(t)\right.\\
\qquad\left. + \dfrac{1}{6}F_2'''(0)x_1^3(t) + O\left(x_1^1\right)\right],\\
\cdots\cdots\\
\dot{x}_n(t) = \tau\left[-a_nx_n(t) + F_n'(0)x_{n-1}(t) + \dfrac{1}{2}F_n''(0)x_{n-1}^2(t-1)\right.\\
\qquad\left. + \dfrac{1}{6}F_n'''(0)x_{n-1}^3(t) + O\left(x_{n-1}^4\right)\right].
\end{cases}
\tag{5.5.1}
$$

令 $\tau = \tau_* + \nu$, 那么 $\nu = \nu_0 = 0$ 是方程 (5.5.1) 的 Hopf 分支值. 对 $\phi \in C$, 令

$$L_\nu\phi = B\phi(0) + C\phi(-1),$$

其中

$$
B = \tau_*\begin{pmatrix}
-a_1 & 0 & 0 & \cdots & 0 & 0\\
F_2'(0) & -a_2 & 0 & \cdots & 0 & 0\\
0 & F_3'(0) & -a_3 & \cdots & 0 & 0\\
\vdots & \vdots & \vdots & & \vdots & \vdots\\
0 & 0 & 0 & \cdots & F_n'(0) & -a_n
\end{pmatrix},
$$

$$
C = \tau_*\begin{pmatrix}
0 & 0 & 0 & \cdots & 0 & F_1'(0)\\
0 & 0 & 0 & \cdots & 0 & 0\\
0 & 0 & 0 & \cdots & 0 & 0\\
0 & 0 & 0 & \cdots & 0 & 0\\
\vdots & \vdots & \vdots & & \vdots & \vdots\\
0 & 0 & 0 & \cdots & 0 & 0
\end{pmatrix},
$$

并且

$$
\tilde{F}(\nu,\phi) = \begin{cases}
\tau_*\left[\dfrac{1}{2}F_1''\left(\phi_n^2(-1) + \dfrac{1}{6}F_1'''(0)\phi_n^3(-1)\right) + O\left(|\phi|^4\right)\right],\\
\tau_*\left[\dfrac{1}{2}F_2''(0)\phi_1^2(0) + \dfrac{1}{6}F_2'''(0)\phi_1^3(0) + O\left(|\phi|^4\right)\right],\\
\cdots\cdots\\
\tau_*\left[\dfrac{1}{2}F_n''(0)\phi_{n-1}^2(0) + \dfrac{1}{6}F_n'''(0)\phi_{n-1}^3(0) + O\left(|\phi|^4\right)\right].
\end{cases}
$$

由 Riesz 表示定理, 存在分量为有界变差函数的矩阵

$$\eta(\theta,\nu) : [-1,0] \to \mathbb{R}^2,$$

使得

$$l_\nu \phi = \int_{-1}^{0} \mathrm{d}\eta(\theta,\nu)\phi(\theta).$$

事实上,

$$\eta(\theta,\nu) = \begin{cases} -C, & \theta = -1, \\ O, & \theta \in (-1,0), \\ B, & \theta = 0. \end{cases}$$

对 $\phi \in C^1([-1,0],\mathbb{R}^2)$, 定义

$$A(\nu)\phi = \begin{cases} \dfrac{\mathrm{d}\phi(\theta)}{\mathrm{d}\theta}, & \theta \in [-1,0), \\ \displaystyle\int_{-1}^{0} \mathrm{d}\eta(t,\nu)\phi(t), & \theta = 0, \end{cases}$$

$$R(\nu)\phi = \begin{cases} O, & \theta \in [-1,0], \\ \tilde{F}(\nu,\phi), & \theta = 0. \end{cases}$$

将方程 (5.5.1) 重写为

$$\dot{u}_t = A(\nu)u_t + R(\nu)u_t, \tag{5.5.2}$$

这里

$$u = (u_1, u_2, \cdots, u_n)^{\mathrm{T}}, \quad u_t = u(t+\theta), \quad \theta \in [-1,0).$$

对 $\psi \in C^1[0,1]$, 定义

$$A^*\psi(s) = \begin{cases} -\dfrac{\mathrm{d}\psi(s)}{\mathrm{d}s}, & s \in (0,1], \\ \displaystyle\int_{1}^{0} \mathrm{d}\eta(t,\nu_0)\psi(-t), & s = 0. \end{cases}$$

对 $\phi \in C([-\tau,0),C^2)$ 和 $\psi \in C\left([0,1],(C^2)^*\right)$, 定义双线性形

$$\langle\psi,\phi\rangle = \bar{\psi}(0)\phi(0) - \int_{\theta=1}^{0}\int_{\xi=0}^{\theta} \bar{\psi}(\xi-\theta)\mathrm{d}\eta(\theta)\phi(\xi)\,\mathrm{d}\xi,$$

其中 $\eta(\theta) = \eta(\theta,\nu_0)$, 那么 $A = A(\nu_0)$ 和 A^* 是共轭算子. 计算得

$$q(\theta) = q_0 \mathrm{e}^{\mathrm{i}\omega\tau_*\theta}, \quad q^*(s) = q_0^* \mathrm{e}^{\mathrm{i}\omega\tau_* s},$$

并且

$$q_0=\begin{pmatrix}1\\ \dfrac{F_2'(0)}{a_2+\mathrm{i}\omega_0}\\ \dfrac{F_3'(0)F_2'(0)}{(a_3+\mathrm{i}\omega_0)(a_2+\mathrm{i}\omega_0)}\\ \vdots\\ \dfrac{F_n'(0)\cdots F_3'(0)F_2'(0)}{(a_n+\mathrm{i}\omega_0)\cdots(a_3+\mathrm{i}\omega_0)(a_2+\mathrm{i}\omega_0)}\end{pmatrix},$$

是 A 关于特征值 $\mathrm{i}\omega_0\tau_*$ 的特征向量,

$$q_0^*=\bar{K}\begin{pmatrix}1\\ \dfrac{a_1-\mathrm{i}\omega_0}{F_2'(0)}\\ \dfrac{(a_2-\mathrm{i}\omega_0)(a_1-\mathrm{i}\omega_0)}{F_3'(0)F_2'(0)}\\ \vdots\\ \dfrac{(a_{n-1}-\mathrm{i}\omega_0)\cdots(a_2-\mathrm{i}\omega_0)(a_1-\mathrm{i}\omega_0)}{F_n'(0)\cdots F_3'(0)F_2'(0)}\end{pmatrix}^{\mathrm{T}}$$

是 A^* 关于特征值 $-\mathrm{i}\omega_0\tau_*$ 的特征向量, 且 $\langle q^*,q\rangle=1,\langle q^*,\bar{q}\rangle=0$,

$$K=\left[(a_1+\mathrm{i}\omega_0)\left[\sum_{i=1}^{n}\frac{1}{a_i+i\omega_0}+\tau_*\right]\right]^{-1}$$

令 u_t 是当 $\tau=\tau_*$ 时方程的解, 定义

$$z(t)=\langle q^*,u_t\rangle,\quad W(t,\theta)=u_t(\theta)-2\mathrm{Re}\{z(t)q(\theta)\}.$$

在 C_0 上, 有 $W(t,\theta)=W(z(t),\bar{z}(t),\theta)$,

$$W(z,\bar{z},\theta)=W_{20}(\theta)\frac{z^2}{2}+W_{11}(\theta)z\bar{z}+W_{02}(\theta)\frac{z^2}{2}+W_{30}\frac{z^3}{6}+\cdots,$$

z 和 $\bar{z}$ 是中心流形 C_0 上 q^* 与 $\bar{q}^*$ 方向的坐标. 由于 $\tau=\tau_*$, 则

$$\begin{aligned}z&=\mathrm{i}\omega_0z+\left\langle q^*(\theta),\tilde{F}(W+2\mathrm{Re}\{z(t)q(\theta)\})\right\rangle\\&=\mathrm{i}\omega_0z+\bar{q}^*(0)\tilde{F}(W(z,\bar{z},0)+2\mathrm{Re}\{z(t)q(0)\})\\&\underline{\underline{\mathrm{def}}}\ \mathrm{i}\omega_0z+\bar{q}*(0)\tilde{F}_0(z,\bar{z}),\end{aligned}$$

即

$$\dot{z}(t) = \mathrm{i}\omega_0 z(t) + g(z, \bar{z}) \tag{5.5.3}$$

这里

$$\begin{aligned} g(z, \bar{z}) &= \bar{q}^*(0) \tilde{F}(W(z, \bar{z}, 0) + 2\mathrm{Re}\{z(t) q(0)\}) \\ &= g_{20}\frac{z^2}{2} + g_{11} z\bar{z} + g_{02}\frac{\bar{z}^2}{2} + g_{21}\frac{z^2\bar{z}}{2} + \cdots . \end{aligned} \tag{5.5.4}$$

由方程 (5.5.2) 和方程 (5.5.3) 知

$$\begin{aligned} \dot{W} = \dot{u}_t - \dot{z}\bar{q} - \dot{\bar{z}}\bar{q} &= \begin{cases} AW - 2\mathrm{Re}\left\{\bar{q}^*(0) \tilde{F}_0 q(\theta)\right\}, & \theta \in [-\tau, 0), \\ AW - 2\mathrm{Re}\left\{\bar{q}^*(0) \tilde{F}_0 q(\theta)\right\} + \tilde{F}_0, & \theta = 0, \end{cases} \\ &\underline{\underline{\mathrm{def}}}\ AW + H(z, \bar{z}, \theta), \\ H(z, \bar{z}, \theta) &= H_{20}(\theta)\frac{z^2}{2} + H_{11}(\theta) z\bar{z} + H_{02}(\theta)\frac{\bar{z}^2}{2} + \cdots . \end{aligned}$$

比较参数得

$$\begin{aligned} &(A - 2\mathrm{i}\omega_0) W_{20}(\theta) = -H_{20}(\theta), \\ &AW_{11}(\theta) = -H_{11}(\theta). \\ &\cdots\cdots \end{aligned}$$

令

$$\begin{aligned} W^{(1)}(t, 0) &= W_{20}^{(1)}(0)\frac{z^2}{2} + W_{11}^{(1)}(0) z\bar{z} + W_{02}^{(1)}(0)\frac{\bar{z}^2}{2} + \cdots , \\ W^{(2)}(t, -\tau) &= W_{20}^{(2)}(-\tau)\frac{z^2}{2} + W_{11}^{(2)}(-\tau) z\bar{z} + W_{02}^{(2)}(-\tau)\frac{\bar{z}^2}{2} + \cdots , \end{aligned}$$

$$\begin{aligned} &\tilde{F}_0(v, W + zq + \overline{zq}) \\ =\tau_* &\begin{pmatrix} \frac{1}{2}F_1''(0)\left[q_n^2 \mathrm{e}^{-2\mathrm{i}\omega_0\tau_*} z^2 + 2q_n\bar{q}_n z\tilde{z} + \bar{q}_n^2 \mathrm{e}^{2\mathrm{i}\omega_0\tau_*}\bar{z}^2\right] \\ + \left[\frac{1}{2}F_1''(0)\left(W_{20}^n(-1)\bar{q}_n \mathrm{e}^{\mathrm{i}\omega_0\tau_*} + 2W_{11}^n(-1) q_n \mathrm{e}^{-\mathrm{i}\omega_0\tau_*}\right)\right. \\ \left. + \frac{1}{3}F_1'''(0) q_n^2\bar{q}_n \mathrm{e}^{-\mathrm{i}\omega_0\tau_*}\right] z^2\bar{z} + \cdots \\ \frac{1}{2}F_2''(0)\left[q_1^2 z^2 + 2q_1\bar{q}_1 z\bar{z} + \bar{q}_1\bar{z}^2\right] \\ + \left[\frac{1}{2}F_2''(0)\left(W_{20}^1(0)\bar{q}_1 + 2W_{11}^1(0) q_1\right) + \frac{1}{3}F_1'''(0) q_1^2\bar{q}_1\right] z^2\bar{z}\cdots \\ \frac{1}{2}F_n''(0)\left[q_{n-1}^2 z^2 + 2q_{n-1}\bar{q}_{n-1} z\tilde{z} + \bar{q}_{n-1}^2\bar{z}^2\right] \\ + \left[\frac{1}{2}F_n''(0)\left(W_{20}^{n-1}(0)\bar{q}_{n-1} + 2W_{11}^{n-1}(0) q_{n-1}\right) + \frac{1}{3}F_1'''(0) q_{n-1}^2\tilde{q}_{n-1}\right] z^2\bar{z} + \cdots \end{pmatrix} \end{aligned}$$

与方程 (5.5.4) 比较参数, 有

$$
\begin{aligned}
g_{20}=&\tau_*\left(a_1+\mathrm{i}\omega_0\right)K\left[\frac{F_1''(0)}{F_1'(0)}M\mathrm{e}^{-2\mathrm{i}w_0\tau_*}q_n+\frac{F_2''(0)}{F_2'(0)}q_1+\frac{F_3''(0)}{F_3'(0)}q_2+\cdots+\frac{F_n''(0)}{F_n'(0)}q_{n-1}\right],\\
g_{11}=&\tau_*\left(a_1+\mathrm{i}\omega_0\right)K\left[\frac{F_1''(0)}{F_1'(0)}M\bar{q}_n+\frac{F_2''(0)}{F_2'(0)}\bar{q}_1+\frac{F_3''(0)}{F_3'(0)}\bar{q}_2+\cdots+\frac{F_n''(0)}{F_n'(0)}\bar{q}_{n-1}\right],\\
g_{02}=&\tau_*\left(a_1+\mathrm{i}\omega_0\right)K\left[\frac{F_1''(0)}{F_1'(0)}\bar{M}\bar{q}_n+\frac{F_2''(0)}{F_2'(0)}\frac{a_1+\mathrm{i}\omega_0}{a_1-\mathrm{i}\omega_0}+\frac{F_3''(0)}{F_3'(0)}\frac{(a_1+i\omega_0)(a_2+\mathrm{i}\omega_0)}{(a_1-\mathrm{i}\omega_0)(a_2-i\omega_0)}\right.\\
&\left.+\cdots+\frac{F_n''(0)}{F_n'(0)}\prod_{j=1}^{n-1}\frac{a_j+\mathrm{i}\omega_0}{a_j-\mathrm{i}\omega_0}\right],\\
g_{21}=&\tau_*\left(a_1-\mathrm{i}\omega_0\right)K\left[W_{20}^n(-1)\frac{F_1''(0)}{F_1'(0)}\bar{M}\mathrm{e}^{2\mathrm{i}\omega_0\tau_*}q_n+W_{20}^1(0)\frac{F_2''(0)}{F_2'(0)}\frac{a_1+\mathrm{i}\omega_0}{a_1-\mathrm{i}\omega_0}\right.\\
&\left.+W_{20}^2(0)\frac{F_3''(0)}{F_3'(0)}\frac{(a_1+\mathrm{i}\omega_0)(a_2+\mathrm{i}\omega_0)}{(a_1-\mathrm{i}\omega_0)(a_2-\mathrm{i}\omega_0)}+\cdots+W_{20}^{n-1}(0)\frac{F_n''(0)}{F_n'(0)}\prod_{j=1}^{n-1}\frac{a_j+\mathrm{i}\omega_0}{a_j-\mathrm{i}\omega_0}\right]\\
&+2\tau_*K\left(a_1+\mathrm{i}\omega_0\right)\left[W_{11}^n(-1)\frac{F_1''(0)}{F_1'(0)}M\mathrm{e}^{-\mathrm{i}\omega_0\tau_*}q_n+W_{11}^1(0)\frac{F_2''(0)}{F_2'(0)}\right.\\
&\left.+W_{11}^2(0)\frac{F_3''(0)}{F_3'(0)}+\cdots+W_{11}^{n-1}(0)\frac{F_n''(0)}{F_n'(0)}\right]\\
&+\tau_*K(a_1+\mathrm{i}\omega_0)\left[\frac{F_1'''(0)}{F_1'(0)}|q|_n^3+\frac{F_2'''(0)}{F_2'(0)}|q|_1^3+\frac{F_3'''(0)}{F_3'(0)}q_2^3\right.\\
&\left.+\cdots+\frac{F_n'''(0)}{F_n'(0)}|q|_{n-1}^3\right],
\end{aligned}
$$

其中 $M=\prod_{j=1}^{n-1}\dfrac{F_j'(0)}{a_j+\mathrm{i}\omega_0}$. 我们还需要计算 $W_{20}(\theta)$ 和 $W_{11}(\theta)$.

对 $\theta\in[-1,0]$, 有

$$
\begin{aligned}
H\left(z,\overline{z},\theta\right)&=2\mathrm{Re}\left\{\overline{q}^*(0)\tilde{F}_0q(\theta)\right\}\\
&=-gq(\theta)-\overline{gq}(\theta)\\
&=-\left(g_{20}\frac{z^2}{2}+g_{11}z\overline{z}+g_{02}\frac{z^2}{2}+\cdots\right)q(\theta)\\
&\quad-\left(\overline{g}_{20}\frac{z^2}{2}+\overline{g}_{11}z\overline{z}+\overline{g}_{02}\frac{z^2}{2}+\cdots\right)\overline{q}(\theta).
\end{aligned}
$$

计算得

$$
H_{20}(\theta)=-g_{20}q(\theta)-\overline{g}(\theta),
$$

$$
H_{11}(\theta)=-g_{11}q(\theta)-\overline{g}_{11}\overline{q}(\theta).
$$

由 W 的定义有

$$\dot{W}_{20}(\theta)=2\mathrm{i}\omega_0 W_{20}(\theta)+g_{20}q(0)\,\mathrm{e}^{\mathrm{i}\omega_0\theta}+\overline{g}_{02}\overline{q}(0)\,\mathrm{e}^{-\mathrm{i}\omega_0\theta},$$

解得

$$W_{20}(\theta)=-\frac{g_{20}}{\mathrm{i}\omega_0}q(0)\,\mathrm{e}^{\mathrm{i}\omega_0\theta}-\frac{\overline{g}_{20}}{3\mathrm{i}\omega_0}\overline{q}(0)\,\mathrm{e}^{-\mathrm{i}\omega_0\theta}+E_1\mathrm{e}^{2\mathrm{i}\omega_0\theta}.$$

类似地有

$$W_{11}(\theta)=\frac{g_{11}}{\mathrm{i}\omega_0}q(0)\,\mathrm{e}^{\mathrm{i}\omega_0\theta}-\frac{\overline{g}_{11}}{\mathrm{i}\omega_0}\overline{q}(0)\,\mathrm{e}^{-\mathrm{i}\omega_0\theta}+E_2,$$

这里 E_1E_2 是 n 维向量. 由

$$H(z,\overline{z},0)=-2\mathrm{Re}\left\{\overline{q}^*(0)\,\tilde{F}_0q(0)\right\}+\tilde{F}_0,$$

有

$$H_{20}=-g_{20}q(0)-\overline{g}_{20}\overline{q}(0)+\tau_*\begin{pmatrix}F_1''(0)\,q_n^2\mathrm{e}^{-2\mathrm{i}\omega_0\tau_*}\\ F_2''(0)\,q_1^2\\ F_3''(0)\,q_2^2\\ \vdots\\ F_n''(0)\,q_{n-1}^2\end{pmatrix},$$

$$H_{11}=-g_{11}q(0)-\overline{g}_{11}\overline{q}(0)\begin{pmatrix}F_1''(0)\,q_n\overline{q}_n\\ F_2''(0)\,q_1\overline{q}_1\\ F_3''(0)\,q_2\overline{q}_2\\ \vdots\\ F_n''(0)\,q_{n-1}\overline{q}_{n-1}\end{pmatrix},$$

得

$$\begin{pmatrix}2\mathrm{i}\omega_0\tau_*+a_1 & 0 & 0 & \cdots & -F_1'(0)\,\mathrm{e}^{-2\mathrm{i}\omega_0\tau_*}\\ -F_2'(0) & 2\mathrm{i}\omega_0\tau_*+a_3 & 0 & \cdots & 0\\ 0 & -F_3'(0) & 2\mathrm{i}\omega_0\tau_*+a_3 & \cdots & 0\\ 0 & 0 & -F_4'(0) & \cdots & 0\\ \vdots & \vdots & \vdots & & \vdots\\ 0 & 0 & 0 & \cdots & 2\mathrm{i}\omega_0\tau_*+a_n\end{pmatrix}$$

$$E_1=\begin{pmatrix}F_1''(0)\,q_n^2\mathrm{e}^{-2\mathrm{i}\omega_0\tau_*}\\ F_2''(0)\,q_1^2\\ F_3''(0)\,q_2^2\\ \vdots\\ F_n''(0)\,q_{n-1}^2\end{pmatrix}.$$

$$\begin{pmatrix} a_1 & 0 & 0 & \cdots & -F_1'(0) \\ -F_2'(0) & a_2 & 0 & \cdots & 0 \\ 0 & -F_3'(0) & a_3 & \cdots & 0 \\ 0 & 0 & -F_4'(0) & \cdots & 0 \\ \vdots & \vdots & \vdots & & \vdots \\ 0 & 0 & 0 & \cdots & a_n \end{pmatrix} E_2 = \begin{pmatrix} F_1''(0)\, q_n \bar{q}_n \\ F_2''(0)\, q_1 q_1 \\ F_3''(0)\, q_2 \bar{q}_2 \\ \vdots \\ F_n''(0)\, q_{n-1} \bar{q}_{n-1} \end{pmatrix}.$$

其中 g_{ij} 由参数和时滞确定.

$$c_1(0) = \frac{\mathrm{i}}{2\omega_0}\left(g_{20}g_{11} - 2|g_{11}|^2 - \frac{1}{3}|g_{02}|^2\right) + \frac{g_{21}}{2},$$

$$\upsilon_2 = -\frac{\mathrm{Re}c_1(0)}{\mathrm{Re}\lambda'(\tau_0)},$$

$$\beta_2 = 2\mathrm{Re}c_1(0).$$

υ_2 确定 Hopf 分支方向：当 $\upsilon_2 > 0\,(<0)$ 时, Hopf 分支是超临界 (亚临界), $\upsilon > \upsilon_0\,(<\upsilon_0)$; β_2 确定分支周期解稳定性：当 $\beta_2 < 0\,(>0)$ 时, 周期解是稳定 (不稳定) 的.

下面以一个三维神经网络模型为例, 做数值仿真. 考虑模型

$$\begin{cases} \dot{u}_1(t) = -au_1(t) + b_1 \tanh(u_n(t-\tau_1)), \\ \dot{u}_2(t) = -au_2(t) + b_2 \tanh(u_1(t-\tau_2)), \\ \dot{u}_3(t) = -au_3(t) + b_3 \tanh(u_3(t-\tau_3)). \end{cases}$$

取 $a = b_2 = b_3 = 1, b_1 = -2\sqrt{2}$, 有 $\tau_0 = 0.782$. 图 5.5.1 中, 取 $\tau_1 = \tau_2 = \tau_3 = 0,2$, 则 $\tau_1 + \tau_2 + \tau_3 = 0.6 < \tau_0 = 0.782$, 系统的零解是渐近稳定的.

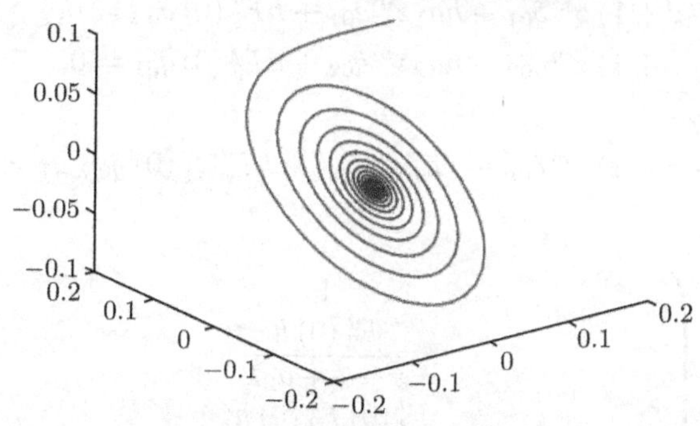

图 5.5.1 系统的零解渐近稳定

图 5.5.2 中, 取 $\tau_1 = \tau_2 = 0,3, \tau_3 = 0.4$, 则 $\tau_1 + \tau_2 + \tau_3 = 1 > \tau_0 = 0.782$, 系统的零解失去稳定性, 并分支出新的周期解.

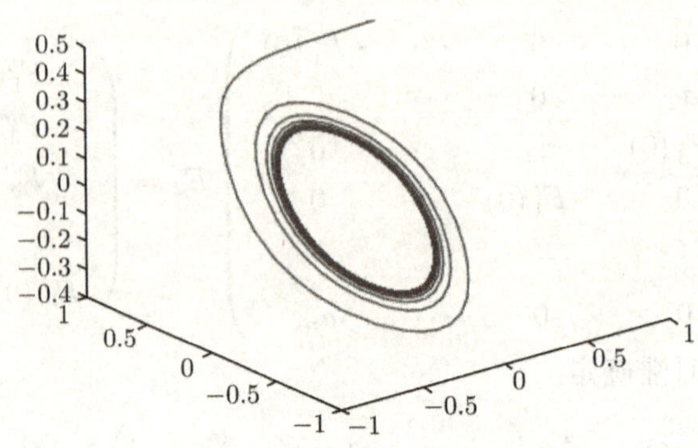

图 5.5.2 系统的分支周期解

5.6 Hopf 分支数值逼近的分支方向与稳定性

引理 5.6.1 设 $\hat{q}=\left(\hat{q}_0^{\mathrm{T}},\hat{q}_1^{\mathrm{T}},\cdots,\hat{q}_m^{\mathrm{T}}\right)^{\mathrm{T}}$ 是 $\hat{A}(\tau)$ 关于特征值 $\mathrm{e}^{\frac{\mathrm{i}\omega h}{m}}$ 的特征向量，且 $\hat{q}^*=(\hat{q}_0^*,\hat{q}_1^*,\cdots,\hat{q}_m^*)^{\mathrm{T}}$ 是 $\hat{A}^{\mathrm{T}}(\tau)$ 关于特征值 $\mathrm{e}^{-\frac{\mathrm{i}\omega h}{m}}$ 特征向量，q_0,q_0^* 如 5.5 节，那么

$$\hat{q}_0=q_0\,(m\to\infty),\quad \hat{q}_m=q_0\,(-1)\,(m\to\infty),\quad \hat{q}_0^*=q_0^*\,(m\to\infty).$$

证明

$$\begin{cases} h\,(I+A\,(\tau))\,\hat{q}_0+hB\,(\tau)\,\hat{q}_m=z\hat{q}_0,\\ \hat{q}_i=z\hat{q}_{i+1}, i=0,1,2,\cdots,m-1.\end{cases}$$

令 $\hat{q}_0=(\hat{q}_{01},\hat{q}_{02})^{\mathrm{T}}$，那么

$$\begin{cases} (-z+1)\,z^m\hat{q}_{01}-ha_1z^m\hat{q}_{01}+hF_1'\,(0)\,\hat{q}_{0n}=0,\\ (-z+1)\,z^m\hat{q}_{02}-ha_2z^m\hat{q}_{02}+hF_2'\,(0)\,\hat{q}_{01}=0,\\ \cdots\cdots\\ (-z+1)\,z^m\hat{q}_{0n}-ha_nz^m\hat{q}_{0n}+hF_{n-1}'\,(0)\,\hat{q}_{0,n-1}=0,\end{cases} \tag{5.6.1}$$

计算得

$$\hat{q}_0=\begin{pmatrix} 1\\ \dfrac{F_2'\,(0)\,h}{z-1+a_2h}\\ \dfrac{F_3'\,(0)\,F_2'\,(0)\,h^2}{(z-1+a_3h)\,(z-1+a_2h)}\\ \vdots\\ \dfrac{F_n'\,(0)\cdots F_3'\,(0)\,F_2'\,(0)\,h^{n-1}}{(z-1+a_nh)\cdots(z-1+a_3h)\,(z-1+a_2h)}\end{pmatrix},$$

$$\hat{q}_0^* = \hat{\bar{K}} \begin{pmatrix} 1 \\ \dfrac{z-1+a_1h}{F_2'(0)} \\ \dfrac{(z-1+a_2h)(z-1+a_1h)}{F_3'(0)F_2'(0)} \\ \vdots \\ \dfrac{(z-1+a_{n-1}h)\cdots(z-1+a_2h)(z-1+a_1h)}{F_n'(0)\cdots F_3'(0)F_2'(0)} \end{pmatrix}^{\mathrm{T}},$$

在方程 (5.6.1) 中, 令 $z=\mathrm{e}^{\frac{\mathrm{i}\omega h}{m}}$, $h=\dfrac{1}{m}$, 有 $\dfrac{(-z+1)}{h}\to -\mathrm{i}\omega_0$, $z^m\to \mathrm{e}^{\mathrm{i}\omega_0}\,(m\to\infty)$.

显然 $\hat{q}_0\to q_0\,(m\to\infty)$. 对 $q(\theta)=q_0\mathrm{e}^{\mathrm{i}\omega_0\theta}$, 令 $\theta=-1$, 有 $q(-1)=q_0\mathrm{e}^{-\mathrm{i}\omega_0}$. 利用 $\hat{q}_i=z\hat{q}_{i+1}, i=0,1,2,\cdots,m-1$, 有 $\hat{q}_m=\mathrm{e}^{-\mathrm{i}\omega h}\hat{q}_0$, 故当 $(m\to\infty)$ 时 $\hat{q}_m\to q(-1)$. 令

$$\hat{q}^*=\left(\hat{q}_0^{*\mathrm{T}},\hat{q}_1^{*\mathrm{T}},\cdots,\hat{q}_m^{*\mathrm{T}}\right)^{\mathrm{T}},\quad \hat{q}_0^*=\left(\hat{q}_{01}^*,\hat{q}_{02}^*\right)^{\mathrm{T}},$$

有 $\hat{q}_0^*\to q_0^*\,(m\to\infty)$.

进一步,

$$\hat{q}^*=\hat{K}\begin{pmatrix} \hat{q}_0^* \\ h\mathrm{e}^{-\frac{\mathrm{i}\omega h}{m(m+1)}}\mathrm{B}^{\mathrm{T}}(\tau_h)\,\hat{q}_0^* \\ h\mathrm{e}^{-\frac{\mathrm{i}\omega h}{m\times m}}B^{\mathrm{T}}(\tau_h)\,\hat{q}_0^* \\ \vdots \\ h\mathrm{e}^{-\frac{\mathrm{i}\omega h}{m}}B^{\mathrm{T}}(\tau_h)\,\hat{q}_0^* \end{pmatrix},$$

其中

$$\overline{K}=\left[\overline{\hat{q}}_0^{*\mathrm{T}}\cdot\hat{q}_0+\overline{\hat{q}}_0^{*\mathrm{T}}B(\tau_h)\,\mathrm{e}^{-\frac{(m+1)\mathrm{i}\omega h}{m}}\hat{q}_0\right]^{-1}\to\bar{K}\,(m\to\infty).$$

分析映射 (5.4.3), 得

$$Y_{n+1}=\hat{A}Y_n+\frac{1}{2}\hat{B}(Y_n,Y_n)+\frac{1}{6}\hat{C}(Y_n,Y_n,Y_n)+O\left(\|Y_n\|^4\right),$$

其中

$$\hat{B}(Y_n,Y_n)=\left(\hat{B}_0^{\mathrm{T}}(Y_n,Y_n),0,\cdots,0\right)^{\mathrm{T}},\quad \hat{B}_0\left(\hat{\phi},\hat{\phi}\right)=\tau\begin{pmatrix} F_1''\left(\phi_n^m\right)^2 \\ F_2''\left(\phi_1^0\right)^2 \\ \vdots \\ F_n''\left(\phi_{n-1}^0\right)^2 \end{pmatrix},$$

$$\hat{C}\left(Y_n,Y_n,Y_n\right)=\left(\hat{C}_0^{\mathrm{T}}\left(Y_n,Y_n,Y_n\right),0,\cdots,0\right)^{\mathrm{T}},\quad \hat{C}_0^{\mathrm{T}}\left(\hat{\phi},\hat{\phi},\hat{\phi}\right)=\tau\begin{pmatrix}F_1''\left(\phi_n^m\right)^3\\ F_2''\left(\phi_1^0\right)^3\\ \vdots\\ F_n''\left(\phi_{n-1}^0\right)^3\end{pmatrix}.$$

在 τ_h 的邻域内有如下形式的不变流形

$$\upsilon\to z\upsilon+\frac{1}{2}\hat{g}_{20}\upsilon^2+\hat{g}_{11}\upsilon\bar{\upsilon}+\frac{1}{2}\hat{g}_{02}\bar{\upsilon}^2+\frac{1}{2}\hat{g}_{21}\upsilon^2\bar{\upsilon}+\cdots,$$

$$\hat{g}_{20}=\langle\hat{q}^*,\hat{B}\left(\tau\right)\left(\hat{q},\hat{q}\right)\rangle,$$

$$\hat{g}_{11}=\langle\hat{q}^*,\hat{B}\left(\tau\right)\left(\hat{q},\bar{\hat{q}}\right)\rangle,$$

$$\hat{g}_{02}=\langle\hat{q}^*,\hat{B}\left(\tau\right)\left(\bar{\hat{q}},\bar{\hat{q}}\right)\rangle,$$

$$\begin{aligned}\hat{g}_{21}=&\left\langle\hat{q}^*,\hat{C}\left(\tau\right)\left(\hat{q},\hat{q},\bar{\hat{q}}\right)\right\rangle-2\left\langle\hat{q}^*,\hat{B}\left(\tau\right)\left(\hat{q},\left(I-\hat{A}\left(\tau\right)\right)^{-1}\right)\hat{B}\left(\tau\right)\left(\hat{q},\bar{\hat{q}}\right)\right\rangle\\&+\left\langle\hat{q}^*,\hat{B}\left(\tau\right)\left(\bar{\hat{q}},\left(z^2I-\hat{A}\left(\tau\right)\right)^{-1}\hat{B}\left(\tau\right)\left(\hat{q},\hat{q}\right)\right)\right\rangle\\&-\frac{1-2z}{z^2-z}\langle\hat{q}^*,\hat{B}\left(\tau\right)\left(\hat{q},\hat{q}\right)\rangle\langle\hat{q}^*,\hat{B}\left(\tau\right)\left(\hat{q},\bar{\hat{q}}\right)\rangle\\&-2\left(1-\bar{z}\right)^{-1}\left|\langle\hat{q}^*,\hat{B}\left(\tau\right)\left(\hat{q},\bar{\hat{q}}\right)\rangle\right|^2-\left(z^2-\bar{z}\right)^{-1}\left|\langle\hat{q}^*,\hat{B}\left(\tau\right)\left(\bar{\hat{q}},\bar{\hat{q}}\right)\rangle\right|^2.\end{aligned}$$

记

$$c_1\left(\tau\right)=\frac{\hat{g}_{20}\hat{g}_{11}\left(2z+\bar{z}-3\right)}{2\left(\bar{z}-1\right)\left(z^2-z\right)}+\frac{\left|\hat{g}_{11}\right|^2}{\left(1-\bar{z}\right)}+\frac{\left|\hat{g}_{02}\right|^2}{2\left(z^2-\bar{z}\right)}+\frac{\hat{g}_{21}}{2},$$

由引理 5.6.1, 得

引理 5.6.2

$$\hat{B}_0\left(\tau_h\right)\left(\hat{q},\hat{q}\right)=hB\left(\tau_*\right)\left(q,q\right)\left(0\right)+O\left(h^2\right),$$

$$\hat{B}_0\left(\tau_h\right)\left(\hat{q},\bar{\hat{q}}\right)=hB\left(\tau_*\right)\left(q,\bar{q}\right)\left(0\right)+O\left(h^2\right),$$

$$\hat{B}_0\left(\tau_h\right)\left(\bar{\hat{q}},\bar{\hat{q}}\right)=hB\left(\tau_*\right)\left(\bar{q},\bar{q}\right)\left(0\right)+O\left(h^2\right),$$

$$\hat{B}_0\left(\tau_h\right)\left(\bar{\hat{q}},\hat{q}\right)=hB\left(\tau_*\right)\left(\bar{q},q\right)\left(0\right)+O\left(h^2\right),$$

$$\hat{C}_0\left(\tau_h\right)\left(\hat{q},\hat{q},\bar{\hat{q}}\right)=hC\left(\tau_*\right)\left(q,q,\bar{q}\right)\left(0\right)+O\left(h^2\right).$$

引理 5.6.3

$$\hat{g}_{20}=hg_{20}+O\left(h^2\right),$$

$$\hat{g}_{11}=hg_{11}+O\left(h^2\right),$$

$$\hat{g}_{02} = hg_{02} + O\left(h^2\right),$$
$$\hat{g}_{21} = hg_{21} + O\left(h^2\right),$$

证明

$$\langle \hat{q}^*, \hat{B}\left(\tau_h\right)\left(\hat{q}, \bar{\hat{q}}\right)\rangle = \langle \hat{q}^*, \hat{B}_0\left(\tau_h\right)\left(\hat{q}, \bar{\hat{q}}\right)\rangle = \langle q^*, B\left(\tau_*\right)\left(q, \bar{q}\right)(0)\rangle + O\left(h\right)$$
$$= h\langle q^*, B\left(\tau_*\right)\left(q, \bar{q}\right)\rangle + O\left(h\right),$$

故

$$\begin{aligned}
\hat{g}_{20} =& hg_{20} + O\left(h^2\right). \\
g_{21} =& \langle q^*, C\left(q, q, \bar{q}\right)(0)\rangle - 2\langle q^*, A^{-1}B\left(q, \bar{q}\right)(0)\rangle \\
&+ \langle q^*, B\left(\bar{q}, \left(2i\omega_0\left(I - A\right)^{-1} B\left(q, q\right)(0)\right)\right)\rangle \\
&+ \frac{1}{\mathrm{i}\omega_0}\langle q^*, B\left(q, q\right)(0)\rangle\langle q^*, B\left(q, \bar{q}\right)(0)\rangle \\
&- \frac{2}{\mathrm{i}\omega_0}\left|\langle q^*, B\left(q, \bar{q}\right)(0)\rangle\right|^2 - \frac{1}{3\mathrm{i}\omega_0}\left|\langle q^*, B\left(\bar{q}, \bar{q}\right)(0)\rangle\right|^2.
\end{aligned}$$

令 $A^{-1}(\tau)B(\tau)(q, \overline{q}) = w$, 那么 w 满足

$$w'(s) = 0, \quad -1 \leqslant s < 0,$$
$$A\left(\tau_*\right)w(0) + B\left(\tau_*\right)w(-1) = B\left(\tau_*\right)\left(q, \overline{q}\right)(0).$$

函数 w 可以写成

$$w = \left(A\left(\tau_*\right) + B\left(\tau^*\right)\right)^{-1} B\left(\tau_*\right)\left(q, \overline{q}\right)(0).$$

令

$$\left(I - \widehat{A}\right)\left(\tau_h\right)^{-1}\widehat{B}\left(\tau_h\right)\left(\widehat{q}, \overline{\widehat{q}}\right) = \widehat{w},$$
$$\widehat{w} = \left(\widehat{w}_0^{\mathrm{T}}, \widehat{w}_1^{\mathrm{T}}, \cdots, \widehat{w}_m^{\mathrm{T}}\right)^{\mathrm{T}},$$

那么 $\widehat{w}_0 = h\left(\widehat{A}\left(\tau_h\right) + \widehat{B}\left(\tau_h\right)\right)^{-1}\widehat{B}\left(\tau_h\right)\left(\widehat{q}, \overline{\widehat{q}}\right)(0)$. 所以 $\widehat{g}_{21} = hg_{21} + O\left(h^2\right)$. 类似地, 我们得到其他结论.

定理 5.6.4 假设步长 h 充分小. 如果方程 (5.4.1) 的分支周期解是不稳定 (轨道渐近稳定) 的, 那么方程 (5.4.3) 的分支周期解也是不稳定 (轨道渐近稳定) 的, 如果方程 (5.4.1) 的 Hopf 分支方向是 $\tau < \tau_*\,(\tau > \tau_*)$, 那么方程 (5.4.3) Hopf 分支方向是 $\tau < \tau_h\,(\tau > \tau_h)\,(\tau_h = \tau_* + O(h))$.

证明 映射 (5.4.3) 的 Hopf 分支的稳定性和分支方向依赖于 $\mathrm{Re}\left[\mathrm{e}^{-\frac{\mathrm{i}wh}{m}}c_1\left(\tau_h\right)\right]$ 和 $\eta'\left(\tau_h, h\right)$ 的符号. 由于

$$
\begin{aligned}
c_{1(\tau_*)} &= -\frac{1}{2\mathrm{i}w_0} g_{20} g_{21} + \frac{1}{\mathrm{i}w_0} |g_{11}|^2 + \frac{1}{6\mathrm{i}w_0} |g_{02}|^2 + \frac{1}{2} g_{21}, \\
\mathrm{e}^{-\frac{\mathrm{i}wh}{m}} c_{1(\tau_h)} &= \widehat{g}_{20} \widehat{g}_{21} \mathrm{e}^{-\frac{\mathrm{i}wh}{m}} \frac{\mathrm{e}^{-\frac{\mathrm{i}wh}{m}} - 3 + 2\mathrm{e}^{\frac{\mathrm{i}wh}{m}}}{2\left(\mathrm{e}^{\frac{2\mathrm{i}wh}{m}} - \mathrm{e}^{\frac{\mathrm{i}wh}{m}}\right)\left(\mathrm{e}^{-\frac{\mathrm{i}wh}{m}} - 1\right)} \\
&= -h\frac{1}{2\mathrm{i}w_0} g_{20} g_{21} + h\frac{1}{\mathrm{i}w_0} |g_{11}|^2 + h\frac{1}{6\mathrm{i}w_0} |g_{02}|^2 + h\frac{1}{2} g_{21} + O\left(h^2\right).
\end{aligned}
$$

所以

$$
\mathrm{Re}\left[\mathrm{e}^{\frac{\mathrm{i}wh}{m}} c_1\left(\tau_h\right)\right] = h\mathrm{Re}\left[c_1\left(\tau_*\right)\right] + O\left(h^2\right).
$$

定理得证.

为了说明所得结果, 考虑下面的方程 (5.6.2).

$$
\begin{cases}
\dot{x}(t) = -\tau x(t) + a_1 \tau \tanh(y(t-1)), \\
\dot{y}(t) = -\tau y(t) + a_2 \tau \tanh(x(t)).
\end{cases} \tag{5.6.2}
$$

对上述方程应用 Euler 方法得到

$$
\begin{cases}
x_{n+1} = (1-h\tau) x_n + a_1 h\tau \tanh(y_{n-m}), \\
y_{n+1} = (1-h\tau) y_n + a_2 h\tau \tanh(x_n).
\end{cases} \tag{5.6.3}
$$

令 $a_1 = 2, a_2 = -1.5$, 那么 $\tau_* = 0.8$ 是方程 (5.6.2) 的 Hopf 分支值.

在图 5.6.1～ 图 5.6.3 中, $\tau = 0.7 < 0.8$, 方程 (5.6.2) 的零解是渐近稳定的. 在图 5.6.4～ 图 5.6.6 中, $\tau = 0.9 > 0.8$, 方程 (5.6.1) 的零解是不稳定的, 并存在从原点出发的周期解分支.

图 5.6.7～ 图 5.6.12 是当步长 $h = 0.1$ 时, 关于差分方程 (5.6.3) 的仿真图形. 在图 5.6.7～ 图 5.6.9 中, $\tau = 0.7 < 0.8 + O(h)$, 方程 (5.6.3) 的零解还是渐近稳定的. 在图 5.6.10～ 图 5.6.12 中, $\tau = 0.9 > 0.8 + O(h)$, 方程 (5.6.3) 的零解是不稳定的.

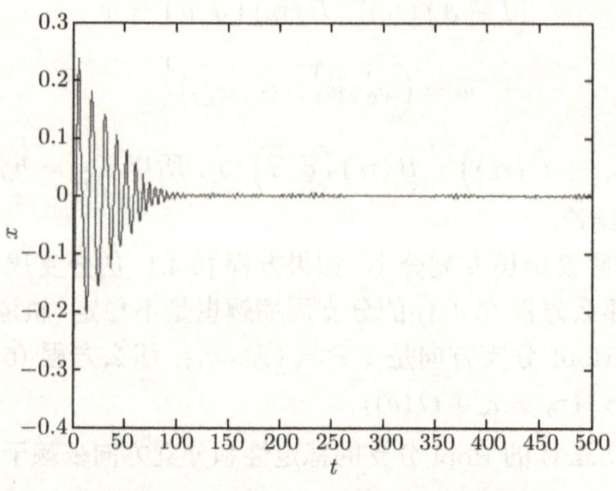

图 5.6.1　方程 (5.6.1) 稳定的时域图

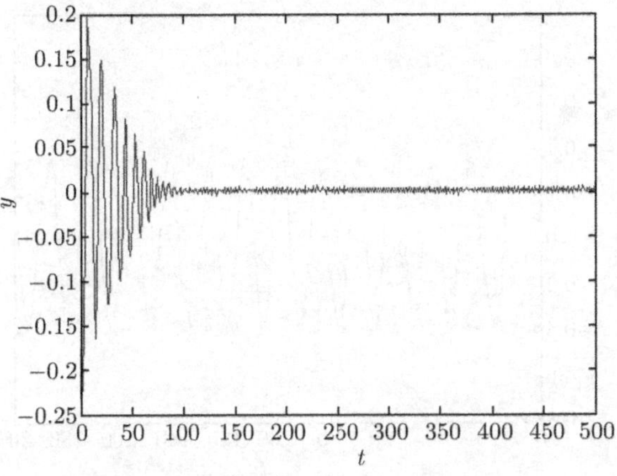

图 5.6.2 方程 (5.6.1) 稳定的时域图

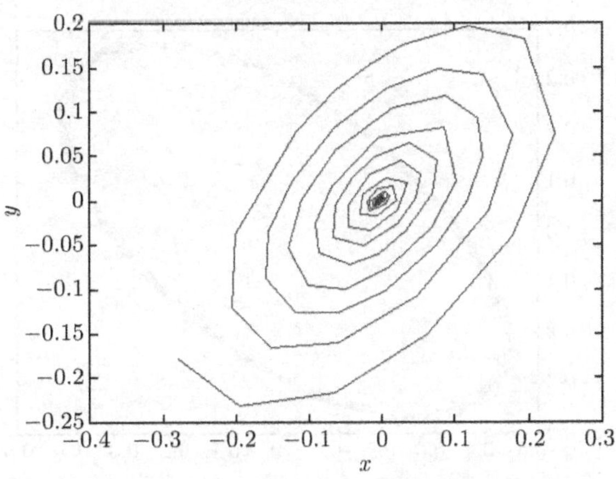

图 5.6.3 方程 (5.6.1) 稳定的相图

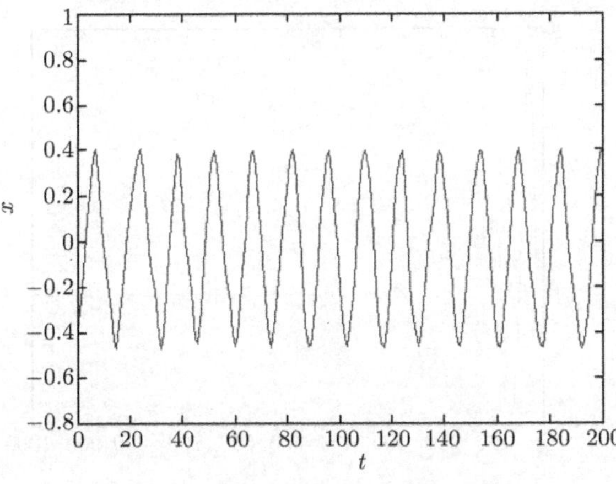

图 5.6.4 方程 (5.6.1) 周期的时域图

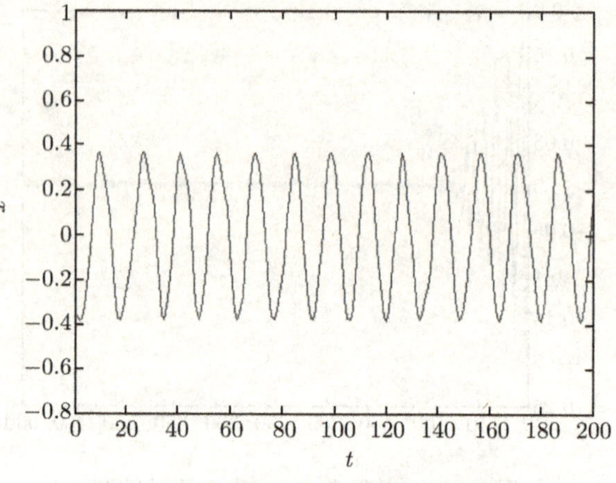

图 5.6.5　方程 (5.6.1) 周期的时域图

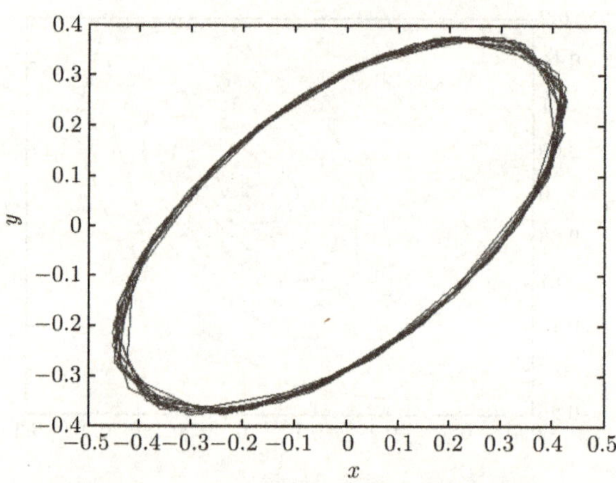

图 5.6.6　方程 (5.6.1) 周期的相图

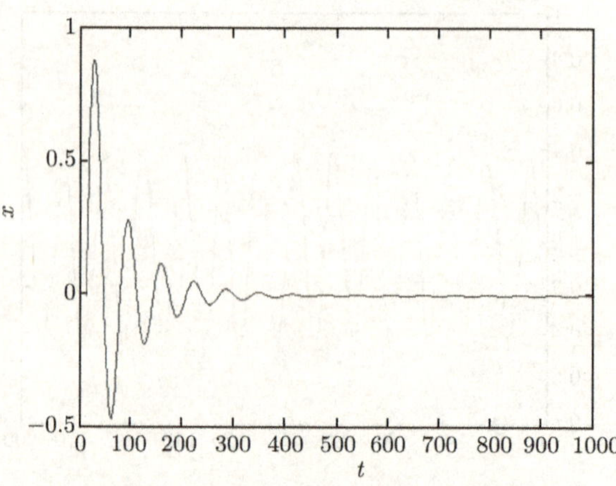

图 5.6.7　方程 (5.6.2) 稳定的时域图

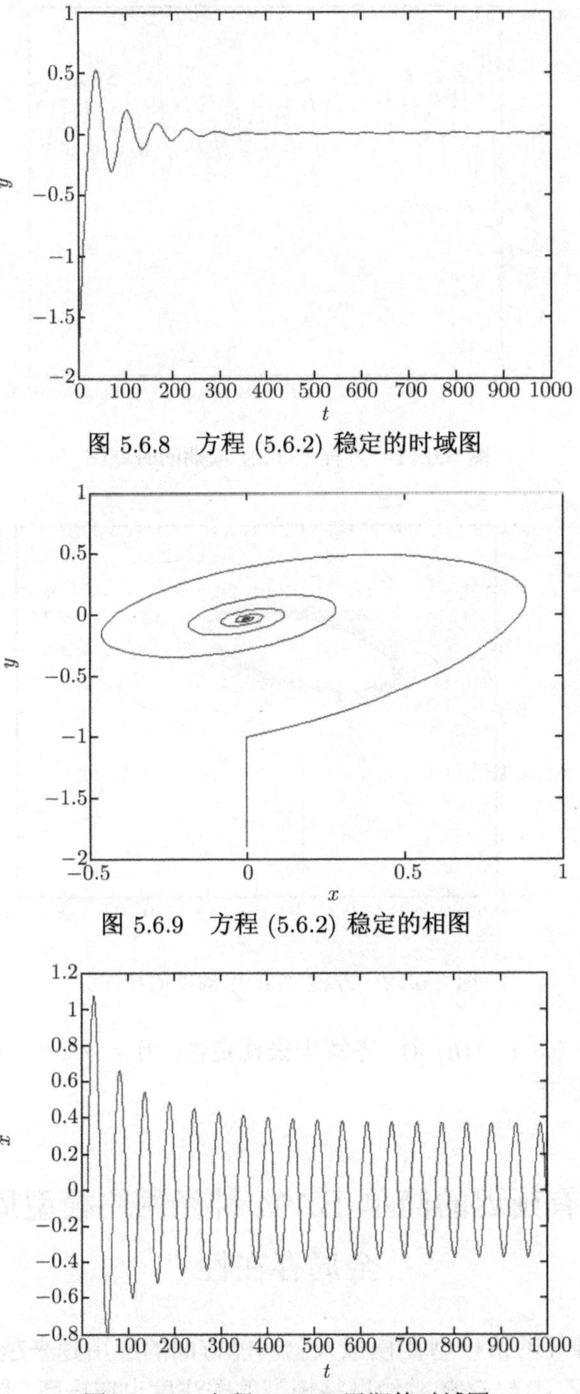

图 5.6.8 方程 (5.6.2) 稳定的时域图

图 5.6.9 方程 (5.6.2) 稳定的相图

图 5.6.10 方程 (5.6.2) 周期的时域图

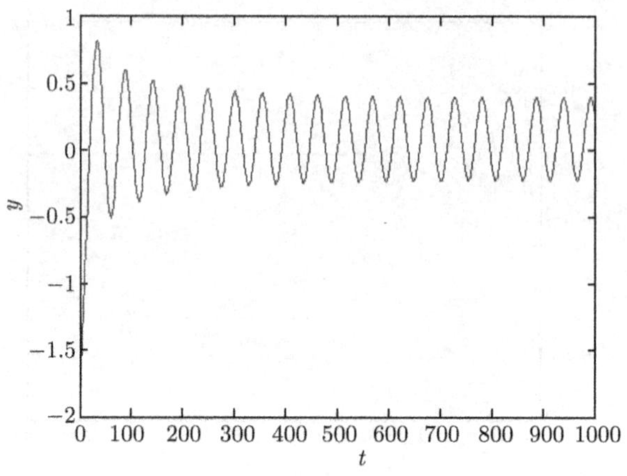

图 5.6.11　方程 (5.6.2) 周期的时域图

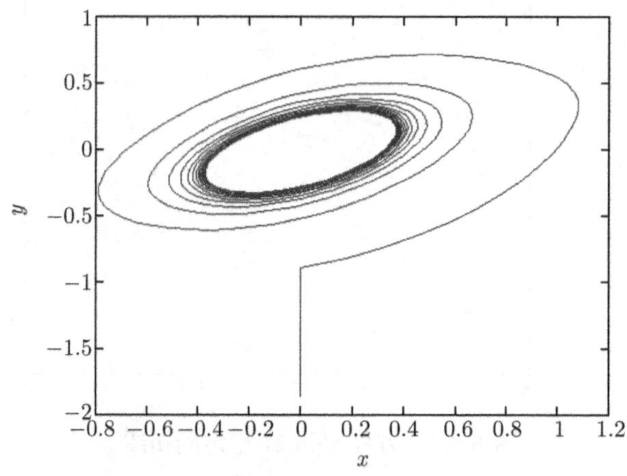

图 5.6.12　方程 (5.6.2) 周期的相图

当 τ 穿过点 $\tau_h = 0.8 + O(h)$ 时, 零解失去稳定性, 当 $\tau > 0.8 + O(h)$ 时存在从原点出发的周期解分支.

5.7　具有延迟的简单 BAM 神经网络模型周期解的全局存在性

近些年来, 神经网络模型在模拟人脑功能方面的应用越来越多, 受其影响, 人们对双向联想记忆 (BAM) 的神经网络模型的关注度也在提高. 具有延迟的双向联想记忆的神经网络模型可以用下面的系统来表示:

$$\begin{cases} x_i'(t) = -\mu_i x_i(t) + \sum\limits_{j=1}^{m} c_{ji} f_i(y_j(t-\tau_{ji})) + I_i, i = 1,2,\cdots,n, \\ y_j'(t) = -v_j y_j(t) + \sum\limits_{i=1}^{n} d_{ij} g_j(x_i(t-v_{ij})) + J_j, j = 1,2,\cdots,m, \end{cases}$$

其中 c_{ji} 和 $d_{ij}(i=1,2,\cdots,n;j=1,2,\cdots,m)$ 表示两层神经元 I 层和 J 层的连接权; μ_i 和 v_j 分别表示在 I 层和 J 层内部神经元过程的内部稳定性. 在 I 层, 神经元的状态表示为 $x_i(t)$, 接收的输入为 I_i, 而其他的输入输出是通过激活函数 (输出–输入)f_i 给出. 在神经元的第 J 层, 神经元状态表示为 $y_j(t)$, 接收的输入 J_j, 其他输入输出通过激活函数 (输出–输入)g_j 给出.

为了获得对动态系统模型更深入清晰的了解, 许多研究人员研究了上面的神经网络的丰富有趣的动力学性质如稳定、分支、混沌等. Hopf 分支的分支周期解的全局存在性问题是系统一个十分重要的性质, 其理论和实际的重要性已经引起了相当的关注. 众所周知, 周期解是通过时滞微分方程 Hopf 分支产生的, 然而这些来自于 Hopf 分支的周期解通常都是局部的, 因此一个十分重要的数学研究就是, 是否这些由局部 Hopf 分支产生的非常数周期解具有全局性. 近些年来, 有大量的研究致力于这个主题, 例如, 吴建宏教授建立了泛函微分方程全局 Hopf 分支理论; 李毅教授和 Muldowney 教授则给出了高维的 Bendixson 准则; 魏俊杰教授课题组成员研究了许多具有时滞神经网络的周期解的全局存在性问题.

本章中, 我们利用吴建宏教授的方法及李毅和 Muldowney 教授的 Bendixson 判据, 讨论如下的具有延迟的简单 n 维 BAM 神经网络模型的周期解的全局存在性问题:

$$\begin{cases} u_1'(t) = -au_1(t) + f_2(u_2(t-\tau_J)) + f_3(u_3(t-\tau_J)) + \cdots + f_n(u_n(t-\tau_J)), \\ u_2'(t) = -au_2(t) + g_2(u_1(t-\tau_I)), \\ u_3'(t) = -au_3(t) + g_3(u_1(t-\tau_I)), \\ \cdots\cdots \\ u_n'(t) = -au_n(t) + g_n(u_1(t-\tau_I)), \end{cases}$$

其中从 I 层到 J 层的时滞记为 τ_I, 而从 J 层返回到 I 层的时滞记为 τ_J, 并且在 I 层有一个神经元, 在 J 层有 $n-1$ 个神经元.

我们发现该方程没有周期为 $\tau=\tau_I+\tau_J$ 的非常数的周期解. 应用吴建宏教授的全局 Hopf 分支理论结果可知, 关于 τ 的周期解远离于 Hopf 分支值是存在的.

5.7.1 局部稳定性结果

首先, 介绍一些关于局部稳定性结果.

令 $x_1(t)=u_1(t-\tau_J), x_2(t)=u_2(t), \cdots, x_n(t)=u_n(t), \tau=\tau_I+\tau_J$, 则上述方程变为下面的形式

$$\begin{cases} x_1'(t)=-ax_1(t)+f_2(x_2(t-\tau))+\cdots+f_n(x_n(t-\tau)), \\ x_2'(t)=-ax_2(t)+g_2(x_1(t)), \\ x_3'(t)=-ax_3(t)+g_3(x_1(t)), \\ \cdots\cdots \\ x_n'(t)=-ax_n(t)+g_n(x_1(t)). \end{cases} \tag{5.7.1}$$

我们作如下的假设:

$(\mathrm{H}_1): f_1\in C^2, g_i\in C^2, f_i(0)=0, g_i(0)=0 (i=2,3,\cdots,n); (0,0,\cdots,0)$ 是方程 (5.7.1) 唯一的平衡点;

$(\mathrm{H}_2): a>0$; 对于所有的 $x\in\mathbb{R}, y\in\mathbb{R}$ 存在 $L>0$, 使得

$$|f(x)|<L, \quad |g(y)|<L \quad (i=2,3,\cdots,n).$$

方程 (5.7.1) 在 $(0,0,\cdots,0)$ 附近的线性化方程是

$$\begin{cases} x_1'(t)=-ax_1(t)+f_2'(0)(x_2(t-\tau))+\cdots+f_n'(0)(x_n(t-\tau)), \\ x_2'(t)=-ax_2(t)+g_2'(0)(x_1(t)), \\ x_3'(t)=-ax_3(t)+g_3'(0)(x_1(t)), \\ \cdots\cdots \\ x_n'(t)=-ax_n(t)+g_n'(0)(x_1(t)). \end{cases} \tag{5.7.2}$$

相应的特征方程是

$$(\lambda+a)^{n-2}\left[(\lambda+a)^2-\sum_{i=2}^{n}f_i'(0)g_i'(0)\mathrm{e}^{-\lambda\tau}\right]=0. \tag{5.7.3}$$

因为 $a>0$, 我们只需考虑关于 λ 的方程

$$(\lambda+a)^2-\sum_{i=2}^{n}f_i'(0)g_i'(0)\mathrm{e}^{-\lambda\tau}=0. \tag{5.7.4}$$

引理 5.7.1 方程 (5.7.4) 有一对纯虚根的充分必要条件是

$$\left|\sum_{i=2}^{n}f_i'(0)g_i'(0)\right|>a^2, \quad 并且\ \tau=\tau_j,$$

其中

$$\begin{cases} \tau_j = \dfrac{1}{\omega_0}\left(2j\pi + \arcsin\dfrac{-2a\omega_0}{\sum\limits_{i=2}^{n} f_i'(0)g_i'(0)}\right), & \arccos\dfrac{a^2-\omega_0^2}{\sum\limits_{i=2}^{n} f_i'(0)g_i'(0)} \geqslant 0, \\ \tau_j = \dfrac{1}{\omega_0}\left((2j+1)\pi - \arcsin\dfrac{-2a\omega_0}{\sum\limits_{i=2}^{n} f_i'(0)g_i'(0)}\right), & \arccos\dfrac{a^2-\omega_0^2}{\sum\limits_{i=2}^{n} f_i'(0)g_i'(0)} < 0, \end{cases} \tag{5.7.5}$$

其中 $j = 0, 1, \cdots, \omega_0 = \sqrt{\left|\sum\limits_{i=2}^{n} f_i'(0)g_i'(0)\right| - a^2}$.

证明 令 $\mathrm{i}\omega(\omega > 0)$ 是方程 (5.7.4) 的一个根, 则

$$-\omega^2 + 2a\omega\mathrm{i} + a^2 - \left(\sum_{i=2}^{n} f_i'(0)g_i'(0)\right)[\cos\omega\tau - \mathrm{i}\sin\omega\tau] = 0.$$

分离实部和虚部, 得

$$\begin{cases} -\omega^2 + a^2 = \cos\omega\tau \sum\limits_{i=2}^{n} f_i'(0)g_i'(0), \\ 2a\omega = -\sin\omega\tau \sum\limits_{i=2}^{n} f_i'(0)g_i'(0), \end{cases}$$

因此, $\omega^4 + 2a^2\omega^2 + a^4 - \left(\sum\limits_{i=2}^{n} f_i'(0)g_i'(0)\right)^2 = 0$, 即

$$\omega^2 = -a^2 \pm \left|\sum_{i=2}^{n} f_i'(0)g_i'(0)\right|.$$

这意味着 $\left|\sum\limits_{i=2}^{n} f_i'(0)g_i'(0)\right| > a^2$, $\omega = \sqrt{\left|\sum\limits_{i=2}^{n} f_i'(0)g_i'(0)\right| - a^2} = \omega_0$, $\tau = \tau_j (j = 0, 1, 2, \cdots)$ 满足方程 (5.7.5).

充分性是显然的.

引理 5.7.2 设 $\lambda(\tau) = \alpha(\tau) + \mathrm{i}\omega(\tau)$ 是方程 (5.7.4) 的根, 且满足 $\alpha(\tau_j) = 0$. 则

$$\left.\frac{\mathrm{d}\alpha(\tau)}{\mathrm{d}\tau}\right|_{\tau=\tau_j} > 0.$$

证明 对关于 τ 的方程 (5.7.4) 两边同时微分得

$$\left[\left(\frac{\mathrm{d}\lambda(\tau)}{\mathrm{d}\tau}\right)_{\tau=\tau_j}\right]^{-1} = \frac{2(a\omega_0\mathrm{i} + \omega_0^2)}{\omega_0^2(\omega_0^2 + a^2)} - \frac{\tau}{i\omega_0},$$

即

$$\operatorname{Re}\left[\left(\frac{\mathrm{d}\lambda(\tau)}{\mathrm{d}\tau}\right)_{\tau=\tau_j}\right]^{-1}=\frac{2}{\omega_0^2+a^2}>0.$$

定理 5.7.3 假设 (H_1) 和 (H_2) 成立, 则

(1) 如果 $\sum\limits_{i=2}^{n} f_i'(0)g_i'(0)>a^2$, 则对于所有的 $\tau\geqslant 0$, 方程 (5.7.1) 的零解都是不稳定的;

(2) 如果 $-a^2\leqslant\sum\limits_{i=2}^{n} f_i'(0)g_i'(0)<a^2$, 则对于所有的 $\tau\geqslant 0$, 方程 (5.7.1) 的零解都是渐近稳定的;

(3) 如果 $\sum\limits_{i=2}^{n} f_i'(0)g_i'(0)<-a^2$, 则当 $\tau\in[0,\tau_0)$ 时, 方程 (5.7.1) 的零解是渐近稳定的, 系统 (5.7.1) 在 $\tau=\tau_j(j=0,1,2,\cdots)$ 时经历 Hopf 分支, 其中 $\tau_j(j=0,1,2,\cdots)$ 由方程 (5.7.5) 给出.

证明 对于 $\tau=0$, 方程 (5.7.4) 变为

$$(\lambda+a)^2-\sum_{i=2}^{n} f_i'(0)g_i'(0)=0.$$

很明显, 方程的根是 $\lambda=-a\pm\sqrt{\sum\limits_{i=2}^{n} f_i'(0)g_i'(0)}$, 这就意味着当 $\sum\limits_{i=2}^{n} f_i'(0)g_i'(0)<a^2$ 时方程 (5.7.4) 的根有负实部. 应用上面的引理 5.7.1 和引理 5.7.2 可知定理 5.7.3 成立.

5.7.2 周期解的全局存在性

下面应用吴建宏教授的全局 Hopf 分支定理研究系统 (5.7.1) 的周期解的全局存在性. 首先, 我们作如下的假设:

令 $\max|f_i'(x_i)|=L_i$, $\max|f_i'(x_i)|=\tilde{L}_i\quad(i=2,3,\cdots,n)$, 假设

(H_3) (1) $-2a+\sum\limits_{j=2,j\neq i+1}^{n} L_j<0\quad(i=1,2,\cdots,n-1)$,

(2) $-2a+\tilde{L}_i+\tilde{L}_{j+1}<0\quad(i=2,3,\cdots,n-1;j=1,2,\cdots,n-i)$.

令 $x_t(\theta)=x_t(t+\theta)$ 和 $x_t=(x_{1t},x_{2t},\cdots,x_{nt})^{\mathrm{T}}$. 方程 (5.7.1) 可以写成如下的泛函微分方程

$$x'(t)=F(x_t,\tau,p),$$

其中 $x_t(\theta)=x(t+\theta)\in C[(-\tau,0),\mathbb{R}^n]$. 定义 $X=c[(-\tau,0),\mathbb{R}^n]$,

$$\varSigma=\mathrm{cl}\{(x,\tau,p):(x,\tau,p)\in X\times\mathbb{R}\times\mathbb{R},\ \text{是方程 (5.7.1) 的 } p \text{ 周期解}\}$$

令 $l\left(x^*,\tau_j,\dfrac{2\pi}{\omega_0}\right)$ 是 Σ 中过 $\left(x^*,\tau_j,\dfrac{2\pi}{\omega_0}\right)$ 的连通分支, 其中 $(\tau_j,\omega_0)(j=0,1,2,\cdots)$ 由方程 (5.7.4) 和方程 (5.7.5) 定义. 为了应用高维 Bendixson 判据, 下面给出 A 的复合矩阵的一般结果.

如果

$$A=\begin{pmatrix} a_1 & b_2 & b_3 & \cdots & b_n \\ c_2 & a_2 & 0 & \cdots & 0 \\ c_3 & 0 & a_3 & \cdots & 0 \\ \vdots & \vdots & \vdots & & \vdots \\ c_n & 0 & 0 & \cdots & a_n \end{pmatrix}_{n\times n},$$

则

$$A^{[2]}=\begin{pmatrix} A_{(n-1)\times(n-1)} & B_{(n-1)\times(n-2)} & B_{(n-1)\times(n-3)} & \cdots & B_{(n-1)\times 1} \\ C_{(n-2)\times(n-1)} & A_{(n-2)\times(n-2)} & 0 & \cdots & 0 \\ C_{(n-3)\times(n-1)} & 0 & A_{(n-3)\times(n-3)} & \cdots & 0 \\ \vdots & \vdots & \vdots & & \vdots \\ A_{1\times(n-1)} & 0 & 0 & \cdots & A_{1\times 1} \end{pmatrix}_{\frac{n\times(n-1)}{2}},$$

其中

$$A_{k\times k}=\mathrm{diag}(a_{n-k}+a_{n-k+1},a_{n-k}+a_{n-k+2},\cdots,a_{n-k}+a_n)\quad(k=1,2,\cdots,n-1);$$

$$B_{(n-1)\times k}=\begin{pmatrix} & O_{(n-k-2)\times k} & & \\ -b_{n-k+1} & -b_{n-k+2} & \cdots & -b_n \\ & b_{n-k}I_k & & \end{pmatrix}(k=1,2,\cdots,n-2);$$

$$C_{k\times(n-1)}=\begin{pmatrix} & -c_{n-k+1} & \\ O_{k\times(n-k-2)} & -c_{n-k+2} & c_{n-k}I_k \\ & \vdots & \\ & -c_n & \end{pmatrix}(k=1,2,\cdots,n-2);$$

I_k 是 $k\times k$ 的单位矩阵.

李毅和 Muldowney 建立的高维 Bendixson 判据如下.

引理 5.7.4 令 $D\subset\mathbb{R}^n$ 是一个简单的连通区域. 假设一族线性系统

$$z'(t)=\frac{\partial f^{[2]}}{\partial x}(x(t,x_0))z(t),\quad x_0\in D$$

是等度一致渐近稳定的, 则必有

(a) D 包含非简单的闭合不变曲线, 包含周期轨道, 同宿波轨道, 异宿环圈数;

(b) 每一个 D 中的半轨道收敛于一个单平衡. 特别地, 如果 D 是确定的不变量并且包含一个唯一的平衡解 $\bar{x}$, 则 $\bar{x}$ 在 D 中是全局渐近稳定的.

下面考虑在 $\tau=0$ 时系统 (5.7.1) 的二阶复合系统.

$$\begin{cases} x_1'(t)=-ax_1(t)+f_2(x_2(t))+\cdots+f_n(x_n(t)), \\ x_2'(t)=-ax_2(t)+g_2(x_1(t)), \\ x_3'(t)=-ax_3(t)+g_3(x_1(t)), \\ \cdots\cdots \\ x_n'(t)=-ax_n(t)+g_n(x_1(t)). \end{cases} \tag{5.7.6}$$

令 $X=(x_1,x_2,\cdots,x_n)^{\mathrm{T}}$, $F=\left(-ax_1+\sum_{i=2}^{n}f_i(x_i),-ax_2+g_2(x_1),\cdots,-ax_n+g_n(x_1)\right)^{\mathrm{T}}$, 则

$$\frac{\partial F^{[2]}}{\partial X}=\begin{pmatrix} A_{(n-1)\times(n-1)} & B_{(n-1)\times(n-2)} & B_{(n-1)\times(n-3)} & \cdots & B_{(n-1)\times 1} \\ C_{(n-2)\times(n-1)} & A_{(n-2)\times(n-2)} & 0 & \cdots & 0 \\ C_{(n-3)\times(n-1)} & 0 & A_{(n-3)\times(n-3)} & \cdots & 0 \\ \vdots & \vdots & \vdots & & \vdots \\ A_{1\times(n-1)} & 0 & 0 & \cdots & A_{1\times 1} \end{pmatrix}_{\frac{n\times(n-1)}{2}},$$

其中 $A_{k\times k}=-2aI_k, k=1,2,\cdots,n-1$, 并且

$$B_{(n-1)\times k}=\begin{pmatrix} & O_{(n-k-2)\times k} & \\ -f'_{(n-k+1)}(x_{n-k+1}) & -f'_{(n-k+2)}(x_{n-k+2}) \quad \cdots & -f'_n(x_n) \\ & \vdots & \\ & f'_{n-k}(x_{n-k})I_k & \end{pmatrix},$$

$$k=1,2,\cdots,n-2;$$

$$C_{k\times(n-1)}=\begin{pmatrix} & -g'_{n-k+1}(x_1) & \\ O_{k\times(n-k-2)} & -g'_{n-k+2}(x_1) & g'_{n-k}(x_1)I_k \\ & \vdots & \\ & -g'_n(x_1) & \end{pmatrix}, \quad k=1,2,\cdots,n-2.$$

系统 (5.7.6) 的二阶复合系统是

$$\begin{cases} Y_1'(t) = A_{(n-1)\times(n-1)}Y_1(t) + B_{(n-1)\times(n-2)}Y_2(t) + \cdots + B_{(n-1)\times 1}Y_{n-1}(t), \\ Y_2'(t) = C_{(n-2)\times(n-1)}Y_1(t) + A_{(n-2)\times(n-2)}Y_2(t), \\ Y_3'(t) = C_{(n-3)\times(n-1)}Y_1(t) + A_{(n-3)\times(n-3)}Y_3(t), \\ \cdots\cdots \\ Y_{n-1}'(t) = C_{1\times(n-1)}Y_1(t) + A_{1\times 1}Y_{n-1}(t), \end{cases} \tag{5.7.7}$$

其中

$$\begin{aligned} Y_1(t) &= (y_{11}(t), y_{12}(t), \cdots, y_{1\times(n-1)}(t))^{\mathrm{T}}, \\ Y_2(t) &= (y_{21}(t), y_{22}(t), \cdots, y_{2\times(n-2)}(t))^{\mathrm{T}}, \\ &\cdots\cdots \\ Y_i(t) &= (y_{i1}(t), y_{i2}(t), \cdots, y_{i\times(n-i)}(t))^{\mathrm{T}}, \\ Y_{n-1}(l) &= y_{(n-1)\times 1}(t). \end{aligned}$$

引理 5.7.5 如果假设 $(\mathrm{H}_1)\sim(\mathrm{H}_3)$ 都满足, 则系统 (5.7.6) 没有非常数的周期解, 唯一的平衡点 $(0, 0, \cdots, 0)$ 在 $\mathbb{R}^n$ 中是全局渐近稳定的.

证明 定义一个 Lyapunov 函数

$$V(Y_1(t), Y_2(t), \cdots, Y_{n-1}(t)) = \sum_{i=1}^{n-1}\sum_{j=1}^{n-i}|y_{ij}(t)|,$$

对于任何的 $(Y_1(t), Y_2(t), \cdots, Y_{n-1}(t))^{\mathrm{T}}$ 除去 $(0, 0, \cdots, 0)^{\mathrm{T}}$, $V(Y_1, Y_2, \cdots, Y_{n-1})(t) > 0$. 因此,

$$\left.\frac{\mathrm{d}V^+}{\mathrm{d}t}\right|_{(3,2)} \leqslant \sum_{j=1}^{n-1}\left(-2a + \sum_{k=2,k\neq j+1}^{n} L_k\right)|y_{1j}(t)| + \sum_{i=2}^{n-1}\left[\sum_{j=1}^{n-i}(-2a + \tilde{L}_i + \tilde{L}_{j+i})\,|y_{ij}(t)|\right].$$

令

$$\begin{aligned} \mu = \max\{&(-2a + \sum_{j=2,j\neq i+1}^{n} L_k, i = 1, 2, \cdots, n-1), \\ &(-2a + \tilde{L}_i + \tilde{L}_{j+i}, i = 2, 3, \cdots, n-1, j = 1, i+2, \cdots, n-i)\}, \end{aligned}$$

则

$$\left.\frac{\mathrm{d}V^+}{\mathrm{d}t}\right|_{(3,2)} \leqslant \mu V(t),$$

因此

$$V(t) \leqslant V(t_0)\mathrm{e}^{\mu(t-t_0)},$$

即方程 (5.7.6) 的解是全局指数稳定的, 也是一致等度有界的.

引理 5.7.6　方程 (5.7.1) 的周期解是一致有界的.

证明　令 $r(t)=\sqrt{\sum_{i=1}^{n}x_i^2(t)}$, 沿着 (5.7.1) 解曲线求微分 $r(t)$, 我们有

$$\begin{aligned}r'(t)&=\frac{1}{r(t)}\left[x_1(t)x_1'(t)+x_2(t)x_2'(t)+\cdots+x_n(t)x_n'(t)\right]\\&=\frac{1}{r(t)}\left[-a\sum_{i=1}^{n}x_i^2(t)+x_1(t)\sum_{i=2}^{n}f_i(x_i(t-\tau))+\sum_{i=2}^{n}x_i(t)g_i(x(t))\right]\\&\leqslant\frac{1}{r(t)}\left[-a\sum_{i=1}^{n}x_i^2(t)+(n-1)L\left|x_1(t)\right|+L\sum_{i=2}^{n}\left|x_i(t)\right|\right].\end{aligned}$$

令 $K=\max\left\{1,\dfrac{2(n-1)L}{a}\right\}$, 如果存在 $t_0>0$, 使得 $r(t_0)=A\geqslant K$, 则

$$r'(t_0)\leqslant\frac{1}{A}\left(-aA^2+2(n-1)LA\right)<0,$$

因此, 如果 $(x_1(t),x_2(t),\cdots,x_n(t))^{\mathrm{T}}$ 是方程 (5.7.1) 的周期解, 则对于所有的 $t, r(t)<K$, 方程 (5.7.1) 的周期解是一致有界的.

引理 5.7.7　$l\left(0,\tau_j,\dfrac{2\pi}{\omega_0}\right)$ 是无界的.

证明　对于参数 τ 和 p, 我们有 $(0,\tau,p)$ 是系统 (5.7.1) 的稳定解而原点是唯一的稳定点, 对应的特征函数为

$$\varDelta_{(0,\tau,p)}(\lambda)=(\lambda+a)^{n-2}\left[(\lambda+a)^2-\sum_{i=2}^{n}f_i'(0)g_i'(0)\mathrm{e}^{-\lambda\tau}\right],$$

在 $(\lambda,\tau,p)\in\mathbb{C}\times\mathbb{R}\times\mathbb{R}^+$ 是连续的, 根据吴建宏的全局分支引理知 $\left(0,\tau_j,\dfrac{2\pi}{\omega_0}\right)$ 是一个中心. 事实上, 中心集是可数的并且可以表示为 $\left\{\left(0,\tau_j,\dfrac{2\pi}{\omega_0}\right),j=1,2,\cdots\right\}$. $\left(0,\tau_j,\dfrac{2\pi}{\omega_0}\right)$ 是一个孤立点, 很明显由 $\varDelta_{(0,\tau_j,p)}(\mathrm{i}\omega_0)=0$, $\left.\dfrac{\partial\varDelta_{(0,\tau_j,p)}(\lambda)}{\partial\lambda}\right|_{\tau=\tau_j,\lambda=\mathrm{i}\omega_0}\neq0$ 及前述引理及定理可知, 固定 j, 存在 $\varepsilon>0,\sigma>0$ 和一个光滑的曲线 $\lambda:(\tau_j-\sigma,\tau_j+\sigma)\to\mathrm{C}$, 对于所有的 $\tau\in[\tau_j-\sigma,\tau_j+\sigma]$ 和 $\lambda(\tau_j)=i\omega_0$, $\dfrac{\mathrm{d}}{\mathrm{d}t}\mathrm{Re}\,\lambda(\tau)|_{\tau=\tau_j}>0$, 有 $\varDelta(\lambda(\tau))=0, |\lambda(\tau)-\mathrm{i}\omega_0|<\varepsilon$ 成立. 令

$$\varOmega_\varepsilon=\left\{(u,p):0<u<\varepsilon,\left|p-\frac{2\pi}{\omega_0}\right|<\varepsilon\right\},$$

因此, 如果 $|\tau-\tau_j|\leqslant\sigma$, $(u,p)\in\partial\Omega$ 使得 $\Delta_{(0,\tau,p)}\left(u+\mathrm{i}\dfrac{2\pi}{p}\right)=0$, 则 $\tau=\tau_j, u=0, p=\dfrac{2\pi}{\omega_0}$. 如果我们令 $H_m^{\pm}\left(0,\tau_j,\dfrac{2\pi}{\omega_0}\right)(u,p)=\Delta_{(0,\tau_j\pm\sigma,p)}\left(u+\mathrm{i}m\dfrac{2\pi}{p}\right)$, 则当 $m=1$ 时, 由 $\mathrm{Re}\lambda'(\tau_j)>0$, 知穿越数为

$$\gamma_m\left(0,\tau_j,\frac{2\pi}{\omega_0}\right)=\deg_B\left(H_m^-\left(0,\tau_j,\frac{2\pi}{\omega_0}\right),\Omega_\varepsilon\right)-\deg_B\left(H_m^+\left(0,\tau_j,\frac{2\pi}{\omega_0}\right),\Omega_\varepsilon\right)=-1.$$

使用局部 Hopf 分支定理我们得到在 Σ 中 $l\left(0,\tau_j,\dfrac{2\pi}{\omega_0}\right)$ 到 $\left(0,\tau_j,\dfrac{2\pi}{\omega_0}\right)$ 连通域是非空的, 结论得证.

定理 5.7.8 假定 $(\mathrm{H}_1)\sim(\mathrm{H}_3)$ 都满足, 则对于每一个 $\tau>\tau_j(j=1,2,\cdots)$, 系统 (5.7.1) 至少有 $k-1$ 个周期解.

证明 显然 $l\left(0,\tau_j,\dfrac{2\pi}{\omega_0}\right)$ 在 τ 空间上的投射是 $[\bar{\tau},+\infty]$, 其中 $\bar{\tau}\leqslant\tau_j(j=1,2,\cdots)$. 由 τ_j 的定义, 我们知道对于 $j\geqslant1$, $\tau_j>\dfrac{2\pi}{\omega_0}$. 由引理我们得到系统 (5.7.1) 在 $\tau=0$ 时没有非常数的周期解, 因此 $l\left(0,\tau_j,\dfrac{2\pi}{\omega_0}\right)$ 在 τ 空间上的投射不包含任何负数. 假设, $l\left(0,\tau_j,\dfrac{2\pi}{\omega_0}\right)$ 在 τ 空间上的投射是有界的, 则存在 $\tau^*>\tau_j$ 使得 $l\left(0,\tau_j,\dfrac{2\pi}{\omega_0}\right)$ 在 τ 空间上的投射被包含在区间 $[0,\tau^*)$ 内. $\dfrac{2\pi}{\omega_0}<\tau_j$ 和引理 5.7.3 蕴含了在 $(x(t),\tau,p)$ 属于 $l\left(0,\tau_j,\dfrac{2\pi}{\omega_0}\right)$ 时, $0<p<\tau^*$. 应用引理 5.7.5 我们有 $l\left(0,\tau_j,\dfrac{2\pi}{\omega_0}\right)$ 是有界的, 这与引理 5.7.6 矛盾, 因此在 τ 空间上的映射 $l\left(0,\tau_j,\dfrac{2\pi}{\omega_0}\right)$ 是 $[\bar{\tau},+\infty]$, 其中 $\tau^*\leqslant\tau_j$.

为了阐述得到的分析结果, 让我们考虑下面的例子:

$$\begin{cases}x_1'(t)=-2x_1(t)+1.5\tanh(x_2(t-\tau))-0.5\tanh(x_3(t-\tau))+1.5\tanh(x_4(t-\tau)),\\ x_2'(t)=-2x_2(t)-1.5\tanh(x_1(t)),\\ x_3'(t)=-2x_3(t)+0.5\tanh(x_1(t)),\\ x_4'(t)=-2x_4(t)-1.5\tanh(x_1(t)).\end{cases}$$

该系统满足假设 $(\mathrm{H}_1)\sim(\mathrm{H}_3)$, $\tau_j=\tau_0+4j\pi$, $\tau_0=5.3(j=1,2,\cdots)$ 为 Hopf 分支值.

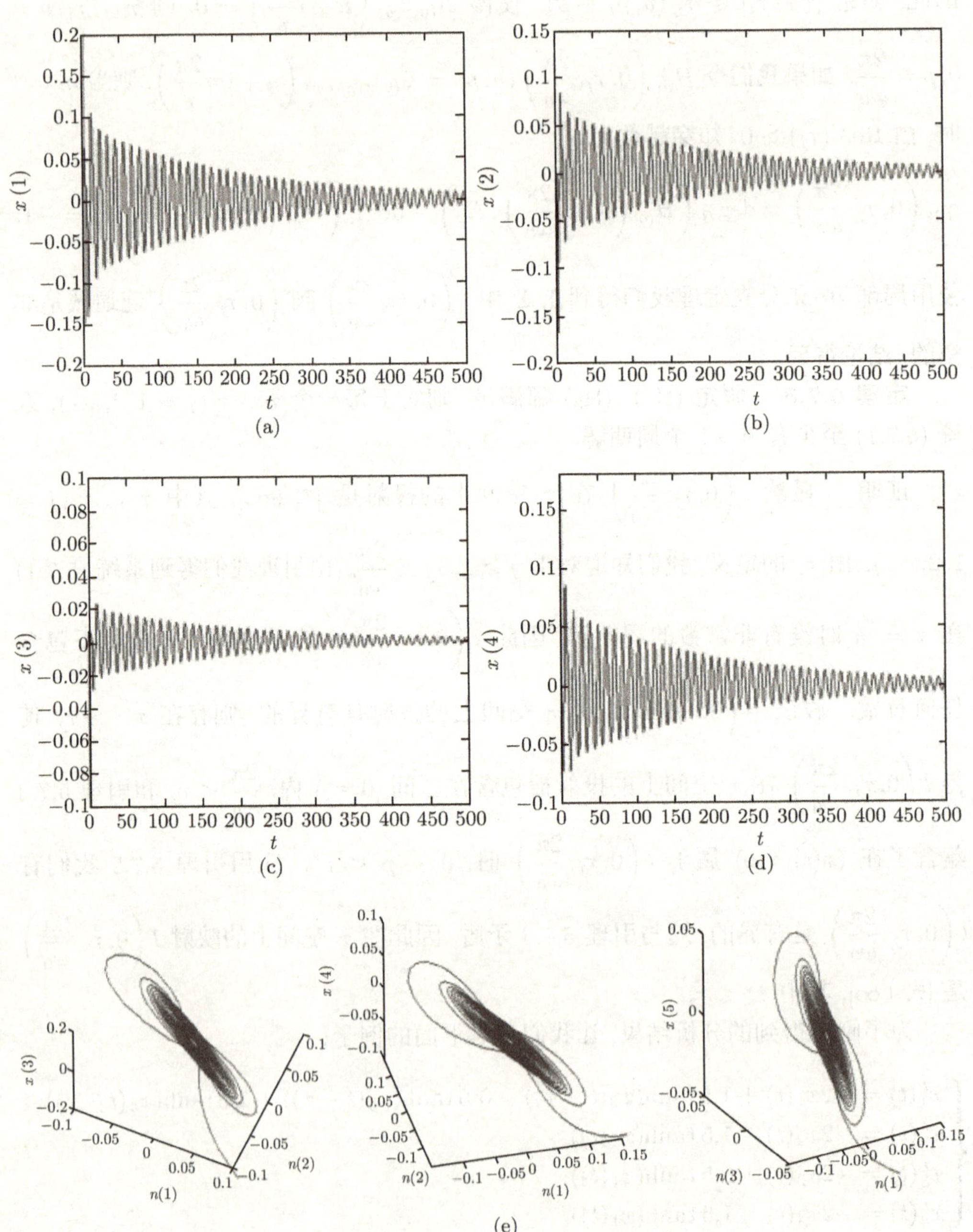

图 5.7.1 $\tau = 4.5 < 5.3$ 时的波图和相图

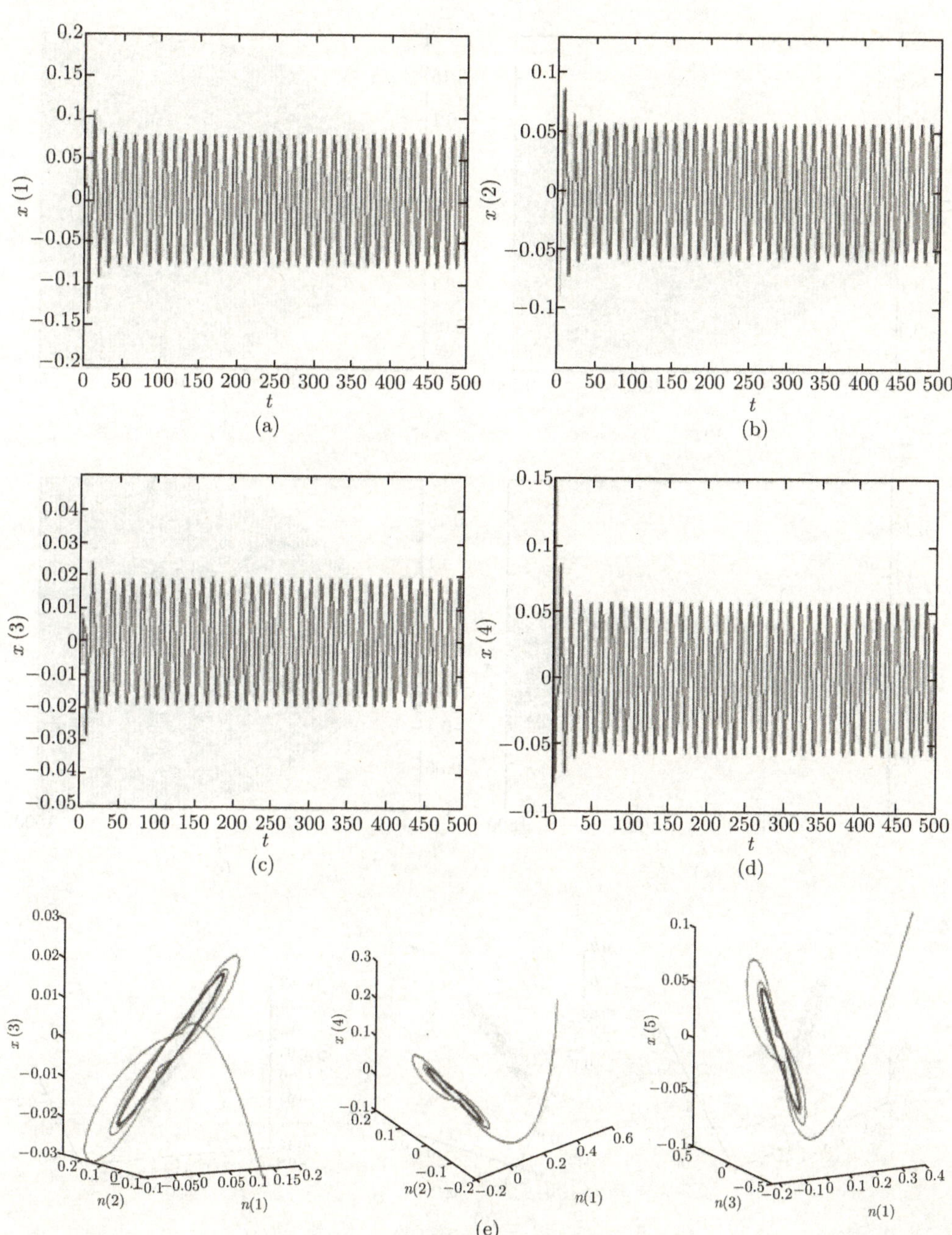

图 5.7.2 $\tau = 5.5 < 5.3$ 时的波图和相图

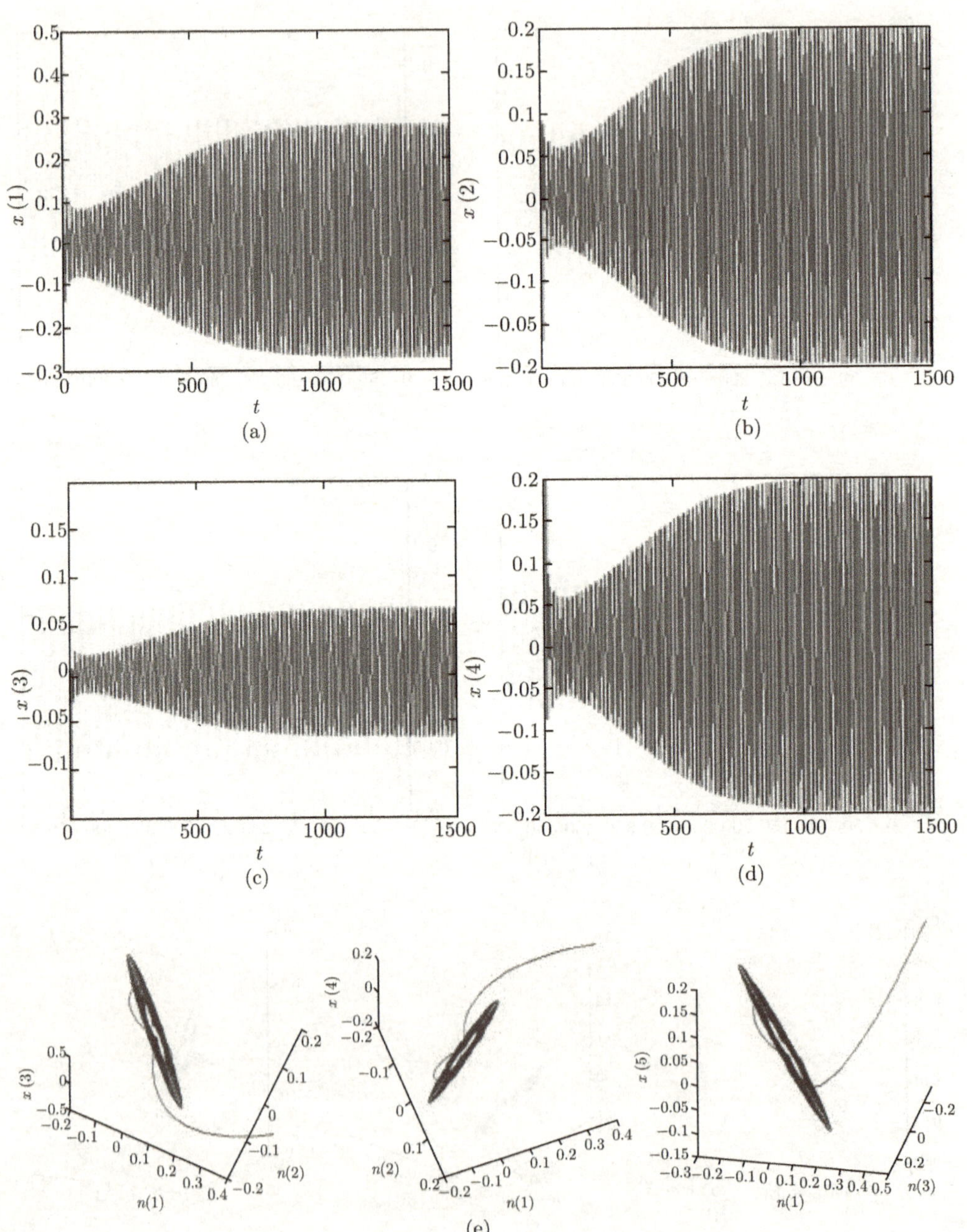

图 5.7.3　$5.3 < \tau = 8 < 11.6$ 时的波图和相图

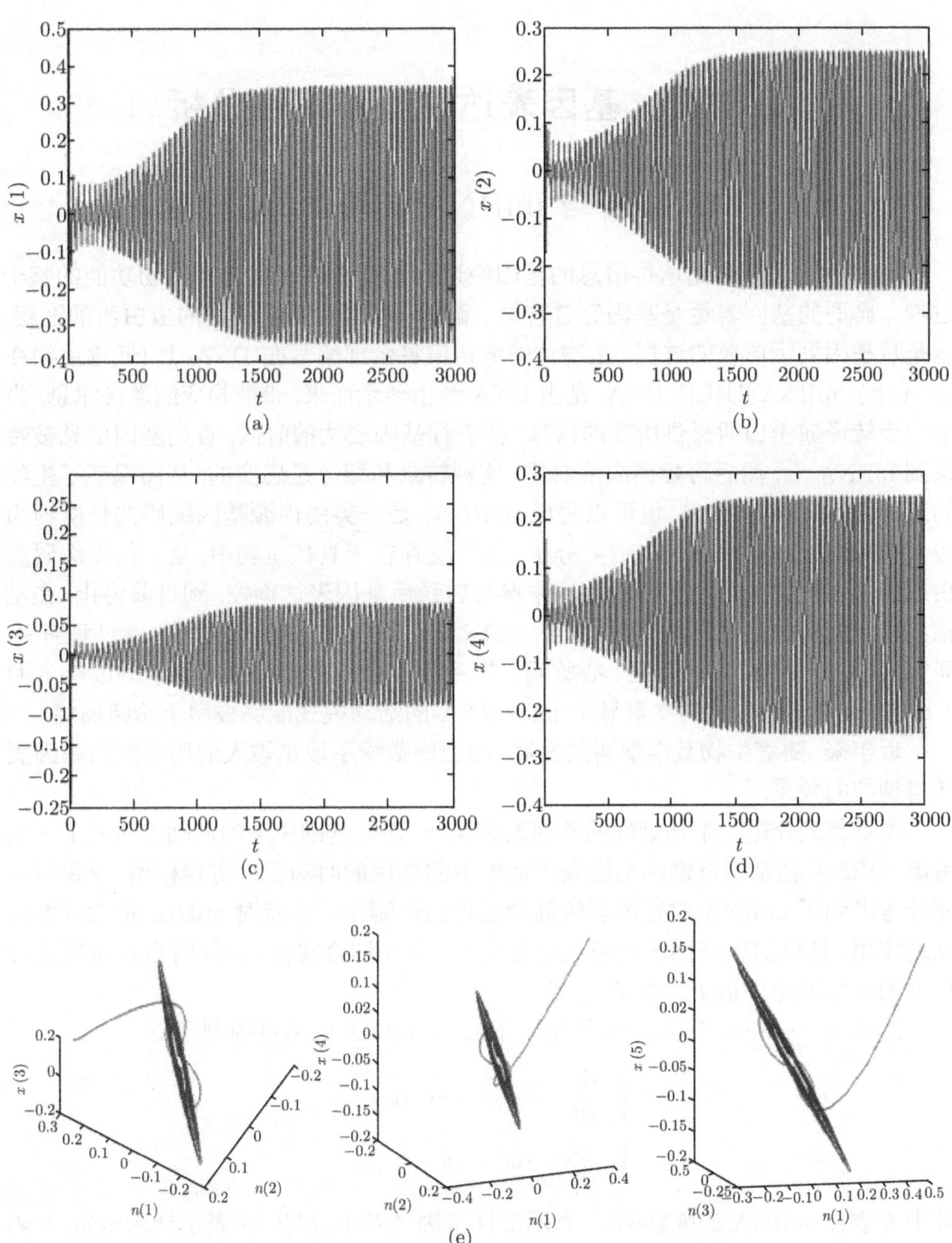

图 5.7.4 $17.6 < \tau = 20 < 24.1$ 时的波图和相图

第 6 章 基因表达模型稳定性分析

6.1 mRNA 与 miRNA 的基因表达模型

基因表达是指存储遗传信息的基因经过一系列步骤表现出其生物功能的整个过程. 典型的基因表达是基因经过转录、翻译, 产生有生物活性的蛋白质的过程. 这是从基因到蛋白质的过程. 生物体的遗传信息全部编写在 DNA 上 (低等生物在 RNA 上). mRNA 即信使 RNA, 是由 DNA 经由转录而来, 带着相应的遗传讯息, 为下一步转译成蛋白质提供所需的信息. 在进行基因表达的时候, 首先基因信息被转录到 mRNA 上, 然后再翻译成蛋白质. 这种转录和翻译是忠实的, 从而保证了生物的遗传特性. MicroRNA 也可以写成 miRNA, 是一类由内源基因编码的长度约为 22 个核苷酸的非编码单链 RNA 分子. 它广泛存在于真核生物中, 是一组不编码蛋白质的短序列 RNA, 它们在动植物中参与转录后基因表达调控. 到目前为止, 在动植物以及病毒中已经发现有 4361 个 miRNA 分子, 它与多种重要的生命过程有关. 研究表明, microRNA 对癌症、心脏病、艾滋病等发生密切相关. 例如, 2005 年 6 月 9 日的《自然》杂志上的文章显示 microRNA 的活动模式能够被用于诊断癌症.

近年来, 随着生物数学学科的发展, 相应的数学手段也被人们用来刻画基因表达与调控的关系.

本章首先介绍一个基础性的基因表达模型, 在此基础模型的基础上研究了一类考虑 miRNA 在延迟反馈的基因表达调控中的作用的时滞微分方程模型, 该模型中充分考虑到了 miRNA 对基因表达翻译过程的抑制作用以及对 mRNA 浓度降解的促进作用, 使以前的基因表达模型更加完善, 更加切合实际, 但同时也使基因表达模型的数学理论分析更为复杂.

2005 年, Tomasz Lipniacki 给出了下面的 mRNA 的浓度模型:

$$\begin{cases} \dfrac{\mathrm{d}x}{\mathrm{d}t} = -hx + aG(t,y), \\ \dfrac{\mathrm{d}y}{\mathrm{d}t} = \alpha x - ky. \end{cases}$$

其中 h 表示 mRNA 的降解率, a 表示活性基因转录率, $G(t,y)$ 表示转录函数, k 表示蛋白质降解率, α 表示翻译常数, x 表示 mRNA 的浓度函数, y 表示蛋白质的浓度函数. 上述模型忽略了基因表达机制在转录中存在时间延迟的事实, 考虑到实际过程中的时滞因素, 以 τ 表示基因表达机制在转录过程中的时间滞后, Monk 提出具时滞反馈的基因表达模型如下：

$$\begin{cases} \dfrac{\mathrm{d}M(t)}{\mathrm{d}t} = kG[P(t-\tau)] - cM(t), \\ \dfrac{\mathrm{d}P(t)}{\mathrm{d}t} = aM(t) - bP(t). \end{cases} \tag{6.1.1}$$

其中 k 表示无转录因子影响下的初始转录率; c 表示无转录因子影响下的 mRNA 降解率; p_0 表示蛋白质的初始浓度; n 表示 Hill 系数; a 表示由 mRNA 生成的蛋白质的生成率; b 表示蛋白质的降解率; $M(t)$ 表示 mRNA 浓度函数; $P(t)$ 表示蛋白质浓度函数; $G[P(t-\tau)] = \left(1 + \left(\dfrac{P(t-\tau)}{p_0}\right)^n\right)^{-1}$, 将其代入模型 (6.1.1) 得

$$\begin{cases} \dfrac{\mathrm{d}M(t)}{\mathrm{d}t} = k\left(1 + \left(\dfrac{P(t-\tau)}{p_0}\right)^n\right)^{-1} - cM(t), \\ \dfrac{\mathrm{d}P(t)}{\mathrm{d}t} = aM(t) - bP(t). \end{cases}$$

令 $m(t) = M(t)/k, p(t) = P(t)/ak, p_0 = P_0/ak$, 上面的方程变成

$$\begin{cases} \dfrac{\mathrm{d}m(t)}{\mathrm{d}t} = \left(1 + \left(\dfrac{P(t-\tau)}{p_0}\right)^n\right)^{-1} - cm(t), \\ \dfrac{\mathrm{d}p(t)}{\mathrm{d}t} = m(t) - bp(t). \end{cases} \tag{6.1.2}$$

下面我们给出其进行动力学性质的简单仿真实验.

取 $b = 0.046/\min, n = 2.6, p_0 = 10, \tau = 25\min, c = 0.03/\min$, 此时原始模型处于稳定状态. 如图 6.1.1, 图 6.1.2 所示.

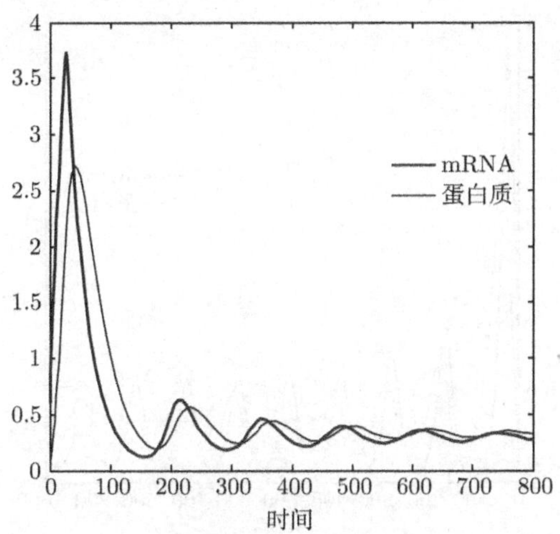

图 6.1.1 蛋白质、mRNA 与时间关系

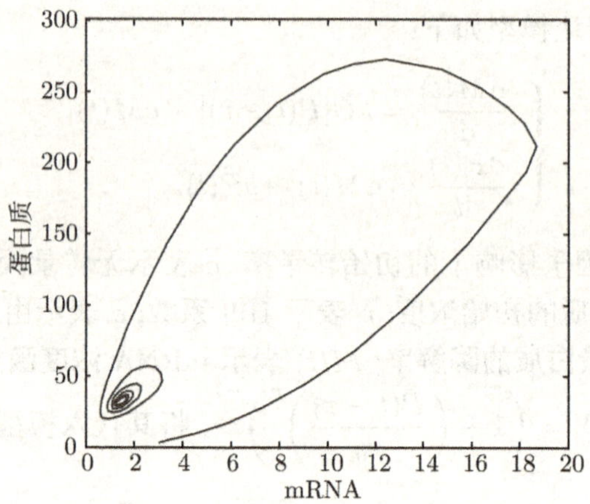

图 6.1.2　蛋白质与 mRNA 关系图

取 $b = 0.046/\min, n = 2.6, p_0 = 10, \tau = 25\min, c = 0.07/\min$, 此时模型存在周期现象. 如图 6.1.3, 图 6.1.4 所示.

2007 年, Zhong Ruxie 等以 Hes7 基因为例, 考虑了 miRNA 对基因表达模型动力学性质上的影响, 在 Monk 模型 (6.1.2) 的基础上构建了如下的模型:

$$\begin{cases} \dfrac{\mathrm{d}M(t)}{\mathrm{d}t} = k\left(1+\left(\dfrac{P(t-\tau)}{p_0}\right)^n\right)^{-1} - cM(t) - iI(t)M(t) + jX(t), \\ \dfrac{\mathrm{d}I(t)}{\mathrm{d}t} = \mathrm{e} - fI(t) - iI(t)M(t) + jX(t), \\ \dfrac{\mathrm{d}X(t)}{\mathrm{d}t} = iI(t)M(t) - jX(t), \\ \dfrac{\mathrm{d}P(t)}{\mathrm{d}t} = aM(t) - bP(t). \end{cases} \tag{6.1.3}$$

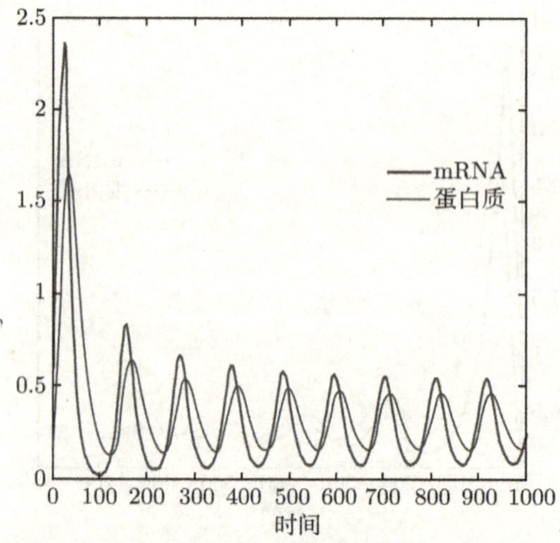

图 6.1.3　蛋白质、mRNA 分别与时间关系图

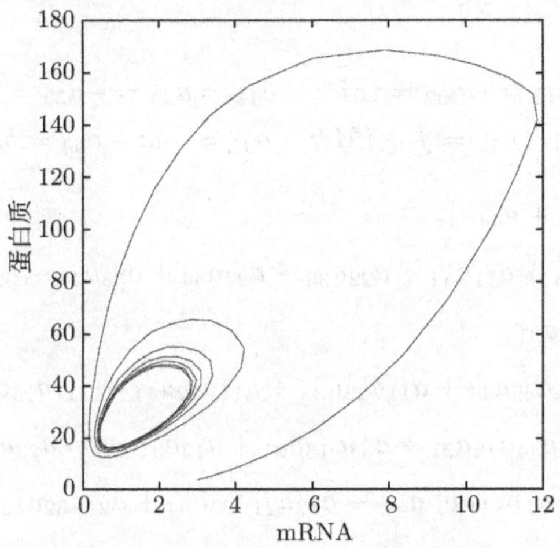

图 6.1.4 蛋白质与 mRNA 关系图

其中 e 表示 miRNA 的生成率; f 表示 miRNA 的降解率; i 表示在一种 mRNA 和 miRNA 之间噪声抑制发生的比率; j 表示噪声分离的比率; $I(t)$ 表示 miRNA 浓度函数; $X(t)$ 表示噪声抑制体浓度. 下面我们对该模型进行相关的动力学性质分析.

设系统 (6.1.3) 的平衡点为 (M^*, I^*, X^*, P^*), 则平衡点满足:

$$\begin{cases} k\left(1+\left(\dfrac{P^*}{p_0}\right)^n\right)^{-1} - cM^* - iI^*M^* + jX^* = 0, \\ e - fI^* - iI^*M^* + jX^* = 0, \\ iI^*M^* - jX^* = 0, \\ aM^* - bP^* = 0. \end{cases}$$

令 $x_1(t) = M(t) - M^*; x_2(t) = I(t) - I^*; x_3(t) = X(t) - X^*; x_4(t) = P(t) - P^*$, 则系统 (6.1.3) 线性部分为

$$\begin{aligned} x_1' &= -(c+iI^*)x_1 - iM^*x_2 + jx_3 - Kx_4(t-\tau), \\ x_2' &= -iI^*x_1 - (f+iM^*)x_2 + jx_3, \\ x_3' &= iI^*x_1 + iM^*x_2 - jx_3, \\ x_4' &= ax_1 - bx_4. \end{aligned} \tag{6.1.4}$$

其中 $K = \dfrac{kn\beta}{P^*(1+\beta)^2}, \beta = \left(\dfrac{P^*}{P_0}\right)^n$, 其特征方程为

$$\det\begin{pmatrix} \lambda + (c+iI^*) & iM^* & -j & -K\mathrm{e}^{-\lambda\tau} \\ iI^* & \lambda + (f+iM^*) & -j & 0 \\ -iI^* & -iM^* & \lambda + j & 0 \\ -a & 0 & 0 & \lambda + b \end{pmatrix} = 0.$$

记

$$a_{11}=c+iI^*;\quad a_{12}=-a_{32}=iM^*;\quad a_{13}=a_{23}=-a_{33}=-j;\quad a_{14}=-K,$$
$$a_{21}=-a_{31}=iI^*;\quad a_{22}=f+iM^*;\quad a_{41}=-a;\quad a_{44}=b.$$

$$\begin{aligned}
A=&a_{11}+a_{22}+a_{33}+a_{44},\\
B=&a_{11}a_{22}+a_{11}a_{33}+a_{11}a_{44}+a_{22}a_{33}+a_{22}a_{44}+a_{33}a_{44}-a_{23}a_{32}\\
&-a_{12}a_{21}-a_{13}a_{31},\\
C=&a_{11}a_{33}a_{44}+a_{22}a_{33}a_{44}+a_{11}a_{22}a_{33}+a_{11}a_{22}a_{44}-a_{11}a_{23}a_{32}-a_{44}a_{23}a_{32}\\
&-a_{33}a_{12}a_{21}-a_{44}a_{12}a_{21}+a_{33}a_{13}a_{21}+a_{12}a_{31}a_{23}-a_{22}a_{13}a_{31}-a_{44}a_{13}a_{31},\\
D=&a_{11}a_{22}a_{33}a_{44}-a_{11}a_{44}a_{23}a_{32}-a_{12}a_{21}a_{33}a_{44}+a_{21}a_{32}a_{13}a_{44}+a_{12}a_{31}a_{23}a_{44}\\
&-a_{13}a_{31}a_{22}a_{44},\\
E=&a_{41}a_{14},\\
F=&a_{41}a_{14}(a_{22}+a_{33}),\\
G=&a_{41}a_{14}(a_{22}a_{33}-a_{23}a_{32}),
\end{aligned}$$

则特征方程变为

$$\lambda^4+A\lambda^3+B\lambda^2+C\lambda+D+(E\lambda^2+F\lambda+G)\mathrm{e}^{-\lambda\tau}=0. \tag{6.1.5}$$

设 $\mathrm{i}\omega(\omega>0)$ 为方程 (6.1.5) 的根, 则

$$\omega^8+(A^2-2B)\omega^6+(B^2+2D-2AC-E^2)\omega^4+(C^2-2BD+2EG-F^2)\omega^2+(D^2-G^2)=0.$$

令 $z=\omega^2$; $a_1=A^2-2B$, $b_1=B^2+2D-2AC-E^2$, $c_1=C^2-2BD+2EG-F^2$, $d_1=D^2-G^2$, 则有

$$z^4+a_1z^3+b_1z^2+c_1z+d_1=0. \tag{6.1.6}$$

引理 6.1.1 如果 $d_1\leqslant 0$, 则方程 (6.1.6) 至少有一个正根.

引理 6.1.2 假设 $d_1\geqslant 0$.

(i) 如果 $\xi\geqslant 0$, 当且仅当 $z_1>0, f(z_1)<0$, 方程 (6.1.6) 有正根.

(ii) 如果 $\xi<0$, 当且仅当存在至少一个 $z^*\in\{z_1,z_2,z_3\}$ 满足 $z^*>0, f(z^*)\leqslant 0$, 方程 (6.1.6) 有正根.

以上引理的详细证明可以参阅文献 [40].

设方程 (6.1.6) 有四个正根 $z_k^*, k=1,2,3,4$, 则 $\omega_k=\sqrt{z_k}, k=1,2,3,4$ 满足如下等式.

令 $\xi=\dfrac{1}{4}\left(\dfrac{b_1}{2}-\dfrac{3}{16}a_1^2\right)^2+\dfrac{1}{27}\left(\dfrac{a_1^3}{32}-\dfrac{a_1b_1}{8}+c_1\right)^3$, 则有

$$\begin{cases}\cos\omega_k\tau_k \\ =\dfrac{E\omega^6-(BE+G)\omega^4+AF\omega^3+(DE+BG-CF)\omega^2-GD}{(E\omega^2-G)^2+F^2\omega^2}, \\ \tau_k^{(j)}=\dfrac{1}{\omega_k}\Bigg[\arccos\left(\dfrac{E\omega^6-(BE+G)\omega^4+AF\omega^3+(DE+BG-CF)\omega^2-GD}{(E\omega^2-G)^2+F^2\omega^2}\right) \\ \qquad +2(j-1)\pi\Bigg] \\ \qquad\qquad (k=1,2,3,4,j=1,2,\cdots),\end{cases} \tag{6.1.7}$$

记

$$\tau_0=\tau_{k_0}^{(0)}=\min_{k\in[1,2,3]}\{\tau_k^0\},\quad \omega_0=\omega_{k_0},\quad z_0=z_{k_0}^*,$$

则可得到关于特征分布的结论.

引理 6.1.3 假设条件成立:

$$A>0,\quad [A(B+E)-(C+F)]>0,\quad D+G>0,$$

$$(C+F)[A(B+E)-(C+F)-A^2(D+G)]>0.$$

那么

(i) 如果下列三个条件之一成立, 则当 $\tau\in[0,\tau_0)$ 时方程 (6.1.5) 的所有根都具有负实部:

(a) $d_1<0$;

(b) $d_1\geqslant 0,\xi\geqslant 0,z_1>0,f(z_1)\leqslant 0$;

(c) $d_1\geqslant 0,\xi<0$, 存在一个 $z^*\in\{z_1,z_2,z_3\}$ 满足 $z^*>0,f(z^*)\leqslant 0$.

(ii) 如果条件 (i) 中的 (a), (b), (c) 不满足, 则当 $\tau\geqslant 0$ 时方程 (6.1.5) 的所有根都具有负实部.

设 $\lambda(\tau)=\alpha(\tau)+\mathrm{i}\omega(\tau)$ 是方程 (6.1.5) 的根, 满足

$$\alpha(\tau_0)=0,\quad \omega(\tau_0)=\omega_0.$$

引理 6.1.4 设 $z_k=\omega_k^2$, $f'(z_k)\neq 0$, 如果 $\tau=\tau_0$, 则 $\pm\mathrm{i}\omega_0$ 是方程 (6.1.5) 的一对纯虚根, 如果条件满足引理 6.1.3(i) 中条件之一, 则 $\dfrac{\mathrm{d}(\mathrm{Re}\{\lambda(\tau_0)\})}{\mathrm{d}\tau}>0$.

进一步, 由以上引理可得如下定理.

引理 6.1.5 设 $\omega_0,z_0,\tau_0,\lambda(\tau)$ 分别由式 (6.1.7) 给出, 并且

$$A>0,\quad [A(B+E)-(C+F)]>0,\quad D+G>0,$$

$$(C+F)[A(B+E)-(C+F)-A^2(D+G)]>0,$$

那么

(1) 如果引理 6.1.3(i) 中的条件 (a),(b),(c) 都不满足, 则当 $\tau \geqslant 0$ 时, 方程 (6.1.5) 的所有根具有负实部.

(2) 如果满足引理 6.1.3(i) 中的条件 (a),(b),(c) 之一, 则当 $\tau \in [0, \tau_0)$ 时, 方程 (6.1.5) 的所有根具有负实部; 当 $\tau = \tau_0$, $f'(z_k) \neq 0$, 方程 (6.1.5) 有一对纯虚根 $\pm \mathrm{i}\omega_\pm$ 且其他所有根具有负实部; 而且 $\dfrac{\mathrm{dRe}\lambda(\tau_0)}{\mathrm{d}\tau} > 0$.

利用以上引理, 得到关于方程 (6.1.3) 线性稳定性的相关定理.

定理 6.1.6　设 ω_0, z_0, τ_0 由式 (6.1.7) 给出, 并且

$$A > 0, \quad [A(B+E) - (C+F)] > 0, \quad D + G > 0,$$

$$(C+F)[A(B+E) - (C+F) - A^2(D+G)] > 0,$$

那么

(1) 如果不满足引理 6.1.3(i) 中条件 (a),(b),(c) 中的任何一个, 则对于所有的 $\tau \geqslant 0$, 系统 (6.1.3) 都是绝对稳定的.

(2) 如果满足引理 6.1.3(ii) 中条件 (a),(b),(c) 中的一个, 则对于所有 $\tau \in [0, \tau_0)$, 系统 (6.1.3) 都是渐近稳定的.

(3) 如果引理 6.1.3(ii) 中条件都满足且 $f'(z) \neq 0$, 那么当 $\tau = \tau_0$ 时, 系统 (6.1.3) 经历 Hopf 分支.

数值仿真

$k = 0.1, i = 0.01, j = 0.01, e = 0.01, f = 0.01, a = 0.03, b = 0.046/\min, n = 2.6, p_0 = 10, \tau = 25\min, c = 0.03/\min$. 此时模型 (6.1.3) 的性质与模型 (6.1.2) 类似, 仍处于稳定状态. 如图 6.1.5, 图 6.1.6 所示.

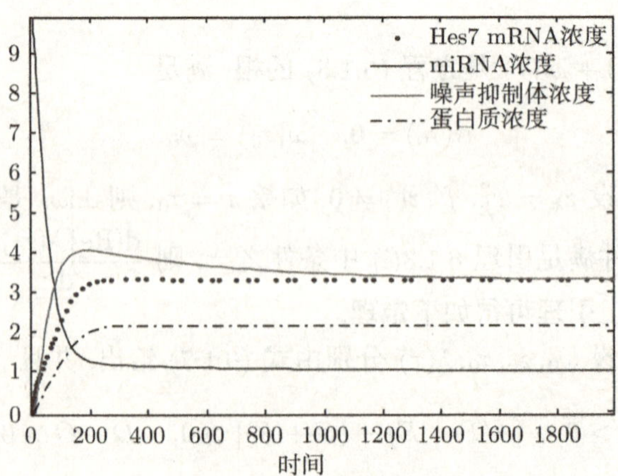

图 6.1.5　Hes7mRNA 浓度, 蛋白质浓度, miRNA 浓度, 噪声抑制体浓度分别与时间的关系图

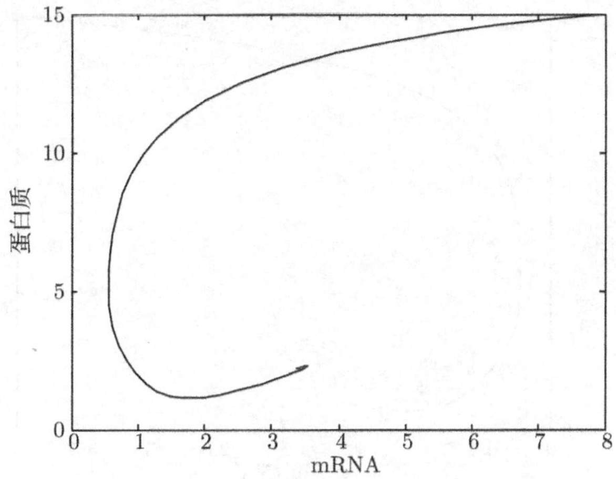

图 6.1.6 Hes7 蛋白质与 mRNA 关系图

$k = 0.1, i = 0.01, j = 0.01, e = 0.01, f = 0.01, a = 0.03, b = 0.046/\min, n = 2.6, p_0 = 10, \tau = 25\min, c = 0.07/\min$. 此时模型 (6.1.3) 仍处于稳定状态. 如图 6.17, 图 6.18 所示.

通过仿真, 我们发现考虑了 miRNA 在延迟反馈的基因表达调控中作用模型 (6.1.3), 较原模型 (6.1.2) 有更好的稳定性, 这也从一方面说明了实际生命问题中 miRNA 的作用是不可忽略的. 该模型中充分考虑到了 miRNA 对基因表达翻译过程的抑制作用以及对 mRNA 浓度降解的促进作用, 使基因表达模型更加完善, 更加切合实际.

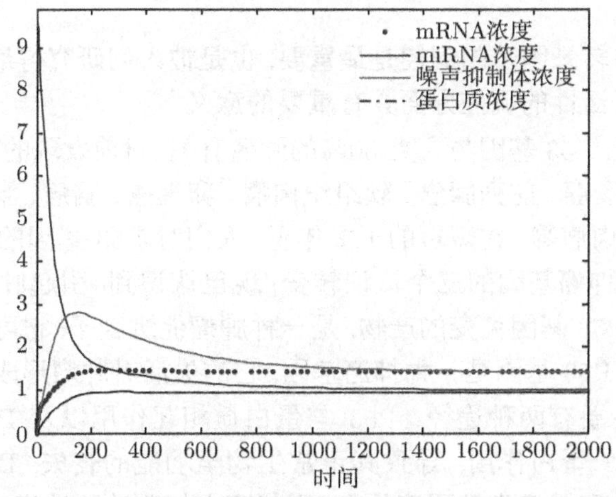

图 6.1.7 Hes7mRNA 浓度, 蛋白质浓度, miRNA 浓度, 噪声抑制体浓度分别与时间的关系图

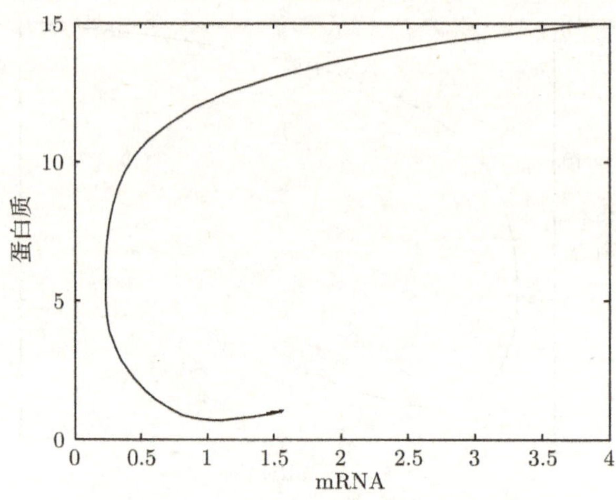

图 6.1.8 Hes7 蛋白质与 mRNA 关系图

目前已公认 miRNA 和人类疾病之间有着密切的联系. 这种认识随着人们对 miRNA 和其控制的基因研究的深入而进一步加强. 而且, 对 RNA 介导的基因表达调控认识带来的全新的诊断和治疗方法的发展有可能带来医学实践上的革命性变化. 随着 miRNA 作用, 肿瘤的机制渐渐被阐明, 癌症的作用机制也将得到进一步认识. 可以相信, 随着研究的深入, miRNA 必将在生命起源和物种进化、基因表达调控的复杂性、疾病发生和发展的机制等方面起到更为深远的作用.

6.2 P53-Mdm2 基因反馈模型

在真核生物中转录因子的调控是最重要, 也是被人们研究得最多的. 蛋白质相互作用在转录因子活性的调控方面具有重要的意义.

科学研究发现, P53 基因与人类 50%的肿瘤有关, 目前发现的有肝癌、乳腺癌、膀胱癌、胃癌、结肠癌、前列腺癌、软组织肉瘤、卵巢癌、脑瘤、淋巴细胞肿瘤、食道癌、肺癌、成骨肉瘤等. 在短短的十多年里, 人们对 P53 基因的认识经历了癌蛋白抗原, 癌基因到抑癌基因的三个认识转变, 现已认识到, 引起肿瘤形成或细胞转化的 P53 蛋白是 P53 基因突变的产物, 是一种肿瘤促进因子, 它可以消除正常 P53 的功能, 而野生型 P53 基因是一种抑癌基因, 它的失活对肿瘤形成有重要影响.

P53 的失活主要有两种途径: P53 与蛋白质相互作用以及 P53 基因突变. 一些蛋白质能与 P53 蛋白作用, 导致其正常生物学功能的丧失, DNA 肿瘤病毒如 HPV16、18、SV40 和腺病毒编码癌蛋白, 引起宿主细胞的恶性病变, 这些癌蛋白如 SV40T 抗原、腺病毒 ELa、ELb、HPVE6 能与 Rb, P53 结合. Scheffner 证实, HPVE6 结合 P53 后, 启动细胞内蛋白酶降解 P53, 从而降低 P53 正常功能. 而 SV40T, 腺病毒 ELb 没有发现这种降解作用方式. 此外, P53 还可以被细胞基因产物相互作用而失活, 如 MDM2 可结合 P53 而使其失活, 在一些常见的人类肉瘤中, 都有 MDM2 基因扩增, 这种扩增可能干扰 P53 的正常功能. P53 正常功能的丧失, 最主要的方式是基因突变, 通过肿瘤中大量的突变体分析, 证实大部分突变是位于 4 个突变热点之一的错义突变.

Monk[42] 在 2003 年给出了具时滞的 P53-Mdm2 反馈模型. p53-Mdm2 反馈回路过程可以用图 6.2.1 表示.

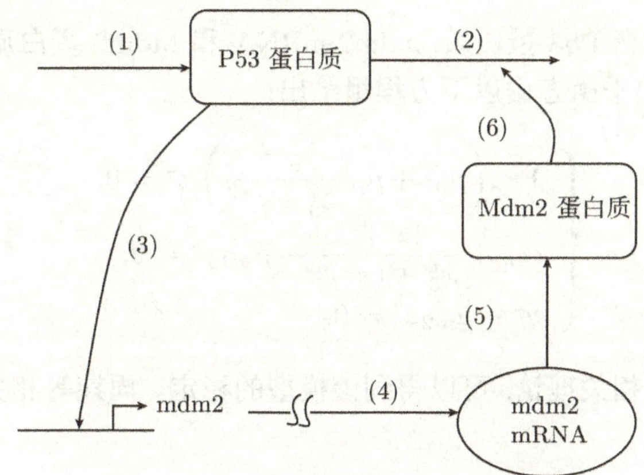

图 6.2.1 P53-Mdm2 反馈回路示意图

上述 P53-Mdm2 的反馈回路, 取决于两个关键事件：P53 对 mdm2 转录的上调作用; Mdm2 蛋白引起的 P53 的扰动. 其中 (1) P53 的合成; (2) P53 的降解, 降解率由于 Mdm2 的作用而显著提高; (3) P53 对 mdm2 转录的上调; (4)mdm2 mRNA 的成熟期; (5)Mdm2 蛋白的合成; (6) 由 Mdm2 的作用而引起 P53 的降解率的显著提高, 主要通过 P53 的上调作用和并发的水解作用来实现. 建立的模型如下：

$$
\begin{aligned}
\frac{\mathrm{d}[Pp]}{\mathrm{d}t} &= \alpha_p - \left(\mu_{p1} + \mu_{p2}\frac{[Mp]^2}{M_0^2 + [Mp]^2}\right)[Pp], \\
\frac{\mathrm{d}[Mm]}{\mathrm{d}t} &= \alpha_{m0} + \alpha_{m1}\frac{([Pp](t-\tau))^n}{P_0^n + ([Pp](t-\tau))^n} - \mu_{m1}[Mm], \\
\frac{\mathrm{d}[Mp]}{\mathrm{d}t} &= \alpha_{m2}[Mm] - \mu_{m2}[Mp],
\end{aligned}
\tag{6.2.1}
$$

其中 $[Pp], [Mm], [Mp]$ 分别代表 P53 蛋白质, mdm2 mRNA 和 Mdm2 蛋白质浓度. μ_{p1}, μ_{p2} 分别代表 P53 蛋白质的初始降解率和在 Mdm2 作用下的最大降解率. μ_{m1}, μ_{m2} 分别代表 mdm2 和 Mdm2 蛋白质的初始降解率. α_p 代表 P53 的基本生成率; α_{m0} 代表 mdm2 的初始转录率; α_{m1} 代表 P53 对 mdm2 转录的调制的最大初始率; α_{m2} 代表 Mdm2 蛋白质的合成率.

记 $x=[Pp]/\alpha_p, y=[Mm]/\alpha_{m1}, z=[Mp]/\alpha_{m1}\alpha_{m2}, x_0=P_0/\alpha_p, z_0=M_0/\alpha_{m1}\alpha_{m2}$, $\alpha_m=\alpha_{m1}/\alpha_{m2}$, 方程 (6.2.1) 变为

$$\begin{cases}\dfrac{\mathrm{d}x}{\mathrm{d}t}=1-\left(\mu_{p1}+\mu_{p2}\dfrac{z^2}{z_0^2+z^2}\right)x,\\ \dfrac{\mathrm{d}y}{\mathrm{d}t}=\alpha_m+\dfrac{x(t-\tau)^n}{x_0^n+x(t-\tau)^n}-\mu_{m1}y,\\ \dfrac{\mathrm{d}z}{\mathrm{d}t}=y-\mu_{m2}z.\end{cases}\tag{6.2.2}$$

其中 x,y,z 分别代表 P53 蛋白质, mdm2 mRNA 和 Mdm2 蛋白质的浓度.

模型 (6.2.2) 的平衡态由以下方程组给出:

$$\begin{cases}1-\left(\mu_{p1}+\mu_{p2}\dfrac{z^{*2}}{z_0^2+z^{*2}}\right)x^*=0,\\ \alpha_m+\dfrac{(x^*)^n}{x_0^n+(x^*)^n}-\mu_{m1}y^*=0.\\ y^*-\mu_{m2}z^*=0,\end{cases}$$

利用时滞微分方程相关理论, 可以得到该模型的稳定、周期等相关动力学性质, 这里不再赘述.

第 7 章　昼夜节律模型

7.1　昼夜节律模型简介

生物节律广泛存在于生物界, 并普遍存在于生物的各级水平. 昼夜节律是生物体的一个基本特征. 人们常说的鸡叫三遍天亮, 牵牛花破晓开放, 青蛙冬眠春晓, 大雁南来北往, 就是自然界生物节律的一个重要表现形式.

在自然界中, 从某些原核单细胞有机体、低等生物、高等动植物直至人类的几乎所有生命活动均存在着按照一定规律运行的、周期性的生命活动现象, 这种生命活动现象称为生物节律. 20 世纪中叶, 科学家开始把这种生物节律比作钟表, “生物钟” 概念被正式提了出来. 在关于生物节律的研究中, 尤以对 “昼夜节律”(circadian rhythm) 研究最为深入. 也称昼夜节律为 “近日节律”, 即周期大约为 24 小时 (单位：h) 的节律.

昼夜节律是指生物体的生理、生化和行为以 24h 为周期的振荡. 它是生物界最普遍存在的一种节律, 例如, 睡眠 —— 觉醒更替、体温的波动、激素水平的涨落、识别和记忆能力的变化等都呈昼夜节律性变化. 昼夜节律发生的结构基础是分子计时器, 即昼夜节律生物钟 (分子钟), 从哺乳动物到细菌的大多数生物体都有这样一个计时装置.

生物钟包括三大部分：

(1) 输入系统

接受环境周期信号传入到振荡器, 调节相关基因的表达, 矫正节律位相, 由感受器和传入路径组成, 它将内在的生物周期和外在的昼夜变化联系起来. 最重要的授时因子为光－暗和温度.

(2) 振荡器 (oscillator)

振荡器也称自主起搏点、起搏器, 由一组呈节律表达的基因及其编码的蛋白质组成, 由它发出每天生理节律变化的信号. 节律基因启动后, 经转录、翻译生成相应的蛋白质. 当此蛋白质浓度达到一定程度, 反馈作用于自身基因的启动部位, 使其浓度高低以 24h 周期进行振荡. 在昼夜振荡反馈回路中, 正性成分 (positive element) 启动生物钟基因, 使之进行表达; 负性成分 (negative element) 阻断正性成分的作用, 使表达减弱或停止. 振荡器是生物钟运作的核心元件, 它接收外界传入的信号, 引起相应的基因表达, 进而控制钟信号的输出路径, 使生物体展现昼夜节律活动. 大量昼夜节律模型都是以该部分为对象建立起来的, 所以后面涉及的模型都是生物振荡器的模型.

(3) 输出系统

包括与信号输出有关的钟基因和一些钟控基因 (clock-controlled genes, CCG), 将母钟节律振荡信号, 经体液和神经途径送达效应器, 调节其生理、生化和行为的昼夜节律.

昼夜节律虽由机体内部产生, 但同时又受外界环境的影响. 不同种类生物的生物钟运作的普遍分子机制是: 输入系统将环境信号 (如光、温度、化学物质和社会行为等) 传给中央振荡器, 振荡器接受环境周期变化的信号; 机体内在周期与外界环境变化同步化后, 昼夜节律振荡器又自激振荡; 输出系统再将同步化后的振荡节律信息放大并传递到下游钟控基因, 实现对各种生理活动的调控, 使生物体能适应外界环境的变化.

昼夜节律在各种生物中都具备以下主要特点:

(1) 在恒定条件下, 节律不断地自由运转, 它们的自由运转节律周期接近 24h, 并非刚好 24h. 不同物种的生物钟周期在 22~28h 之间变化, 并且在特殊信号, 通常是日出日落的诱导下还会趋于同步. 这一点证明, 这种节律是独立的、自给的、内生的. 用平实的科学语言来说, 当果蝇被置于一个不变的、非周期性的环境中时 (恒温恒光), 在缺少外部驱动因素的条件下, 它的日常周期性活动仍然可以无限期持续下去. 换句话说, 在恒定条件下, 比如说持续的黑暗时, 果蝇体内的生物钟以 24h 左右为周期发挥作用.

(2) 昼夜节律被光照、温度或其化物理、化学因子的变化突然打断后, 可以重新校正. 在环境诱因的影响下, 如在光线的引导下, 昼夜这种节律周期可以被调整为刚好 24h. 由于光线的原因, 昼夜节律被同步了, 其周期被 “强行” 调整为精确的 24h. 对于绝大多数有机体, 光线是主要的 “授时者”, 让它们的节律机制与自然界的晨昏变化保持同步.

(3) 昼夜节律的周期在生理范围内对温度变化是相对不敏感的, 是 “温度代偿性” 的. 如同其他任何品质良好的钟表一样, 昼夜节律具有温度补偿机制. 如果生物钟要想起作用, 它的周期长度就必须或多或少地忽略环境温度的影响. 这是个问题, 因为生物反应是服从 Q10 生物法则的, 从本质上说, 温度每升高 10°C, 新陈代谢率就会提高一倍, 也就是有机体内所有的生化反应速度都会翻倍. 人类的生理系统 “勤勤勉勉” 地工作, 以保证体内温度稳定在 37°C 左右. 但是果蝇是变温动物, 体温会随外部环境而变化, 假如生物钟的周期不进行 “温度补偿” 的话, 那么 20°C 时为 24.5h 的周期, 到了 30°C 就会变为 12.3h. 那样一来, 一只中午还在太阳底下的果蝇是撑不了多久的 [63,64].

这些特点被认为是由特定的 “钟基因” 决定的. 有些短日节律的周期可以短至

1h 或者 1min, 它们仍然具有昼夜节律的一些特征. 如在酵母等单细胞生物中, 代谢和生化指标以大约 1h 的周期变化, 但这些波动是温度代偿性的.

近年来, 人们通过对生物钟基因组成和生物钟基因间相互作用的研究, 提出了昼夜节律生物钟运行的正、负反馈环路分子模型, 数学模型也渐渐被人们用来详细的描述昼夜节律系统. 数学模型可以通过参数变化来显示昼夜振荡过程. 因此, 模型可以帮助确定关键的参数, 这些参数对系统的动力学有很大的影响. 昼夜节律模型对昼夜节律系统的研究及发展具有重要的价值. 1990 年, Kronauer 提出了一个关于人体内部昼夜节律受光照影响的模型, 1998 年, Kronauer 等又根据新的数据完善了该模型. 此模型多次被人们用来研究哺乳动物的昼夜节律, 具体模型为 [60]

$$\begin{cases} \dfrac{12}{\pi}x' = y + \varepsilon\left(x - \dfrac{4}{3}x^3\right) + B, \\ \dfrac{12}{\pi}y' = -\left(\dfrac{24}{T}\right)^2 x + By, \end{cases}$$

其中 I 表示光强度, m 表示调制指数, C 表示光强作用系数, $B = (1 - mx)CI^{1/3}$ 表示感觉亮度, x 是反映体内昼夜节律的一个外在表象, y 没有实际生物意义, 是为方便研究提出的补充变量, ε 表示劲度系数, T 表示振荡器的内在周期.

上面这个模型展现了人体对外界刺激光照的反应. 生物体对外界刺激都能发生反应的应激性是生物的普遍特性. 响应是生物对环境变化并能调整自身的一种能力, 应激性其实是对刺激反应的一种时间滞后 (简称时滞), 因而时间滞后广泛存在于生物系统中. 无论何种时滞系统, 随时间的演化不仅依赖于系统当前的状态, 而且依赖于系统过去某一段时间的状态. 换句话说, 系统过去某一段时间的状态对系统目前状态的影响存在一个时间上的滞后 (时滞).

一个具有光照和时滞的人体内部昼夜节律的模型为

$$\begin{cases} x' = \dfrac{\pi}{12}\varepsilon\left(x - \dfrac{4}{3}x^3\right) + \dfrac{\pi}{12}y + \dfrac{\pi}{12}\left[1 - mx(t-\tau)\right]CI^{1/3}, \\ y' = -\dfrac{48\pi}{T^2}x + \dfrac{\pi}{12}y\left[1 - mx(t-\tau)\right]CI^{1/3}, \end{cases}$$

利用微分方程定性理论可以得到, 在光照为零的情况下, 以上的模型的平衡态是不稳定的, 这也与我们的生活常识相吻合. 在光照不为零的条件下, 可以得到该模型周期性变化的规律.

1999 年 Scheper 和 Klinkenberg 等在分子机制基础上提出一类普通的具时滞的昼夜节律模型, 这一典型数学模型为 [61]

$$\begin{aligned} \frac{\mathrm{d}M}{\mathrm{d}t} &= \frac{r_M}{1 + (P/k)^n} - q_M M, \\ \frac{\mathrm{d}P}{\mathrm{d}t} &= r_P M(t-\tau)^m - q_P P, \end{aligned}$$

M 表示 mRNA 的相关浓度, P 表示效应蛋白的相关浓度, $r_{_M}$ 表示 mRNA 的产生率, $r_{_P}$ 表示蛋白产生率, $q_{_M}$ 和 $q_{_P}$ 分别表示 mRNA 和蛋白的降解率, n 表示 Hill 系数, 指数 m 表示蛋白的产生级联是呈非线性变化的, 时滞 τ 是指从 mRNA 翻译成蛋白的总时间滞后, k 是一个比例常数.

2000 年 L. Martin 等在文献 [62] 中提出一个简单的单一时滞昼夜节律振荡器 (起搏器) 模型, 其动力学方程的基本形式为

$$\frac{\mathrm{d}E(t)}{\mathrm{d}t}=aG(t-\tau)-bE(t),$$

$$G(t-\tau)=\frac{1}{1+[E(t-\tau)/k]^n},$$

其中 t 代表时间; τ 代表时滞; E 代表成熟的时钟蛋白质的浓度函数; G 代表基因的活化浓度函数, 它们都是非负的有界量; a 代表活性基因到时钟蛋白质的转录比率; b 代表时钟蛋白质的降解率; k 代表时钟蛋白质的自我反馈抑制率; n 代表抑制 Hill 系数, 它们都是正的有界量.

很多专家认为还应在蛋白质水平和蛋白质动力学水平上进行更深入的研究. 2004 年, K.Sriram 和 M.S.Gopinathan 研究了粗糙脉孢菌的昼夜节律 [63], 基础模型为

$$\frac{\mathrm{d}f}{\mathrm{d}t}=\frac{v_s k_1^n}{k_1^n+f(t-\delta_1)^n}+\frac{v_d w(t-\delta_2)}{k_5+w(t-\delta_2)}-k_2 f,$$

$$\frac{\mathrm{d}w}{\mathrm{d}t}=\frac{v_m f(t-\delta_3)}{k_3+f(t-\delta_3)}-k_4 w,$$

其中 f,w 分别表示 FRQ 蛋白质和 WC-1 蛋白质浓度. k_1(米氏常数) 表示 FRQ 蛋白质的自我反馈抑制率, n(Hill 系数) 表示 FRQ 蛋白质自我抑制的阶数, v_s 表示 FRQ 合成速度; v_d 表示由 WC-1 延迟正反馈导致 FRQ 合成的最大速度, k_5 表示此正反馈的米氏常数; v_m 表示由 FRQ 延迟正反馈导致 WC-1 合成的最大速度, k_3 表示此正反馈的米氏常数; k_2,k_4 分别表示 FRQ 和 WC-1 蛋白质的初始降解率. K.Sriram 和 M.S.Gopinathan 对模型做了多方面研究, 包括该昼夜节律系统的动力学性质, 例如, 稳定性等.

充分利用昼夜节律为人类服务是一个十分有意义的课题. 生物时钟基因运作机制的深入研究, 尤其是昼夜节律系统的诸如稳定性等动力学性质的研究, 对揭示生命节律性活动有重要意义.

7.2 时滞昼夜节律模型周期性的存在性

考虑下面的时滞昼夜节律模型

$$\frac{\mathrm{d}E(t)}{\mathrm{d}t}=\frac{a}{1+[E(t-\tau)/k]^n}-bE(t). \tag{7.2.1}$$

首先求模型 (7.2.1) 的平衡点 E^*：由 $\dfrac{\mathrm{d}E(t)}{\mathrm{d}t}=0$ 得, E^* 满足下式.

$$E^{n+1}+k^nE-\frac{a}{b}k^n=0.$$

令 $h(E)=E^{n+1}+k^nE-\dfrac{a}{b}k^n$, 则 $h(E^*)=0$. 下面讨论 E^* 的存在性.

由 $h(0)=-\dfrac{a}{b}k^n<0, h\left(\dfrac{a}{b}\right)=\left(\dfrac{a}{b}\right)^{n+1}>0$, 则

$$h(0)\cdot h\left(\frac{a}{b}\right)<0.$$

又因为 $h'(E)=(n+1)E^n+k^n>0$, 即 $h(E)$ 单调递增, 则在 $\left(0,\dfrac{a}{b}\right)$ 内, 式 (7.2.1) 存在唯一一个平衡点 $E^*\in\left(0,\dfrac{a}{b}\right)$.

下面我们来分析这个平衡点的稳定性.

令 $X(t)=E(t)-E^*$, 则式 (7.2.1) 化为

$$\frac{\mathrm{d}X(t)}{\mathrm{d}t}=-bX(t)-bE^*+\frac{a}{1+[(X(t-\tau)+E^*)/k]^n}, \tag{7.2.2}$$

设

$$H[X(t-\tau)]=-bE^*+\frac{a}{1+[(X(t-\tau)+E^*)/k]^n},$$

系统 (7.2.2) 的线性部分为

$$\frac{\mathrm{d}X(t)}{\mathrm{d}t}=-bX(t)-\frac{nb^2(E^*)^{n+1}}{ak^n}X(t-\tau),$$

其特征方程为

$$\lambda+b+\frac{nb^2(E^*)^{n+1}}{ak^n}\mathrm{e}^{-\lambda\tau}=0.$$

记 $m=\dfrac{nb^2(E^*)^{n+1}}{ak^n}$(显然 $m>0$), 特征方程化为

$$\lambda+b+m\mathrm{e}^{-\lambda\tau}=0. \tag{7.2.3}$$

经过简单计算得

引理 7.2.1 对于方程 (7.2.3), $\forall\tau>0$ 有如下结论

(1) 当 $m<b$ 时, 方程 (7.2.3) 无纯虚根, 其根具有严格负实部;

(2) 当 $m>b$ 时, 若 $\tau\in(0,\tau_0)$, 方程 (7.2.3) 的所有根具有严格负实部,

若 $\tau>\tau_0$, 方程 (7.2.3) 存在具有正实部的根, 其中 τ_0 由 $\begin{cases}\omega_0=\sqrt{m^2-b^2},\\ \sin\omega_0\tau=\dfrac{w_0}{m},\\ \cos\omega_0\tau=-\dfrac{b}{m}\end{cases}$ 决定.

定理 7.2.2 (1) 当 $m<b$ 时, 对 $\forall\tau\geqslant0$, 系统的平衡点是渐近稳定的; (2) 当 $m>b$ 时, 若 $\tau\in[0,\tau_0)$, 则系统 (7.2.2) 的平衡点是渐近稳定的; 若 $\tau>\tau_0$, 则

系统的平衡点是不稳定的; 当 $\tau=\tau_j\,(j=0,1,\cdots)$ 时, 系统经历 Hopf 分支. $\tau_j=\dfrac{1}{\omega_0}(\omega_0\tau_0+2j\pi)(j=0,1,2,\cdots)$.

结合文献 [62] 的数据及上面的讨论, 可以得到如下 $E(0)=0.3$ 的数值仿真图. 取 $a=1,b=0.4,k=0.04,n=2.5$, 此时 $m>b$, 计算得 $\tau_0=2.332$.

(1) $\tau=2.2<\tau_0$ 时, 系统是稳定的, 如图 7.2.1 所示.

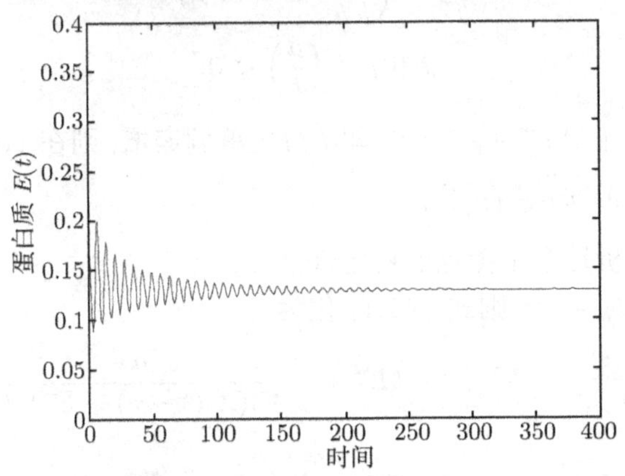

图 7.2.1　成熟的时钟蛋白质的浓度与时间 t 的关系图

(2) $\tau=3.2>\tau_0$ 时, 系统存在周期现象, 如图 7.2.2 所示.

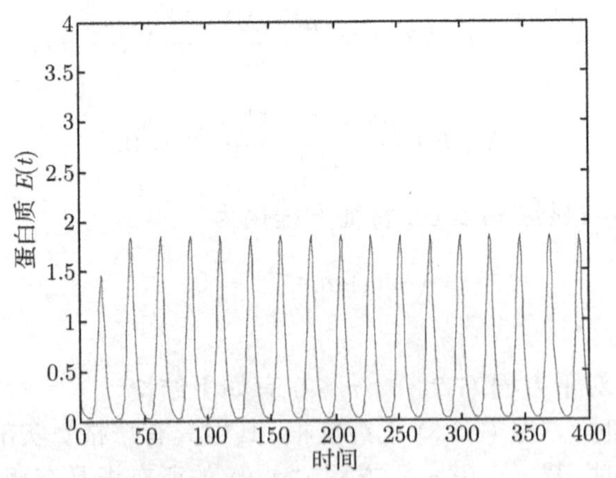

图 7.2.2　成熟的时钟蛋白质的浓度与时间 t 的关系图

昼夜节律振荡器最重要的特性是周期振荡. 本章通过分析得出, 当参数满足一定的条件时, 系统存在周期解, 也就是说分子时钟蛋白质的浓度最终形成一个周期的状态, 从而调节昼夜生理节奏. 结论证明了理想状态下昼夜节律系统处于周期稳定状态.

第 8 章　对称生物模型

对称系统是在其状态空间实现上有对称性质的一类特殊的系统, 广泛出现在工程学科中, 小到细胞、晶体的结构, 大到舰队、机群编队都反映了系统的对称性. 因为其结构的特殊性使对称系统存在一些一般系统所不具有的性质, 从而成为众多学者研究的热点. 从数学的观点看, 对称性是指系统在某个群的作用下不变的性质. 这里的不变指的是群作用与映射可交换 (等变). 作用群就称为对称群, 通常是一般线性群的一个闭子群, 也称紧李群, 常见的如圆周群、循环群、二面体群等. 具有对称性的等变分支问题是指依赖于参数的对称系统, 当参数在某一特定值附近变化时, 其某些属性发生了质的变异, 这些变异往往依赖于系统的对称性. 当系统具有某种对称性时, 其所对应线性化系统的特征方程在特定的参数值处, 一般会有一对多重的特征根, 这样, 通常的分支定理不能够被应用. 对称性的出现使得系统分析更加复杂, 但等变分支现象是普遍存在的, 因此, 无论在数学理论上还是实际应用上, 等变分支问题都有重要意义.

20 世纪 70 年代末期, M.Golubitsky 等将奇点理论与群论方法结合起来, 系统地用于等变分支问题的研究, 取得了举世瞩目的成就. 20 世纪 90 年代末期, 国内外学者开始关注对称时滞动力系统的等变分支问题. 加拿大 York 大学的吴建宏教授给出了对称时滞动力系统局部和全局 Hopf 等变分支存在的判别方法. 具有对称性的生命现象比比皆是, 如心脏起搏细胞、胰腺分泌细胞以及大脑和脊髓控制呼吸、跑步及咀嚼等节奏行为的神经网络等, 都呈现出对称性与对称性破缺的性态. 本章介绍几个具有对称性的生物模型, 同时也介绍如何运用等变分支理论研究该类系统的动力学性态.

8.1　耦合生物振子研究的群论方法简介

环状的几何结构已被广泛应用于生理生化建模的研究之中. Linkens 等 1976 年最先利用 Van der Pol 振子的环状耦合模拟了哺乳动物的肠道蠕动, 其后, 又有许多学者研究了三个新型神经元振子的环状耦合模型, 并将这项工作推广到神经网络理论背景下的环状模型. 从生理模型的观点来看, 环型网络的重要性在于它们可以作为更复杂的振子模型的基本组成成分, 同时, 许多数学方法已被应用到环状耦合振子的分析之中.

用群论的观点研究上述问题, 是研究耦合振子系统的一种相对新颖的方法, 这种方法适用于具有某种对称性的网络, 如环状网络. 特别地, 人们愿意考虑 n 个非线性振子的环状对称耦合, 并用其解释了为什么某些对称生命系统广泛的存在着锁相振动的模式.

通过建模, 人们研究了产生对称破缺分支的不同的活动模式之间的转换. 重要的是, 对称破缺分析依赖于振子之间耦合的性质而与各个振子内在的动力学细节无关. 这使得人们可以只依据对称性去区分不同的模型.

下面我们以生物振子的耦合为例, 介绍 Golubitsky 和 Stewart 的数学思想.

如果有两个相同的振子对称地耦合在一起, 那么最典型的行为模式就是完全同步或完全反同步. 这里的对称是指, 改变两个振子的排列次序时方程不变, 更专业的说法就是等变. 这是相同振子耦合时对称和对称破缺影响的最简单例子. 同步振动保持对称性, 而反同步破坏对称性. 然而, 并不是所有的对称都消失, 反同步解在交换两个振子并移动半个周期的相位的作用下不变.

为了提供一个具体的形象的数学思想, 考虑一个将四个相同的振子连成一个正方形的网络, 其中任意两个相邻的振子的耦合方式都相同. 如果用向量 $u_i(t)$ 表示第 i 个振子在 t 时刻的状态, 则整个系统的状态可以表示成

$$u(t) = (u_1(t), u_2(t), u_3(t), u_4(t)), \tag{8.1.1}$$

状态 $u(t)$ 可以具有两种不同的对称：空间对称和时间对称. 当两个或多个振子的行为完全一致, 也就是同步时产生空间对称. 例如, 如果振子 1,2 是同步的, 则对所有的时间 t 都有

$$u_1(t) = u_2(t), \tag{8.1.2}$$

也就是说, 如果交换振子 1 和 2 的位置, 状态 $u(t)$ 保持不变, 即

$$(u_1(t), u_2(t), u_3(t), u_4(t)) = (u_2(t), u_1(t), u_3(t), u_4(t)). \tag{8.1.3}$$

更确切地说

$$u(t) = \pi \cdot u(t), \tag{8.1.4}$$

其中 π 表示交换振子指标 1,2 的算子.

当其中的某些振子锁相振动, 如振子 1 与振子 2 相差半个周期的相位 (振子 1 与振子 2 反向), 振子 3 与振子 4 相差半个周期的相位时产生时间对称. 此时

$$\begin{cases} u_2(t) = u_1\left(t + \dfrac{T}{2}\right), \\ u_4(t) = u_3\left(t + \dfrac{T}{2}\right), \end{cases} \tag{8.1.5}$$

T 为周期, 等价的说就是

$$u(t) = \rho \cdot u\left(t + \frac{T}{2}\right), \tag{8.1.6}$$

其中 ρ 表示交换振子对 (1,2) 和振子对 (3,4) 的算子. 注意, 这里时间对称 (单纯的相位移动) 与空间对称 (交换振子对 (1,2) 和振子对 (3,4)) 结合在一起了, 在这种系统中, 这种情况是比较典型的. 相反, 形如

$$u\left(t+\frac{T}{2}\right)=u(t) \tag{8.1.7}$$

的单纯的时间对称蕴涵着周期是 $\frac{T}{2}$ 而不是 T, 这表明选择的周期不是最小周期.

对称动力系统理论, 尤其是关于周期振子的 Hopf 分支理论具有广泛甚远的意义. 任何动力系统的行为通常受到一个参数或参数组的影响. 由于这些参数是可变的, 动力系统的属性也在改变. 在某些情况下, 随着参数的变化系统会从稳定状态产生一个极限环或周期状态. 经典的分支理论已经指明了在什么条件下系统会产生这种现象. Hopf 分支理论已经被成功地应用到许多不同的物理系统, 它是非线性系统中周期状态的最常见的来源. 由于可能不再产生简单的纯虚特征根, 所以标准的 Hopf 分支理论不适用于对称动力系统. Golubitsky 和 Stewart 已经给出了研究具有时空对称性的系统的 Hopf 分支的一般理论. 他们基于群论给出了一种判断非线性振子对称网络何时经历一个 Hopf 分支的技术. 他们的分析方法可以应用于任何对称动力系统. Golubitsky 断言, 在一个对称 Hopf 分支模型中, 会产生一个或多个 (通常有几个) 周期解分支. 可以用时间/空间对称群 S 区分不同类型的振动, 其中 S 是 $\Gamma\times S^1$ 的子群, Γ 中的元素可视为空间对称, S^1 中的元素可视为时间对称, 其中 Γ 是个紧 Lie 群, S^1 是循环群 $\mathbb{R}/\mathbb{Z}$. 迷向子群是分支解中对称性的度量. 这样是否存在振动的对称破缺问题转化为纯粹的群论问题, 并且仅仅依赖于对系统的对称性假定. 这里的重要性在于系统的典型的振动模式可以由他的对称性预测出来而不依赖于动力系统的细节.

对称 Hopf 分支理论保证了适当条件下非线性振子对称耦合系统中一般振动模型的存在性. 以下的几节, 我们将分别介绍几类对称耦合振子模型的动力学性质.

8.2 时滞对称 BAM 神经网络模型的多重 Hopf 分支

1988 年 Kosto 引入了双向关联记忆 (BAM) 神经网络, BAM 神经网络模型属于一类反馈系统, 具有 I 和 J 两层的时滞的 BAM 神经网络模型可以通过下面的系统来描述:

$$\begin{cases} x_i'(t)=-\mu_i x_i(t)+\displaystyle\sum_{j=1}^{m}c_{ji}f_i(y_j(t-\tau_{ji}))+I_i(i=1,2,\cdots,n),\\ y_j'(t)=-v_j y_j(t)+\displaystyle\sum_{i=1}^{n}d_{ij}g_j(x_i(t-v_{ij}))+J_j(j=1,2,\cdots,m),\end{cases} \tag{8.2.1}$$

其中 $x_i(t)$ 和 $y_j(t)$ 分别表示 t 时刻 I 层的第 i 个神经元状态和 J 层的第 j 个神经元状态. 参数 c_{ji} 和 d_{ij} 表示两层神经元的连接权, 参数 μ_i 和 v_j 分别反应两层神经元的内部稳定性. 在第 I 层, 第 i 个神经元 $x_i(t)$ 接收的输入为 I_i, 而其他的输入是通过激活函数 f_i 接收在第 J 层的这些神经元的输出表现出来, 而在第 J 层, 第 j 个神经元 $y_j(t)$ 接收的输入 J_j, 其他输入通过激活函数 g_j 接收第 I 层的这些神经元的输出.

借助于对模型 (8.2.1) 的分析, 关于 BAM 神经网络模型震荡周期性的大量研究结果不断涌现. 这些理论结果既有助于人们理解该系统动力学性质, 又有助于人们在人工神经科学领域进行相关的实验.

近些年来, 对称问题已经成为研究非线性动力学系统的重要课题, 一般来说, 对称性反应了一种动力系统的空时不变性. 本章我们研究下面的带有时滞 τ 的对称性 BAM 神经网络模型

$$\begin{cases} x_1' = -ax_1 + f[x_4(t-\tau)] + g[x_5(t-\tau)] + g[x_6(t-\tau)], \\ x_2' = -ax_2 + f[x_5(t-\tau)] + g[x_6(t-\tau)] + g[x_4(t-\tau)], \\ x_3' = -ax_3 + f[x_6(t-\tau)] + g[x_4(t-\tau)] + g[x_5(t-\tau)], \\ x_4' = -ax_4 + f[x_1(t-\tau)] + g[x_2(t-\tau)] + g[x_3(t-\tau)], \\ x_5' = -ax_5 + f[x_2(t-\tau)] + g[x_3(t-\tau)] + g[x_1(t-\tau)], \\ x_6' = -ax_6 + f[x_3(t-\tau)] + g[x_1(t-\tau)] + g[x_2(t-\tau)], \end{cases} \tag{8.2.2}$$

其中 $a > 0$, f 和 g 是激活函数. 不失一般性, 我们假设 $f(x) = bx + b_1x^3$ 和 $g(x) = \alpha + c_1x^3$.

由于系统的对称性, 经典的 Hopf 分支理论不能应用到系统 (8.2.2) 中. 下面我们将指出系统 (8.2.2) 的结构可以由二面体群 D_3 来表示, 然后通过应用局部对称 Hopf 分支定理, 我们得到关于多重分支的周期解的同步分支以及它们时间空间样式的重要结果: 镜像反射波, 驻波和离散波, 这些波形描述了每一个神经元的振动模式.

8.2.1 具有时滞的 D_3 等变 BAM 神经网络系统

系统 (8.2.2) 在 (0,0,0,0,0) 处的线性化系统为

$$\begin{cases} x_1' = -ax_1 + bx_4(t-\tau) + cx_5(t-\tau) + cx_6(t-\tau), \\ x_2' = -ax_2 + bx_5(t-\tau) + cx_6(t-\tau) + cx_4(t-\tau), \\ x_3' = -ax_3 + bx_6(t-\tau) + cx_4(t-\tau) + cx_5(t-\tau), \\ x_4' = -ax_4 + bx_1(t-\tau) + cx_2(t-\tau) + cx_3(t-\tau), \\ x_5' = -ax_5 + bx_2(t-\tau) + cx_3(t-\tau) + cx_1(t-\tau), \\ x_6' = -ax_6 + bx_3(t-\tau) + cx_1(t-\tau) + cx_2(t-\tau), \end{cases} \tag{8.2.3}$$

令 $C([-\tau,0],\mathbb{R}^6)$ 表示具有从 $[-\tau,0]$ 到 $\mathbb{R}^6$ 连续映射的具有最小上界范数的 $\|\phi\|=\sup_{-\tau\leqslant\theta\leqslant 0}|\phi(\theta)|$ 的巴拿赫空间, 其中 $\phi\in C([-\tau,0],\mathbb{R}^6)$. 令 $x_t=x(t+\theta)$, 其中 $-\tau\leqslant\theta\leqslant 0$, 则系统 (8.2.2) 可以写成

$$x'(t)=Lx_t+Fx_t,$$

其中 $L\varphi=-aI\varphi(0)+\begin{pmatrix}0 & B\\ B & 0\end{pmatrix}\varphi(-\tau)$, $B=\begin{pmatrix}b & c & c\\ c & b & c\\ c & c & b\end{pmatrix}$, I 是单位矩阵,

$$F\varphi=\begin{pmatrix}b_1\varphi_4^3(-\tau)+c_1\varphi_5^3(-\tau)+c_1\varphi_6^3(-\tau)\\ b_1\varphi_5^3(-\tau)+c_1\varphi_4^3(-\tau)+c_1\varphi_6^3(-\tau)\\ b_1\varphi_6^3(-\tau)+c_1\varphi_4^3(-\tau)+c_1\varphi_5^3(-\tau)\\ b_1\varphi_1^3(-\tau)+c_1\varphi_2^3(-\tau)+c_1\varphi_3^3(-\tau)\\ b_1\varphi_2^3(-\tau)+c_1\varphi_3^3(-\tau)+c_1\varphi_1^3(-\tau)\\ b_1\varphi_3^3(-\tau)+c_1\varphi_1^3(-\tau)+c_1\varphi_2^3(-\tau)\end{pmatrix}.$$

考虑两个紧李群: 圆周群 S^1, 二面体群 D_3; 其中二面体群是由 ρ 生成的循环子群 Z_3 及翻转 κ 生成的. 下面我们定义 $\mathbb{R}^6$ 上定义 D_3 的作用为

$$(\rho x)_i=\begin{cases}x_{<i>_3+1} & (1\leqslant i\leqslant 3),\\ x_{<i>_3+4} & (4\leqslant i\leqslant 6),\end{cases}\qquad (\kappa x)_i=\begin{cases}x_{<4-i>_3+1} & (1\leqslant i\leqslant 3),\\ x_{<7-i>_3+4} & (4\leqslant i\leqslant 6),\end{cases}$$

其中 $<\cdot>_3$ 表示模 3 最小非负剩余. 在 $\mathbb{R}^6$ 上应用 D_3 可以得到 L 和 F 是 D_3 等变的. 系统 (8.2.3) 的特征矩阵 $\Delta(\lambda)$ 如下

$$\Delta(\lambda)=\lambda I-L(\mathrm{e}^{\lambda}\cdot I),$$

特征方程为

$$\det\Delta(\lambda)=[\lambda+a\pm(2c+b)\mathrm{e}^{-\lambda x}][\lambda+a\pm(b-c)\mathrm{e}^{-\lambda x}]^2=0. \tag{8.2.4}$$

方程 (8.2.4) 的零点分布决定了动力系统 (8.2.2) 的动力学性质. 很明显要研究方程 (8.2.4) 的零点分布, 我们仅需研究方程

$$[\lambda+a\pm(b-c)\mathrm{e}^{-\lambda x}]^2=0$$

和方程

$$\lambda+a\pm(2c+b)\mathrm{e}^{-\lambda x}=0$$

的零点分布.

8.2.2 多重分支周期解的存在性

下面我们研究系统 (8.2.2) 的 Hopf 分支和周期解. 首先考虑方程

$$[\lambda + a + (b-c)e^{-\lambda\tau}]^2 = 0. \tag{8.2.5}$$

令 $i\omega(\omega>0)$ 是方程 (8.2.5) 的根, 然后将 $i\omega$ 代入方程 (8.2.5) 得到

$$[i\omega + a + (b-c)e^{-i\omega\tau}]^2 = 0,$$

即

$$\begin{cases} a = -(b-c)\cos\omega\tau, \\ \omega = (b-c)\sin\omega\tau. \end{cases}$$

如果 $|b-c|>|a|$, 则有 $\sqrt{(b-c)^2-a^2}>0$. 定义

$$\omega_0^{(1)} = \sqrt{(b-c)^2-a^2},$$

$$\tau_k^{(1)} = \frac{1}{\omega_0^{(1)}}[\arccos\frac{-a}{(b-c)} + 2k\pi] \quad (k=0,1,2,\cdots),$$

或

$$\tau_k^{(1)} = \frac{1}{\omega_0^{(1)}}\left[\arcsin\frac{\omega_0^{(1)}}{(b-c)} + 2k\pi\right] \quad (k=0,1,2,\cdots).$$

很明显 $\pm i\omega_0^{(1)}$ 是重数为 2 的纯虚根, 对应的特征向量可以选为

$$q_1 = \left(1, e^{i\frac{2\pi}{3}}, e^{i\frac{4\pi}{3}}, 1, e^{i\frac{2\pi}{3}}, e^{i\frac{4\pi}{3}}\right)^{\mathrm{T}},$$

$$q_2 = \left(1, e^{i\frac{4\pi}{3}}, e^{i\frac{8\pi}{3}}, 1, e^{i\frac{4\pi}{3}}, e^{i\frac{8\pi}{3}}\right)^{\mathrm{T}},$$

并且有 $q_1=\bar{q}_2$. $\{q_1,q_2\}$ 是关于 $\pm i\omega_0^{(1)}$ 的特征空间的基, 将方程 (8.2.5) 关于 τ 微分, 我们可以得到

$$\left(\frac{\mathrm{dRe}(\lambda(\tau))}{\mathrm{d}\tau}\right)^{-1}\Bigg|_{\tau=\tau_k^{(1)},\omega=\omega_0^{(1)}} = \frac{a[\omega_0^{(1)}]^2}{a^2+[\omega_0^{(1)}]^2} \neq 0,$$

这就意味着在 $\tau_k^{(1)}$ 处满足横截性条件. 令 $T=\dfrac{2\pi}{\omega_0^{(1)}}$, P_T 表示所有 T 周期函数 $x:\mathbb{R}\to\mathbb{R}^6$ 构成的巴拿赫空间. 然后在 P_T 上应用 $D_3\times S^1$ 得到 $(r,\theta)x(t) = rx(t+\theta), (r,\theta)\in D_3\times S^1, x\in P_T$, SP_T 表示方程 (8.2.2) 的所有 T 周期解构成的巴拿赫空间 P_T 的子空间, 并且 $\tau=\tau_k^{(1)}$. 对于每一个子群 $\Sigma\subset D_3\times S^1$,

$$(\Sigma, SP_T) = \{x\in SP_T; (r,\theta)x = x, (r,\theta)\in\Sigma\}$$

是一个线性空间. 令

$$V_1 = \left(1, \cos\frac{2\pi}{3}, \cos\frac{4\pi}{3}, 1, \cos\frac{2\pi}{3}, \cos\frac{4\pi}{3}\right)^{\mathrm{T}},$$

$$V_2=\left(0,\sin\frac{2\pi}{3},\sin\frac{4\pi}{3},0,\sin\frac{2\pi}{3},\sin\frac{4\pi}{3}\right)^{\mathrm{T}},$$

$$SP_T=\{x_1\varepsilon_1+x_2\varepsilon_2+x_3\varepsilon_3+x_4\varepsilon_4;x_i\in\mathbb{R},i=1,2,3,4\},$$

其中

$$\varepsilon_1(t)=\cos(\omega_0^{(1)}t)V_1-\sin(\omega_0^{(1)}t)V_2,\quad \varepsilon_2(t)=\sin(\omega_0^{(1)}t)V_1+\cos(\omega_0^{(1)}t)V_2,$$

$$\varepsilon_3(t)=\cos(\omega_0^{(1)}t)V_1+\sin(\omega_0^{(1)}t)V_2,\quad \varepsilon_4(t)=\sin(\omega_0^{(1)}t)V_1-\cos(\omega_0^{(1)}t)V_2,$$

考虑 $D_3\times S^1$ 的子空间

$$\Sigma_1=\langle(K,1),(1,1)\rangle,\quad \Sigma_2=\langle(K,-1),(1,1)\rangle,$$

$$\Sigma_3=\langle(\rho,\mathrm{e}^{\mathrm{i}\frac{2T}{3}})\rangle,\quad \Sigma_3=\langle(\rho,\mathrm{e}^{-\mathrm{i}\frac{2T}{3}})\rangle,$$

我们有下面的结果

引理 8.2.1 令 $\Sigma_i,i=1,2,3,4,V_1,V_2$ 和 SP_T 如前面所定义, 则

(1) $\mathrm{Fix}(\Sigma_1,SP_T)=\{z_1\cos(\omega_0^{(1)}(t))V_1+z_2\sin(\omega_0^{(1)}(t))V_1;z_1,z_2\in\mathbb{R}\}$.

(2) $\mathrm{Fix}(\Sigma_2,SP_T)=\{z_1\cos(\omega_0^{(1)}(t))V_2+z_2\sin(\omega_0^{(1)}(t))V_2;z_1,z_2\in\mathbb{R}\}$.

(3) $\mathrm{Fix}(\Sigma_3,SP_T)=\{z_1\varepsilon_3+z_2\varepsilon_4;z_1,z_2\in\mathbb{R}\}$.

(4) $\mathrm{Fix}(\Sigma_4,SP_T)=\{z_1\varepsilon_1+z_2\varepsilon_2;z_1,z_2\in\mathbb{R}\}$.

证明 (1) 当且仅当 $\kappa x=x$ 时, 有 $x\in\mathrm{Fix}(\Sigma_1,SP_T)$, 令

$$\begin{aligned}x(t)&=x_1\varepsilon_1+x_2\varepsilon_2+x_3\varepsilon_3+x_4\varepsilon_4\\&=x_1[\cos(\omega_0^{(1)}t)V_1-\sin(\omega_0^{(1)}t)V_2]+x_2[\sin(\omega_0^{(1)}t)V_1+\cos(\omega_0^{(1)}t)V_2]\\&\quad+x_3[\cos(\omega_0^{(1)}t)V_1+\sin(\omega_0^{(1)}t)V_2]+x_4[\sin(\omega_0^{(1)}t)V_1-\cos(\omega_0^{(1)}t)V_2],\end{aligned}$$

则

$$\begin{aligned}\kappa x(t)=&\kappa[x_1\varepsilon_1+x_2\varepsilon_2+x_3\varepsilon_3+x_4\varepsilon_4]\\=&x_1[\cos(\omega_0^{(1)}t)\kappa V_1-\sin(\omega_0^{(1)}t)\kappa V_2]+x_2[\sin(\omega_0^{(1)}t)\kappa V_1+\cos(\omega_0^{(1)}t)\kappa V_2]\\&+x_3[\cos(\omega_0^{(1)}t)\kappa V_1+\sin(\omega_0^{(1)}t)\kappa V_2]+x_4[\sin(\omega_0^{(1)}t)\kappa V_1-\cos(\omega_0^{(1)}t)\kappa V_2]\\=&x_1\varepsilon_3+x_2\varepsilon_4+x_3\varepsilon_1+x_4\varepsilon_2\end{aligned}$$

因此 $\kappa x(t)=x(t)$ 的充要条件是 $x_1=x_3,x_2=x_4$, $\mathrm{Fix}(\Sigma_1,SP_T)$ 由 $\varepsilon_1+\varepsilon_3$ 和 $\varepsilon_2+\varepsilon_4$ 张成, 于是结论 (1) 成立.

(2) 当且仅当对于所有的 $t\in\mathbb{R}$, $\kappa x(t)=x\left(t+\dfrac{T}{2}\right)$ 时有 $x\in\mathrm{Fix}(\Sigma_2,SP_T)$, 又

$$\begin{aligned}x\left(t+\frac{T}{2}\right)&=x_1\varepsilon_1\left(t+\frac{T}{2}\right)+x_2\varepsilon_2\left(t+\frac{T}{2}\right)+x_3\varepsilon_3\left(t+\frac{T}{2}\right)+x_4\varepsilon_4\left(t+\frac{T}{2}\right)\\&=-x_1\varepsilon_1-x_2\varepsilon_2-x_3\varepsilon_3-x_4\varepsilon_4.\end{aligned}$$

因此 $\kappa x(t) = x\left(t+\dfrac{T}{2}\right)$ 的充要条件是 $x_1 = -x_3, x_2 = -x_4$, 从而 $\mathrm{Fix}(\Sigma_2, SP_T)$ 是由 $\varepsilon_1 - \varepsilon_3$ 和 $\varepsilon_2 - \varepsilon_4$ 张成的, 故结论 (2) 成立.

(3) $x \in \mathrm{Fix}(\Sigma_3, SP_T)$ 的充要条件是 $\rho x = x\left(t+\dfrac{2T}{3}\right)$, 令 $x(t) = x_1\varepsilon_1 + x_2\varepsilon_2 + x_3\varepsilon_3 + x_4\varepsilon_4$, 则

$$
\begin{aligned}
x\left(t+\frac{2T}{3}\right) =& \left(x_1 \cos\frac{4\pi}{3} + x_2 \sin\frac{4\pi}{3}\right)\varepsilon_1 + \left(-x_1 \sin\frac{4\pi}{3} + x_2 \cos\frac{4\pi}{3}\right)\varepsilon_2 \\
&+ \left(x_3 \cos\frac{4\pi}{3} + x_4 \sin\frac{4\pi}{3}\right)\varepsilon_3 + \left(-x_3 \sin\frac{4\pi}{3} + x_4 \cos\frac{4\pi}{3}\right)\varepsilon_4.
\end{aligned}
$$

由此可见

$$
\begin{aligned}
\rho x(t) =& \left(x_1 \cos\frac{4\pi}{3} + x_2 \sin\frac{4\pi}{3}\right)\varepsilon_1 + \left(-x_1 \sin\frac{4\pi}{3} + x_2 \cos\frac{4\pi}{3}\right)\varepsilon_2 \\
&+ \left(x_3 \cos\frac{4\pi}{3} + x_4 \sin\frac{4\pi}{3}\right)\varepsilon_3 + \left(-x_3 \sin\frac{4\pi}{3} + x_4 \cos\frac{4\pi}{3}\right)\varepsilon_4.
\end{aligned}
$$

因此 $\rho x = x\left(t+\dfrac{2T}{3}\right)$ 的充要条件是 $x_3 = x_4 = 0$, 所以 $\mathrm{Fix}(\Sigma_3, SP_T)$ 是由 ε_1 和 ε_2 张成的, 于是结论 (3) 成立.

(4) $x \in \mathrm{Fix}(\Sigma_4, SP_T)$ 的充要条件是 $\rho x = x\left(t-\dfrac{2T}{3}\right)$. 类似于 (3) 的证明, 我们有 $\rho x = x\left(t-\dfrac{2T}{3}\right)$ 的充要条件是 $x_1 = x_2 = 0$, 所以 $\mathrm{Fix}(\Sigma_4, SP_T)$ 是由 ε_1 和 ε_2 张成的, 于是结论 (4) 成立

应用引理 8.2.1 我们有

定理 8.2.2　假设 $|b-c| > |a|$, 固定一个整数 k 使得 $\tau_k^{(1)} > 0$. 则在 $\tau_k^{(1)}$ 附近存在系统 (8.2.2) 周期接近 $\dfrac{2\pi}{\omega_0^{(1)}}$ 的小周期解的三个分支, 并且满足:

(1) 离散波: $x_i\left(t \pm \dfrac{2T}{3}\right) = \begin{cases} x_{(i)_3+1}(t), & 1 \leqslant i \leqslant 3, \\ x_{(i)_3+4}(t), & 4 \leqslant i \leqslant 6, \end{cases}$

(2) 镜面反射解: $x_i(t) = \begin{cases} x_{(4-i)_3+1}(t), & 1 \leqslant i \leqslant 3, \\ x_{(7-i)_3+4}(t), & 4 \leqslant i \leqslant 6, \end{cases}$

(3) 驻波: $x_i\left(t - \dfrac{2T}{3}\right) = \begin{cases} x_{(4-i)_3+1}(t), & 1 \leqslant i \leqslant 3, \\ x_{(7-i)_3+4}(t), & 4 \leqslant i \leqslant 6. \end{cases}$

通过类似的方法, 分析方程 $[\lambda + a - (b-c)\mathrm{e}^{-\lambda\tau}]^2 = 0$, 则可以得到类似结果, 这里不再赘述.

通有 Hopf 分支分析

使用 Hopf 分支的分析方法, 分析方程 $\lambda + a \pm (2c+b)\mathrm{e}^{-\lambda x} = 0$, 我们有:

定理 8.2.3 设 $|2c+b| > |a|$, 则当 $\tau = \tau_k^{(i)}(i = 2,3, k = 0,1,\cdots)$ 时, 通有 Hopf 分支发生, 其中

$$\tau_k^{(2)} = \frac{1}{\omega_0^{(2)}}\left[\arccos\frac{-a}{2c+b} + 2k\pi\right],$$

或者

$$\tau_k^{(2)} = \frac{1}{\omega_0^{(2)}}\left[\arcsin\frac{\omega_0^{(2)}}{2c+b} + 2k\pi\right] \quad (k = 0,1,2,\cdots)$$

及

$$\tau_k^{(3)} = \frac{1}{\omega_0^{(3)}}\left[\arccos\frac{a}{2c+b} + 2k\pi\right],$$

或者

$$\tau_k^{(3)} = \frac{1}{\omega_0^{(3)}}\left[\arcsin\frac{-\omega_0^{(2)}}{2c+b} + 2k\pi\right] \quad (k = 0,1,2,\cdots)$$

且满足

$$\omega_0^{(2)} = \omega_0^{(3)} = \sqrt{(2c+b)^2 - a^3}.$$

8.2.3 计算机模拟

为了阐明得到的分析结果, 令 $a = 1, b = 4, c = 2$, 则 Hopf 分支发生. 图 8.2.1 和 8.2.2 表明了周期轨道的同步性.

图 8.2.3 表明周期解为两个反相曲线.

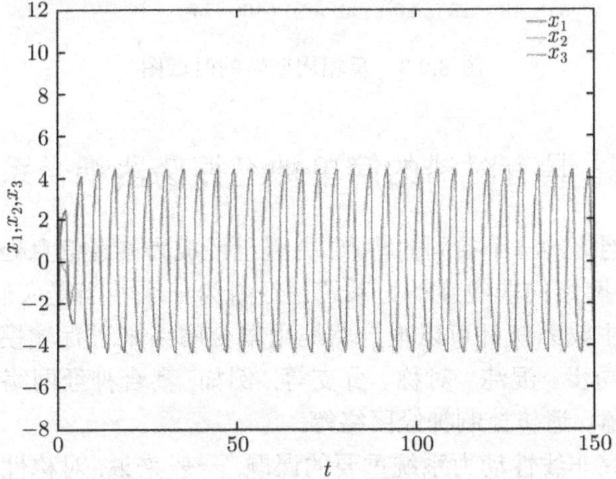

图 8.2.1 $x_1(t), x_2(t), x_3(t)$ 的同步时域图

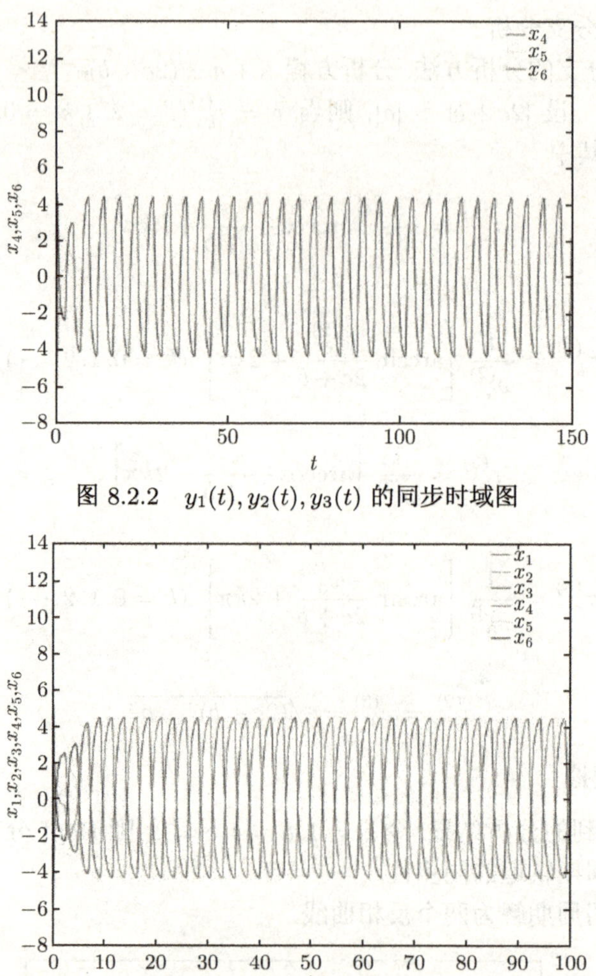

图 8.2.2　$y_1(t), y_2(t), y_3(t)$ 的同步时域图

图 8.2.3　反相周期轨的时域图

8.3　具有时滞的简单神经振荡器耦合系统

振荡是神经网络的一个共同的特点, 并且已经成为神经信息处理的一个重要手段. 近年来, 耦合网络的非线性动力系统已经成为一个相当受人们关注的话题, 各种各样的物理和生物系统都可以很自然地用耦合网络来进行建模. 耦合能够导致一个振荡器的的同步、混沌、对称、分支等. 例如, 耦合神经网络动力系统已被用于模拟生物振荡器、遗传控制神经网络等.

对称性是研究非线性动力系统重要的课题. 一般来说, 对称性反应出一定的空间不变的动力学性质. 在具有确定对称性的一类系统中, 分支可以导致系统有一个较小的余维数.

下面我们介绍一个简单的耦合振荡器模型. 该简单神经网络由兴奋神经构成, 同时, 一种抑制性神经元作为反馈因素也被引入到模型中, 我们称之为一个简单的神经振荡器. 当多个简单振子成环状耦合时, 新的振荡模型就建立起来了. 此时, 模型展示了对称性质. 相应的产生了镜面反射波、驻波、和离散波. 该简单神经振荡器的耦合系统描述如下:

$$\begin{cases} \dfrac{\mathrm{d}x_r(t)}{\mathrm{d}t} = -\mu x_r(t) + b\sigma(y_r(t)) - a\sigma(x_{r+1}(t-\tau)) - a\sigma(x_{r-1}(t-\tau)), \\ \dfrac{\mathrm{d}y_r(t)}{\mathrm{d}t} = -\mu y_r(t) - b\sigma(x_r(t)) + c\sigma(y_r(t)), \quad r = 1, 2, \cdots, n \end{cases} \tag{8.3.1}$$

其中 $x_0 \equiv x_n$, μ, a, b, c 是正的耦合系数, $\tau \geqslant 0$ 是时滞参数. 输出函数 σ 假定为: $\sigma(x) = \tanh(x)$. 变量 x_r 和 y_r 分别表示抑制和兴奋神经元. 一个兴奋性神经元被假定有正的输出. 此外, 抑制神经元通常输出负的信号. 一对兴奋神经元 x_r 和抑制神经元 $y_r(r = 1, 2, \cdots, n)$ 构成了一个简单振子.

8.3.1 块循环矩阵的相关结论

我们首先给出块循环矩阵的一些结果. 考虑下面的块循环矩阵:

$$\mathrm{Circ}(A_0, A_1, \cdots, A_{n-1}) = \begin{pmatrix} A_0 & A_1 & A_2 & \cdots & A_{n-1} \\ A_{n-1} & A_0 & A_1 & \cdots & A_{n-2} \\ \vdots & \vdots & \vdots & & \vdots \\ A_1 & A_{n-1} & A_{n-2} & \cdots & A_0 \end{pmatrix}$$

其中 $A_r(r = 0, 1, 2, \cdots, n-1)$ 都是 $k \times k$ 矩阵. 为了寻找 $\mathrm{Circ}(A_0, A_1, \cdots, A_{n-1})$ 的特征值和特征向量, 令 $u_r = \mathrm{e}^{\frac{2\pi r}{n}i}(r = 0, 1, 2, \cdots, n-1)$ 是方程 $x^n = 1$ 的根. 定义一个函数矩阵:

$$f(x) = A_0 + xA_1 + x^2A_2 + \cdots + x^{n-1}A_{n-1},$$

则有关于 $\mathrm{Circ}(A_0, A_1, \cdots, A_{n-1})$ 的如下结论.

引理 8.3.1 (1) $\det(\lambda I_{kn} - \mathrm{Circ}(A_0, A_1, \cdots, A_{n-1})) = \prod\limits_{r=1}^{n} \det(\lambda I_k - f(u_r))$, 因而 λ_0 是 $\mathrm{Circ}(A_0, A_1, \cdots, A_{n-1})$ 一个特征值的充要条件是: 存在 $r(r = 1, 2, \cdots, n)$, 使得 λ_0 是 $f(u_r)$ 的一个特征值.

(2) 如果 $x_0^{(r)}(r = 1, 2, \cdots, n)$ 是矩阵 $f(u_r)$ 关于特征值 $\lambda_0^{(r)}$ 的一个特征向量,

则 $\begin{pmatrix} x_0^{(r)} \\ u_r x_0^{(r)} \\ \vdots \\ u_r^{n-1} x_0^{(r)} \end{pmatrix}$ 是矩阵 $\mathrm{Circ}(A_0, A_1, \cdots, A_{n-1})$ 关于特征值 $\lambda_0^{(r)}$ 的一个特征向量.

证明　(1) 令 $T = \begin{pmatrix} I_k & I_k & \cdots & I_k \\ u_1 I_k & u_2 I_k & \cdots & u_n I_k \\ \vdots & \vdots & & \vdots \\ u_1^{n-1} I_k & u_2^{n-1} I_k & \cdots & u_n^{n-1} I_k \end{pmatrix}$, 则

$$T^{-1}\mathrm{Circ}(A_0, A_1, \cdots, A_{n-1})T = \begin{pmatrix} f(u_1) & & & \\ & f(u_2) & & \\ & & \ddots & \\ & & & f(u_n) \end{pmatrix}.$$

因此

$$\det(\lambda I_{kn} - \mathrm{Circ}(A_0, A_1, \cdots, A_{n-1})) = \prod_{r=1}^{n} \det(\lambda I_k - f(u_r))$$

于是结论 (1) 成立.

(2) 令 $x_0^{(r)}$ 是 $f(u_r)$ 关于特征值 $\lambda_0^{(r)} (r = 1, 2, \cdots, n)$ 的一个特征向量, 则我们可以得到

$$\begin{pmatrix} A_0 & A_1 & A_2 & \cdots & A_{n-1} \\ A_{n-1} & A_0 & A_1 & \cdots & A_{n-2} \\ \vdots & \vdots & \vdots & & \vdots \\ A_1 & A_{n-1} & A_{n-2} & \cdots & A_0 \end{pmatrix} \begin{pmatrix} x_0^{(r)} \\ u_r x_0^{(r)} \\ \vdots \\ u_r^{n-1} x_0^{(r)} \end{pmatrix}$$

$$= \begin{pmatrix} f(u_r) x_0^{(r)} \\ u_r f(u_r) x_0^{(r)} \\ \vdots \\ u_r^{n-1} f(u_r) x_0^{(r)} \end{pmatrix} = \lambda_0^{(r)} \begin{pmatrix} x_0^{(r)} \\ u_r x_0^{(r)} \\ \vdots \\ u_r^{n-1} x_0^{(r)} \end{pmatrix}$$

于是结论 (2) 成立.

8.3.2　线性稳定分析

因为 $\tanh(0) = 0$, 很显然 $(x_i, y_i) = (0, 0)(i = 1, 2, \cdots, n)$ 是方程 (8.3.1) 的一个平衡点. 方程 (8.3.1) 在平衡点处的线性化方程为

$$\begin{cases} \dfrac{\mathrm{d}x_r(t)}{\mathrm{d}t} = -\mu x_r(t) + by_r(t) - ax_{r+1}(t-\tau) - ax_{r-1}(t-\tau), \\ \dfrac{\mathrm{d}y_r(t)}{\mathrm{d}t} = -\mu y_r(t) - bx_r(t) + cy_r(t), \quad r = 1, 2, \cdots, n \end{cases} \tag{8.3.2}$$

系统 (8.3.2) 相应的特征方程有如下形式

$$\det(\Delta(\lambda, \tau)) = 0,$$

其中 $\Delta(\lambda, \tau) = \lambda I_{2n} - \mathrm{Circ}(A_0, A_1, \cdots, A_{n-1})$, 并且

$$A_0 = \begin{pmatrix} -\mu & b \\ -b & -\mu + c \end{pmatrix}, \quad A_1 = \begin{pmatrix} -a & 0 \\ 0 & 0 \end{pmatrix} \mathrm{e}^{-\lambda\tau}, \quad A_2 = \begin{pmatrix} 0 & 0 \\ 0 & 0 \end{pmatrix}, \quad \cdots,$$

$$A_{n-2} = \begin{pmatrix} 0 & 0 \\ 0 & 0 \end{pmatrix}, \quad A_{n-1} = \begin{pmatrix} -a & 0 \\ 0 & 0 \end{pmatrix} \mathrm{e}^{-\lambda\tau}.$$

令 $C([-\tau, 0], \mathbb{R}^n)$ 表示从 $[-\tau, 0]$ 到 $\mathbb{R}^n$ 的连续映射全体构成的巴拿赫空间, 且具有范数 $\|\phi\| = \sup_{-\tau \leqslant \theta \leqslant 0} |\phi(\theta)|$, 其中 $\phi \in C([-\tau, 0], \mathbb{R}^n)$. 令 $\sigma \in \mathbb{R}, A \geqslant 0$,

$$X : [\sigma - \tau, \sigma + A] \to \mathbb{R}^n, \quad t \in [\sigma, \sigma + A],$$

当 $-\tau \leqslant \theta \leqslant 0$ 时, 记 $X_t(\theta) = X(t + \theta)$. 定义映射 $f : C([-\tau, 0], \mathbb{R}^{n\times 2}) \to \mathbb{R}^{n\times 2}$,

$$|f(\phi)|_r = \begin{pmatrix} -\mu\phi_r^{(1)}(0) + b\sigma(\phi_r^{(2)}(0)) - a\sigma(\phi_{r+1}^{(1)}(-\tau)) - a\sigma(\phi_{r-1}^{(1)}(-\tau)) \\ -\mu\phi_r^{(2)}(0) - b\sigma(\phi_r^{(1)}(0)) + c\sigma(\phi_r^{(2)}(0)) \end{pmatrix}^{\mathrm{T}},$$

其中 $\phi = (\phi^{(1)}, \phi^{(2)}) \in C([-\tau, 0], \mathbb{R}^{n\times 2})$, $\phi^{(1)}$, $\phi^{(2)} \in C([-\tau, 0], \mathbb{R}^n)$. 重写方程 (8.3.2) 为

$$U'(t) = LU(t),$$

其中

$$L\phi_r = \begin{pmatrix} -\mu\phi_r^{(1)}(0) + b\phi_r^{(2)}(0) - a\phi_{r+1}^{(1)}(-\tau) - a\phi_{r-1}^{(1)}(-\tau) \\ -\mu\phi_r^{(2)}(0) - b\phi_r^{(1)}(0) + c\phi_r^{(2)}(0) \end{pmatrix}^{\mathrm{T}}.$$

设线性系统 (8.3.2) 产生的 C_0 半群的无穷小生成元为 $\mathrm{A}(\tau)$, 其中

$$\mathrm{A}(\tau)\varphi = \varphi', \quad \varphi \in \mathrm{Dom}(\mathrm{A}(\tau)), \quad \mathrm{Dom}(\mathrm{A}(\tau)) = \{\varphi \in C, \varphi' \in C, \varphi'(0) = L(\tau)\varphi\}.$$

下面我们考察方程 (8.3.1) 和方程 (8.3.2) 的对称性. 令 $\Gamma = D_n$ 表示二面体群. 定义 Γ 在 $R^{n\times 2}$ 上作用为

$$(\rho U)_r = ((\rho u)_r, (\rho v)_r) = (u_{r+2}, v_{r+2}),$$

$$(\kappa U)_r = ((\kappa u)_r, (\kappa v)_r) = (u_{n+2-r}, v_{n+2-r})(r \bmod n),$$

其中 $U=(u,v)\in\mathbb{R}^{n\times 2}, u,v\in\mathbb{R}^n$.

定理 8.3.2 系统 (8.3.1) 和 (8.3.2) 都是 D_n 等变的.

证明 应用引理 8.3.1, 我们可以得到 $\Delta(\tau,\lambda)$ 的特征方程

$$
\begin{aligned}
\det(\Delta(\lambda,\tau)) &= \prod_{r=0}^{n-1}\det(\lambda I_2 - f(u_r)) \\
&= \prod_{r=0}^{n-1}\det(\lambda I_2 - A_0 - u_r A_1 - u_r^{n-1}A_{n-1}) \\
&= \prod_{r=0}^{n-1}\det\begin{pmatrix} \lambda+\mu+2a\mathrm{e}^{-\lambda x}\cos\dfrac{2\pi r}{n} & -b \\ b & \lambda+\mu-c \end{pmatrix} \\
&= \prod_{r=0}^{n-1}\left[\lambda^2+(2\mu-c)\lambda+\mu^2+b^2+2a\cos\frac{2\pi r}{n}\lambda\mathrm{e}^{-\lambda\tau}\right. \\
&\qquad \left. +\left(2a\cos\frac{2\pi r}{n}\mu-2a\cos\frac{2\pi r}{n}c\right)\mathrm{e}^{-\lambda\tau}-c\mu\right] \\
&= \begin{cases}
(\lambda^2+(2\mu-c)\lambda+\mu^2+b^2+2a(\lambda+\mu-c)\mathrm{e}^{-\lambda\tau}-c\mu) \\
\quad \displaystyle\prod_{r=0}^{\frac{n-1}{2}}\left[\lambda^2+(2\mu-c)\lambda+\mu^2+b^2+2a\cos\frac{2\pi r}{n}\lambda\mathrm{e}^{-\lambda\tau}\right. \\
\quad \left. +\left(2a\cos\dfrac{2\pi r}{n}\mu-2a\cos\dfrac{2\pi r}{n}c\right)\mathrm{e}^{-\lambda\tau}-c\mu\right]^2=0\ (n\ 是奇数), \\
\lambda^2+(2\mu-c)\lambda+\mu^2+b^2-2a(\lambda+\mu-c)\mathrm{e}^{-\lambda\tau}-c\mu \\
\quad (\lambda^2+(2\mu-c)\lambda+\mu^2+b^2+\mu-c+2a(\lambda+)\mathrm{e}^{-\lambda\tau}-c\mu \\
\quad \displaystyle\prod_{r=0}^{\frac{n-1}{2}}[\lambda^2+(2\mu-c)\lambda+\mu^2+b^2+2a\cos\frac{2\pi r}{n}\lambda\mathrm{e}^{-\lambda\tau} \\
\quad +(2a\cos\dfrac{2\pi r}{n}\mu-2a\cos\dfrac{2\pi r}{n}c)\mathrm{e}^{-\lambda\tau}-c\mu]^2=0\ (n\ 是偶数),
\end{cases}
\end{aligned}
\tag{8.3.3}
$$

这里 $f(u_r)=A_0+u_rA_1+\cdots+u_r^{n-1}A_{n-1}(r=1,2,\cdots,n)$. 将 $C^{n\times 2}$ 作直和分解

$$
C^{n\times 2}=E_0\oplus E_1\oplus\cdots\oplus E_{n-1},
$$

其中 $E_r=\{(V^{\mathrm{T}},u_rV^{\mathrm{T}},\cdots,u_r^{n-1}V^{\mathrm{T}})^{\mathrm{T}},V^{\mathrm{T}}\in\mathbb{R}^2\}(r=0,1,\cdots,n-1)$. 每一个不变子空间 E_r 发生 Hopf 分支的条件是方程

$$
\lambda^2+(2\mu-c)\lambda+\mu^2+b^2+2a\cos\frac{2\pi r}{n}\lambda\mathrm{e}^{-\lambda\tau}+2a\cos\frac{2\pi r}{n}(\mu-c)\mathrm{e}^{-\lambda\tau}-c\mu=0. \tag{8.3.4}
$$

对于 $r=0,1,\cdots,n-1$ 都有纯虚根.

假设 (H_1)

$$\mu-c+2a\cos\frac{2\pi r}{n}>0,$$
$$\mu^2+b^2+2a\cos\frac{2\pi r}{n}(\mu-c)-c\mu<0,$$
$$4a^2\cos^2\frac{2\pi r}{n}+2(\mu^2+b^2-c\mu)-(2\mu-c)^2<0,$$
$$(\mu^2+b^2-c\mu)^2-4a^2\cos^2\frac{2\pi r}{n}(\mu-c)^2<0$$

对于所有的 $r=0,1,\cdots,n-1$ 都成立.

(H_2)
$$4a^2\cos^2\frac{2\pi r}{n}+2(\mu^2+b^2-c\mu)-(2\mu-c)^2<0,$$
$$(\mu^2+b^2-c\mu)^2-4a^2\cos^2\frac{2\pi r}{n}(\mu-c)^2<0.$$

对于给定的 $r\subset\{1,2,\cdots,n-1\}\backslash\left\{\left[\frac{n}{2}\right]\right\}$ (如果 n 是偶数) 或者 $r\in\{1,2,\cdots,n-1\}$ (如果 n 是奇数) 有如下引理.

引理 8.3.3 (1) 如果假设 (H_1) 满足, 则对于所有的 $\tau\geqslant 0$ 方程 (8.3.1) 的零解稳定.

(2) 如果假设 (H_2) 满足, 则方程 (8.3.4) 有一对纯虚根 $\pm\mathrm{i}\omega_0^{(r)}$, 其中 $\omega_0^{(r)}$ 是由如下方程确定的:

$$\omega_0^{(r)}=\frac{\sqrt{2}}{2}\left[4a^2\cos^2\frac{2\pi r}{n}+2(\mu^2+b^2-c\mu)-(2\mu-c)^2+\sqrt{p}\right]^{\frac{1}{2}},$$

其中

$$\begin{aligned}p=&\left[4a^2\cos^2\frac{2\pi r}{n}+2(\mu^2+b^2-c\mu)-(2\mu-c)^2\right]^2\\&-4\left[(\mu^2+b^2-c\mu)^2-4a^2\cos^2\frac{2\pi r}{n}(\mu-c)^2\right],\end{aligned}$$

$$\tau_s^{(r)}=\frac{1}{\omega_0^{(r)}}\left[\pi-\arccos\frac{\mu(\omega_0^{(r)})^2+(\mu^2+b^2-c\mu)(\mu-c)}{2a\cos\frac{2\pi r}{n}[(\omega_0^{(r)})^2+(\mu-c)^2]}\right]+\frac{2\pi s}{\omega_0^{(r)}}\ (s=0,1,2,\cdots).$$

定理 8.3.4 若假设 (H_2) 成立, 则当 $\tau=\tau_s^{(r)}$ 时系统 (8.3.1) 的 D_n 等变 Hopf 分支发生.

8.3.3 多重 Hopf 分支

首先, 我们考虑广义特征空间对应 $\mathrm{A}(\tau)$ 的纯虚特征根.

令假设 (H_2) 成立, 并且存在 $r\in\{1,2,\cdots,n-1\}\backslash\left\{\left[\frac{n}{2}\right]\right\}$(如果 n 是偶数) 或者

$r\in\{1,2,\cdots,n-1\}$(如果 n 是奇数) 使得方程 (8.3.4) 在 $\tau=\tau_s^{(r)}$ 时有重根 $\pm\mathrm{i}\omega_0^{(r)}$. 由前面的讨论, 我们可以得到如下定理.

引理 8.3.5 对于 $r\in\{1,2,\cdots,n-1\}\backslash\left\{\left[\dfrac{n}{2}\right]\right\}$(如果 n 是偶数) 或者 $r\in\{1,2,\cdots,n-1\}$(如果 n 是奇数), $\mathscr{A}(\tau_s^{(r)})$ 对应于特征值 $\pm\mathrm{i}\omega_0^{(r)}$ 的特征向量构成的广义特征空间 $U_{\pm i\omega_0^{(r)}}$ 为

$$U_{\pm i\omega_0^{(r)}}=\left\{\sum_{j=1}^{4}y_j\varepsilon_j,y_j\in\mathbb{R},j=1,2,3,4\right\},$$

其中

$$\varepsilon_1(\theta)=\cos(\omega_0^{(r)}\theta)\mathrm{Re}\{V_r\}-\sin(\omega_0^{(r)}\theta)\mathrm{Im}\{V_r\},$$

$$\varepsilon_2(\theta)=\sin(\omega_0^{(r)}\theta)\mathrm{Re}\{V_r\}+\cos(\omega_0^{(r)}\theta)\mathrm{Im}\{V_r\},$$

$$\varepsilon_3(\theta)=\cos(\omega_0^{(r)}\theta)\mathrm{Re}\{V_r\}+\sin(\omega_0^{(r)}\theta)\mathrm{Im}\{V_r\},$$

$$\varepsilon_4(\theta)=\sin(\omega_0^{(r)}\theta)\mathrm{Re}\{V_r\}-\cos(\omega_0^{(r)}\theta)\mathrm{Im}\{V_r\},$$

并且 $V_r=\begin{pmatrix}I_2\\u_rI_2\\\vdots\\u_r^{n-1}I_2\end{pmatrix},\theta\in[-1,0]$.

为了研究零点的 Hopf 分支, 我们考虑 $D_n\times S^1$ 的作用, 其中 S^1 是圆周群. 定义 $D_n\times S^1$ 的作用为

$$(\mathit{\Gamma},\theta)x(t)=\mathit{\Gamma}x(t+\theta),\quad(\mathit{\Gamma},\theta)\in D_n\times S^1,$$

对于 $s\in N_0$, 令 $T=\dfrac{2\pi}{\omega_0^{(r)}}$, P_T 表示所有连续 T 周期函数 $X:\mathbb{R}\to\mathbb{R}^{n\times2}$ 构成的巴拿赫空间, 则 $D_n\times S^1$ 对 P_T 的作用为

$$(r,\theta)x(t)=rx(t+\theta),\quad(r,\theta)\in D_n\times S^1,\quad x\in P_T.$$

令 SP_T 表示方程 (8.3.1) 的所有 T 周期解构成的空间 P_T 的子空间, 且 $\tau=\tau_s^{(r)}$. 则对于每一个子群 $\varSigma\leqslant D_n\times S^1$,

$$\mathrm{Fix}(\varSigma,SP_T)=\{x\in SP_T;(r,\theta)x=x,(r,\theta)\in\varSigma\}$$

是一个子空间.

考虑 $D_n\times S^1$ 的子群:

$$\Sigma_1 = \langle(\kappa, 1), (1, 1)\rangle, \quad \Sigma_2 = \langle(\kappa, -1), (1, 1)\rangle,$$

$$\Sigma_3 = \left\langle \left(\rho, \mathrm{e}^{\mathrm{i}\frac{rT}{n}}\right) \right\rangle, \quad \Sigma_4 = \left\langle \left(\rho, \mathrm{e}^{-\mathrm{i}\frac{rT}{n}}\right) \right\rangle.$$

引理 8.3.6

(1) $\mathrm{Fix}(\Sigma_1, SP_T) = \{z_1(\varepsilon_1 + \varepsilon_3) + z_2(\varepsilon_2 + \varepsilon_4); z_1, z_2 \in \mathbb{R}\}$;

(2) $\mathrm{Fix}(\Sigma_2, SP_T) = \{z_1(\varepsilon_1 - \varepsilon_3) + z_2(\varepsilon_2 - \varepsilon_4); z_1, z_2 \in \mathbb{R}\}$;

(3) $\mathrm{Fix}(\Sigma_3, SP_T) = \{z_1\varepsilon_3 + z_2\varepsilon_4; z_1, z_2 \in \mathbb{R}\}$;

(4) $\mathrm{Fix}(\Sigma_4, SP_T) = \{z_1\varepsilon_1 + z_2\varepsilon_2; z_1, z_2 \in \mathbb{R}\}$.

定理 8.3.7 假定 (H_2) 成立. 固定一个整数 s 使得 $\tau_s^{(r)} > 0$, 则在 $\tau_s^{(r)}$ 附近方程 (8.3.1) 的小振幅周期解存在三个类支且周期接近 $\dfrac{2\pi}{\omega_0^{(r)}}$, 并且满足

(1) 离散波: $x_i\left(t - \dfrac{rT}{n}\right) = x_{i-1}(t)$,

(2) 镜面反射解: $x_i(t) = x_{n-i}(t)$,

(3) 驻波: $x_i\left(t - \dfrac{T}{n}\right) = x_{n-i}(t)$.

下面考虑方程 (8.3.1) 的几种特殊情况.

在 $n = 3, \mu = 2.5, a = 0.5, b = 2.5, c = 1$ 时. 图 8.3.1 表示了在 $\tau = 0.1$ 时方程 (8.3.1) 平衡解的稳定性.

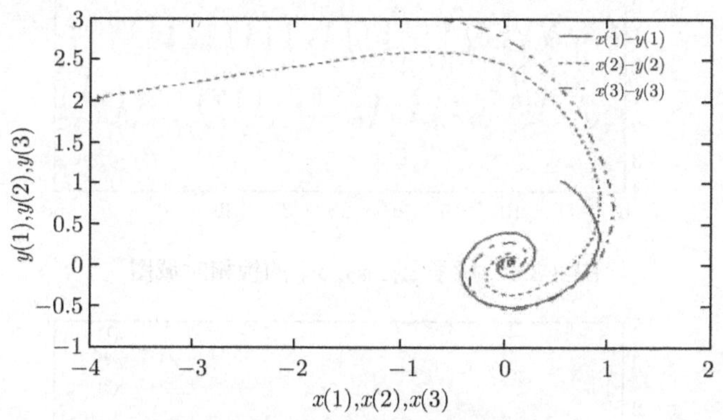

图 8.3.1 三个振子的稳定相图

令 $n = 3, \mu = 2.5, a = 0.5, b = 2.5, c = 2$. 图 8.3.2 和图 8.3.3 表示了当 $\tau = 1$ 时同步的周期轨发生.

令 $n = 3, \mu = 2.5, a = 0.5, b = 2.5, c = 3.5$. 图 8.3.4 和图 8.3.5 表示当 $\tau = 1$ 时周期解分离成锁相曲线

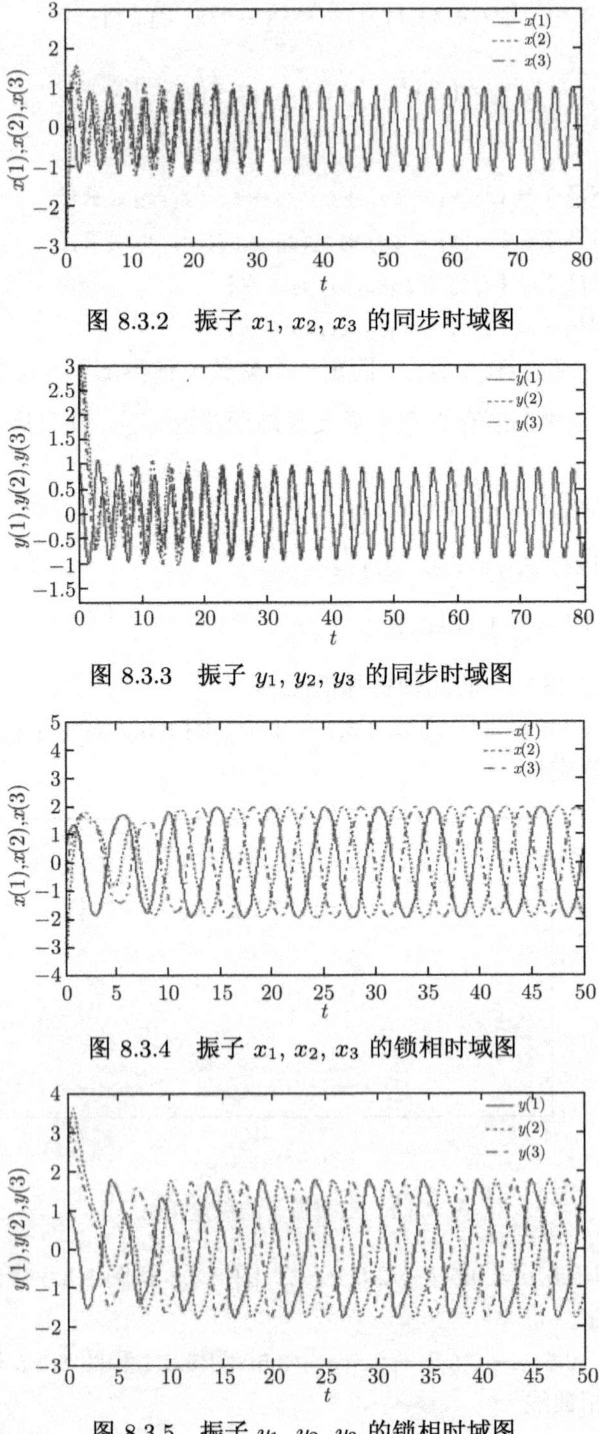

图 8.3.2　振子 x_1, x_2, x_3 的同步时域图

图 8.3.3　振子 y_1, y_2, y_3 的同步时域图

图 8.3.4　振子 x_1, x_2, x_3 的锁相时域图

图 8.3.5　振子 y_1, y_2, y_3 的锁相时域图

将若干个全同的非线性振子相互耦合, 构成耦合的非线性振子系统, 是研究高维分岔现象的较理想系统. 下面, 再举一个四个全同的非线性振子相互耦合的模型. 从数值仿真中可以看出, 其动力学性质更加丰富.

一个振子间信号传输具有时延性的耦合系统如下:

$$\begin{cases} \dfrac{\mathrm{d}x_i(t)}{\mathrm{d}t} = y_i(t) + cx_i(t) - \dfrac{x_i^3(t)}{3} \\ \qquad -\delta\left(2x_i(t-\tau) - x_{i-1}(t-\tau) - x_{i+1}(t-\tau)\right), \quad i=1,2,3,4, \\ \dfrac{\mathrm{d}y_i(t)}{\mathrm{d}t} = -x_i(t) - ky_i(t), \end{cases}$$

其中系数 $c>0, k>0, \delta>0$.

(1) $k=2$, $c=0.2$, $\delta=0.5$, $\tau=1.435$. 此时等变 Hopf 分支发生. 如图 8.3.6 所示.

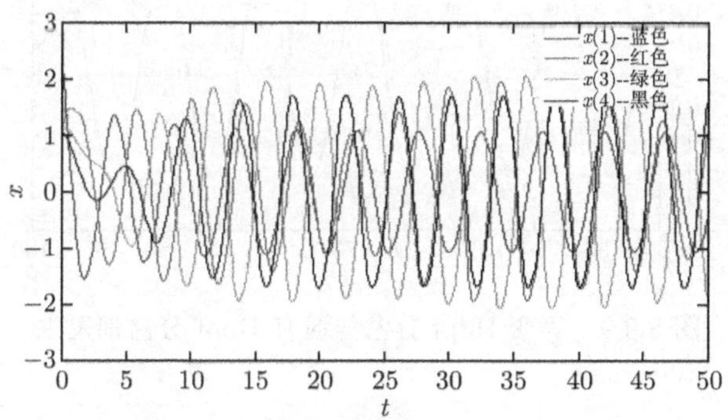

图 8.3.6 四个振子的等变 Hopf 分支

(2) $k=2$, $c=0.2$, $\delta=0.2$, $\tau=1.8$. 此时平衡点是稳定的. 如图 8.3.7 所示.

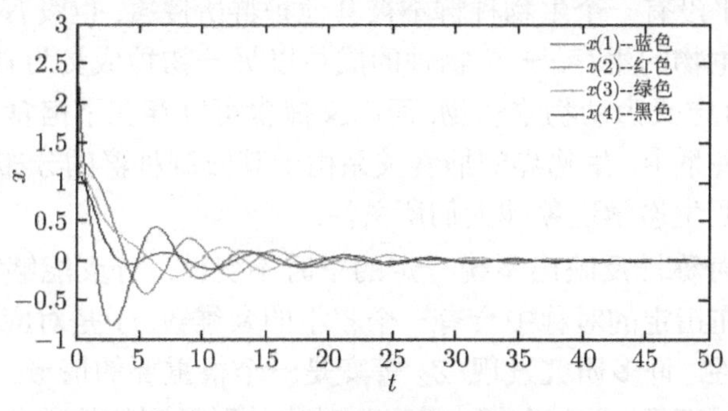

图 8.3.7 振子的稳定时域图

(3) $k=2$, $c=0.2$, $\delta=0.2$, $\tau=6$. 此时等变 Hopf 分岔发生. 如图 8.3.8 所示.

(4) $k=2$, $c=0.2$, $\delta=0.2$, $\tau=2.5$ 时, 等变 Hopf 分岔与通有 Hopf 分岔都发生. 如图 8.3.9 所示.

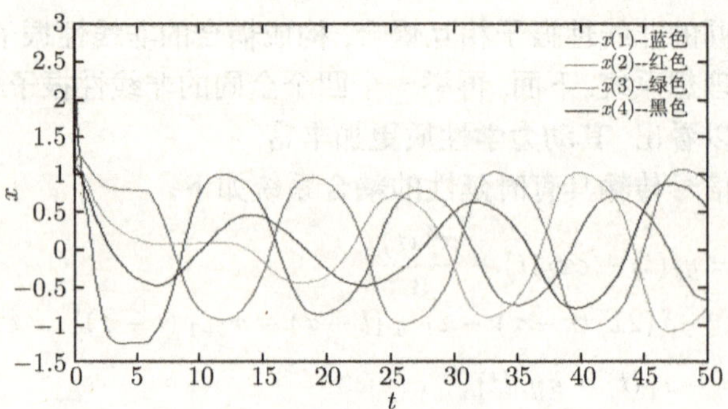

图 8.3.8　四个振子的等变 Hopf 分支

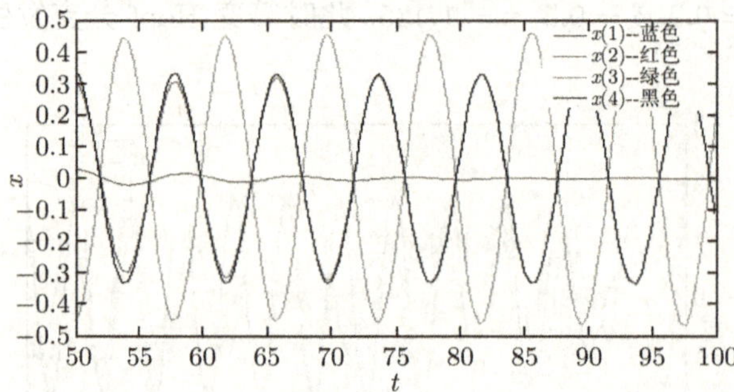

图 8.3.9　等变 Hopf 分岔与通有 Hopf 分岔都发生

8.4　具 Z_2 对称性的两食饵、单捕食者模型

自然界中几乎没有一个生物种群不被其他种群所侵害, 也没有一个生物种群的存在不威胁其他生物的生存. 一个物种的成员以另一物种成员为食, 被捕食者常常被杀死. 狭义捕食定义为动物吃动物, 而广义捕食可以存在于肉食、植食、拟寄生、同种相残等各种关系中. 生物界的捕食关系由于其限制种群的分布、抑制种群的数量而作为一个重要生态学现象被人们所关注.

动力系统的对称性反映出系统一定的空时不变性. 分支能够在对称系统中产生而且有时它们在指定的对称中会有一个较小的余维数, 于是对应的分支通常都会有一些独特的特性. 许多研究发现 Z_2 等变是一个很重要的情形. 本章研究 Z_2 对称性多项式的一般表示, 同时介绍一个 Z_2 对称种群模型的特殊分支形态:

$$\begin{cases} x_1' = x_1[1 - ax_1 - bx_3(t-\tau)], \\ x_2' = x_2[1 - ax_2 - bx_3(t-\tau)], \\ x_3' = x_3(-1 + cx_1 + cx_2), \end{cases}$$

其中参数 a, b 和 c 都是正数, 该系统的结构对称性可以用一个 Z_2 群来表示. 该模型的实际例子是森林中大熊猫、白夹竹和拐棍竹共生的生态系统.

8.4.1 Z_2 对称二次多项式系统

最简单的非平凡群 Z_2 包含两个元素 $\{e, v\}$, 它们满足

$$r^2 = e, \quad ve = ev = v, \quad e^2 = e.$$

令 $\{I, T\}$ 是 $\mathbb{R}^n$ 中 Z_2 的线性表示, 其中 I 是一个单位矩阵, 并且 $n \times n$ 矩阵 T 满足 $T \neq I, T^2 = I$(我们称这样的矩阵 T 为对合矩阵). 令

$$T^+ = \{\alpha \in \mathbb{R}^n | T\alpha = \alpha\} \text{ 和 } T^- = \{\alpha \in \mathbb{R}^n | T\alpha = -\alpha\},$$

则 $\mathbb{R}^n$ 可以分解成直和 $\mathbb{R}^n = T^+ \oplus T^-$. 令 A^t 表示矩阵 A 的转置, $A \otimes B$ 表示矩阵 $A = (a_{ij})_{m\times n}$ 和 B 的张量积:

$$A \otimes B = \begin{pmatrix} a_{11}B & a_{12}B & \cdots & a_{1n}B \\ a_{21}B & a_{22}B & \cdots & a_{2n}B \\ \vdots & \vdots & & \vdots \\ a_{m1}B & a_{m2}B & \cdots & a_{mn}B \end{pmatrix}.$$

那么, 一般的二次多项式系统可以写成:

$$X' = (I_n \otimes X^t)AX + BX + C, \tag{8.4.1}$$

其中 $A = \begin{pmatrix} A_1 \\ A_2 \\ \vdots \\ A_n \end{pmatrix}$, $A_i (i = 1, 2, \cdots, n)$ 是实对称矩阵, B 是一个实 $n \times n$ 矩阵, C 是一个实 $n \times 1$ 矩阵. 下面给出二次系统 Z_2 等变的充分必要条件.

定理 8.4.1 系统 (8.4.1) 是 Z_2 等变的当且仅当存在一个对合矩阵 $T = (t_{ij})_{n\times n}$ 使得

$$\begin{cases} (T \otimes T^t)AT = A, \\ TBT = B, \\ TC = C. \end{cases}$$

证明 令 $Z_2 = \{T, I\}$ 是 Z_2 的线性表示, 则对于所有的 $X \in \mathbb{R}^n$,

$$Tf(X) = f(TX)$$

这意味着

$$T(I_n \otimes X^t)AX + TBX + TC = (I_n \otimes X^t)(I_n \otimes T^t)ATX + BTX + C.$$

比较方程两边 $i(i=0,1,2)$ 次项系数, 我们可以得到

$$\begin{cases} T(I_n\otimes X^t)AX=(I_n\otimes X^t)(I_n\otimes T^t)ATX, \\ TBX=BTX, & \forall X\in\mathbb{R}^n, \\ TC=C, \end{cases}$$

所以 $TBT=B$ 且 $TC=C$. 回顾方程

$$T(I_n\otimes X^t)AX=(I_n\otimes X^t)(I_n\otimes T^t)ATX,$$

我们有

$$t_{i1}A_1+t_{i2}A_2+\cdots t_{in}A_n=T^tA_iT,\quad i=1,2,\cdots,n,$$

因此

$$(T\otimes I_n)A=(I_n\otimes T^t)AT.$$

由于 $T^2=I_n$,

$$\begin{aligned}(I_n\otimes T^t)(T\otimes I_n)&=\begin{pmatrix} T^t & & & \\ & T^t & & \\ & & \ddots & \\ & & & T^t \end{pmatrix}\begin{pmatrix} t_{11}I_n & t_{12}I_n & \cdots & t_{n1}I_n \\ t_{21}I_n & t_{22}I_n & \cdots & t_{2n}I_n \\ \vdots & \vdots & & \vdots \\ t_{n1}I_n & t_{n2}I_n & \cdots & t_{nn}I_n \end{pmatrix} \\ &=\begin{pmatrix} t_{11}T^t & t_{12}T^t & \cdots & t_{n1}T^t \\ t_{21}T^t & t_{22}T^t & \cdots & t_{2n}T^t \\ \vdots & \vdots & & \vdots \\ t_{n1}T^t & t_{n2}T^t & \cdots & t_{nn}T^t \end{pmatrix}=T\otimes T^t,\end{aligned}$$

所以

$$(I_n\otimes T^t)(T\otimes I_n)AT=A.$$

定理证毕.

例如, 设

$$A_1=\begin{pmatrix} 0 & 0 & a_1 \\ 0 & 0 & b_1 \\ a_1 & b_1 & 0 \end{pmatrix},\quad A_2=\begin{pmatrix} 0 & 0 & b_1 \\ 0 & 0 & a_1 \\ b_1 & a_1 & 0 \end{pmatrix},\quad A_3=\begin{pmatrix} m & n & 0 \\ n & m & 0 \\ 0 & 0 & e \end{pmatrix},$$

$$A=\begin{pmatrix} A_1 \\ A_2 \\ A_3 \end{pmatrix},\quad B=\begin{pmatrix} a & b & 0 \\ b & a & 0 \\ 0 & 0 & c \end{pmatrix},\quad C=\begin{pmatrix} p \\ p \\ q \end{pmatrix},$$

则系统 (8.4.1) 是 Z_2 对称的. 事实上, 我们仅需取 $T=\begin{pmatrix}0&1&0\\1&0&0\\0&0&1\end{pmatrix}$. 一般地, 对于 $T=\begin{pmatrix}0&1&0\\1&0&0\\0&0&1\end{pmatrix}$, 系统 (8.4.1) 是 Z_2 对称的当且仅当

$$\begin{cases}TA_1T=A_2,\\TA_2T=A_1,\\TA_3T=A_3,\\TBT=B,\\TC=C.\end{cases}$$

对于 $T=\begin{pmatrix}-1&0&0\\0&-1&0\\0&0&1\end{pmatrix}$, 系统 (8.4.1) 是 Z_2 对称的当且仅当

$$\begin{cases}TA_1T=-A_1,\\TA_2T=-A_2,\\TA_3T=A_3,\\TBT=B,\\TC=C.\end{cases}$$

8.4.2 Ford 分支分析

考虑两食饵、单捕食者系统:

$$\begin{cases}x_1'=x_1[1-ax_1-bx_3(t-\tau)],\\x_2'=x_2[1-ax_2-bx_3(t-\tau)],\\x_2'=x_3[-1+cx_1+cx_2].\end{cases}\tag{8.4.2}$$

由 8.4.1 小节可知, 该系统是 Z_2 等变的, 且

$$T=\begin{pmatrix}0&1&0\\1&0&0\\0&0&1\end{pmatrix}.$$

经计算该系统正的平衡点为

$$x_1^*=x_2^*=1/2c,\quad x_3^*=1/b(1-a/2c).$$

令 $\tilde{x}_1'=x_1-x_1^*, \tilde{y}_1'=y_1-y_1^*, \tilde{z}_1'=z_1-z_1^*$, 则系统 (8.4.2) 变为

$$\begin{cases} \tilde{x'}_1 = -\dfrac{a}{2c}\tilde{x}_1 - \dfrac{b}{2c}\tilde{x}_3(t-\tau) - a\tilde{x}_1^2 - b\tilde{x}_1\tilde{x}_3(t-\tau), \\ \tilde{x'}_2 = -\dfrac{a}{2c}\tilde{x}_2 - \dfrac{b}{2c}\tilde{x}_3(t-\tau) - a\tilde{x}_2^2 - b\tilde{x}_2\tilde{x}_3(t-\tau), \\ \tilde{x'}_3 = \dfrac{c}{b}\left(1-\dfrac{a}{2c}\right)\tilde{x}_1 + \dfrac{c}{b}\left(1-\dfrac{a}{2c}\right)\tilde{x}_2 + c\tilde{x}_1\tilde{x}_3 + c\tilde{x}_2\tilde{x}_3. \end{cases} \tag{8.4.3}$$

该系统的线性部分是

$$\begin{cases} \tilde{x}_1' = -\dfrac{a}{2c}\tilde{x}_1 - \dfrac{b}{2c}\tilde{x}_3(t-\tau), \\ \tilde{x}_2' = -\dfrac{a}{2c}\tilde{x}_2 - \dfrac{b}{2c}\tilde{x}_3(t-\tau), \\ \tilde{x}_3' = \dfrac{c}{b}\left(1-\dfrac{a}{2c}\right)\tilde{x}_1 + \dfrac{c}{b}\left(1-\dfrac{a}{2c}\right)\tilde{x}_2. \end{cases}$$

线性部分的特征方程是

$$(\lambda + a_1 x_1^*)\left[\lambda^2 + \frac{a}{2c}\lambda + \left(1-\frac{a}{2c}\right)\mathrm{e}^{-\lambda\tau}\right] = 0.$$

很显然 $\lambda_1 = -a_1 x_1^* < 0$, 因此我们仅需讨论

$$\lambda^2 + \frac{a}{2c}\lambda + \left(1-\frac{a}{2c}\right)\mathrm{e}^{-\lambda\tau} = 0. \tag{8.4.4}$$

如果 $a = 2c$, 则 $\lambda = 0$ 是方程 (8.4.4) 的单根. 令 $a = 2c+\varepsilon, y_1 = \tau\tilde{x}_1, y_2 = \tau\tilde{x}_2, y_3 = \tau\tilde{x}_3$, 则方程 (8.4.3) 变为

$$\begin{cases} y_1' = \tau\left(-1-\dfrac{\varepsilon}{2c}\right)y_1 - \dfrac{\tau b}{2c}y_2(t-1) - \tau(2c+\varepsilon)y_1^2 - \tau b y_1 y_3(t-1), \\ y_2' = \tau\left(-1-\dfrac{\varepsilon}{2c}\right)y_2 - \dfrac{\tau b}{2c}y_1(t-1) - \tau(2c+\varepsilon)y_2^2 - \tau b y_2 y_3(t-1), \\ y_3' = -\dfrac{\tau\varepsilon}{b}y_1 - \dfrac{\tau\varepsilon}{b}y_2 - \tau c y_1 y_3 + \tau c y_2 y_3, \end{cases} \tag{8.4.5}$$

下面计算关于参数 ε 的规范型. 令 $Z'(t) = L_\varepsilon z_t + F(z_t, \varepsilon)$, 其中 $Z_t' \in C$, 并且在 $\theta \in [-1, 0]$ 和 $C = C([-1,0], \mathbb{R}^3)$ 时定义为 $Z_t = Z(t+\theta)$.

对于 $\varphi = (\phi_1, \phi_2, \phi_3) \in C$, 我们有

$$L_\varepsilon\varphi = \tau\begin{pmatrix} \left(-1-\dfrac{\varepsilon}{2c}\right)\phi_1(0) - \dfrac{b}{2c}\phi_3(-1) \\ \left(-1-\dfrac{\varepsilon}{2c}\right)\phi_2(0) - \dfrac{b}{2c}\phi_3(-1) \\ -\dfrac{\varepsilon}{2b}\phi_1(0) - \dfrac{\varepsilon}{2b}\phi_2(0) \end{pmatrix},$$

$$F(\varphi, \varepsilon) = \tau\begin{pmatrix} -(2c+\varepsilon)\phi_1^2(0) - b\phi_1(0)\phi_3(-1) \\ -(2c+\varepsilon)\phi_2^2(0) - b\phi_2(0)\phi_3(-1) \\ c\phi_1(0)\phi_3(0) + c\phi_2(0)\phi_3(0) \end{pmatrix}.$$

取

$$\eta(\theta)=\begin{cases}\begin{pmatrix}-1-\dfrac{\varepsilon}{2c} & 0 & 0\\ 0 & -1-\dfrac{\varepsilon}{2c} & 0\\ \dfrac{-\varepsilon}{2b} & \dfrac{-\varepsilon}{2b} & 0\end{pmatrix}, & \theta=0,\\ \begin{pmatrix}0 & 0 & \dfrac{-b}{2c}\\ 0 & 0 & \dfrac{-b}{2c}\\ 0 & 0 & 0\end{pmatrix}, & -1<\theta<0,\\ \begin{pmatrix}0 & 0 & 0\\ 0 & 0 & 0\\ 0 & 0 & 0\end{pmatrix}, & \theta=-1,\end{cases}$$

我们有

$$L_0\varphi=\int_{-1}^{0}\mathrm{d}\eta(\theta)\varphi(\theta).$$

重写方程 (8.4.5), 有

$$Z'(t)=L_0z_t+[L_\varepsilon-L_0]z_t+F(z_t,\mu)=h_0z_t+G(\varepsilon,z_t). \tag{8.4.6}$$

定义双线性型

$$(\psi,\varphi)=\psi(0)\varphi(0)-\int_{-1}^{0}\int_{0}^{\theta}\psi(\xi-\theta)\mathrm{d}\eta(\theta)\phi(\xi)\mathrm{d}\xi,$$

把 C 分解成 $C=P\oplus Q$, 其中 P 是关于特征值 $\Lambda_0=0$ 的广义特征空间, Q 是一个无限维互余子空间.

通过计算, P 的一个基为 $\varphi_{\Lambda_0}=\begin{pmatrix}-b\\-b\\2c\end{pmatrix}$, 而且 $B=O$ 表示限制条件为 φ_{Λ_0} 有限维矩阵, $A\varphi_{\Lambda_0}=\varphi_{\Lambda_0}B$, 集合 $\psi=\dfrac{1}{D}(0,0,1), D=2c+\dfrac{b^2}{c}$ 是 C^* 的对偶空间 P^* 的一个基, 并且 $(\psi,\varphi)=I$, 其中 I 是单位矩阵.

应用 Faria 的方法, 我们知道方程 (8.4.6) 可以写成

$$\begin{cases}x'=Bx+\psi(0)[(L_\varepsilon-L_0)(\varphi x+y)+G(\varphi x+y,\varepsilon)],\\ y'=A_{\varphi1}y+(1-\pi)X_0[(L_\varepsilon-L_0)(\varphi x+y)+G(\varphi x+y,\varepsilon)],\end{cases} \tag{8.4.7}$$

其中对于 $\theta\in[-1,0]$ 有 $X_0(\theta)=0$, 并且对于 $\theta=0$ 有 $X_0(\theta)=I$.

$$G(\varphi x+y)=\tau\begin{pmatrix}-\frac{\varepsilon}{2c}(-bx+y_1(0)-2c(-bx+y_1(0))^2-\varepsilon(-bx+y_1(0))^2\\ -b(-bx+y_1(0))(2cx+y_3(-1))\\ -\frac{\varepsilon}{2c}(-bx+y_2(0)-2c(-bx+y_2(0))^2-\varepsilon(-bx+y_2(0))^2\\ -b(-bx+y_2(0))(2cx+y_3(-1))\\ -\frac{\varepsilon}{b}(-bx+y_1(0)-\frac{\varepsilon}{b}(-bx+y_2(0))^2+c(-bx+y_1(0))(2cx+y_3(-1))\\ +c(-bx+y_2(0))(2cx+y_3(-1))\end{pmatrix}.$$

令 f_i 是 G 的第 i 次微分, 对 G 作 Taylor 展开, 则方程 (8.4.7) 变形为

$$\begin{cases}x'=Bx+\sum\limits_{j\geqslant 2}\frac{1}{j!}f_j^1(x,y,\varepsilon),\\ y'=A_{\varphi_1}y+\sum\limits_{j\geqslant 2}\frac{1}{j!}f_j^2(x,y,\varepsilon).\end{cases}\tag{8.4.8}$$

将方程 (8.4.8) 写成正规型如下:

$$\begin{cases}x'=Bx+\sum\limits_{j\geqslant 2}\frac{1}{j!}g_j^1(x,y,\varepsilon),\\ y'=A_{\varphi_1}y+\sum\limits_{j\geqslant 2}\frac{1}{j!}g_j^2(x,y,\varepsilon).\end{cases}$$

在 $y=0$ 处局部中心流形是

$$x'=Bx+\sum_{j\geqslant 2}\frac{1}{j!}g_j^1(x,0,\mu).$$

通过计算可知

$$\begin{aligned}\frac{1}{2!}f_2^1(x,y,\varepsilon)=&\frac{c\tau^2}{2c^2+b^2}\Big[-\frac{\varepsilon}{b}(-bx+y_1(0))-\frac{\varepsilon}{b}(-bx+y_2(0))\\ &+c(-bx+y_1(0))(2cx+y_3(-1))+c(-bx+y_2(0))(2cx+y_3(-1))\Big].\end{aligned}$$

因此,

$$\frac{1}{2!}f_2^1(x,0,\varepsilon)=\frac{c\tau^2}{2c^2+b^2}[2\varepsilon x-2cb^2x^2].$$

由于 $B=0$, 所以

$$\frac{1}{2!}g_2^1(x,0,\varepsilon)=\frac{1}{2!}f_2^1(x,0,\varepsilon)=\frac{c\tau^2}{2c^2+b^2}[2\varepsilon x-2cb^2x^2].$$

我们也可以得到

$$T\varphi_{\Lambda_0}=\varphi_{\Lambda_0}.$$

总结上面的讨论, 我们可以得到如下定理.

定理 8.4.2 Z_2 等变系统 (8.4.3) 在 $\varepsilon=0$ 有平衡点 $(0,0,0)$, 且有单零特征值 $\lambda=0$. 对于所有的充分小的 $|\varepsilon|$, 系统有一个一维 T 不变中心流形 $W_\varepsilon^c\subset X^+$, 并且系统在原点附近在 W_ε^c 上的限制, 局部拓扑等价于下面的正规型:

$$x'=\frac{2c\tau^2}{2c^2+b^2}[\varepsilon x-cb^2x^2].$$

注 系统 (8.4.3) 关于零特征值 $\lambda=0$ 有简单的 comdom-1 分支.

8.4.3 Hopf 分支分析

考虑方程 (8.4.4) 根的分布. 对于 $\tau=0$, 方程 (8.4.4) 变为

$$\lambda^2+\frac{a}{2c}\lambda+\left(1-\frac{a}{2c}\right)=0. \tag{8.4.9}$$

很显然, 如果 $a<2c$, 则方程 (8.4.9) 的根都有负实部; 如果 $a>2c$, 则方程 (8.4.9) 有具正实部的根. 令 $\pm\mathrm{i}\omega(\omega>0)$ 是方程 (8.4.4) 的一对根, 则

$$-\omega^2+\mathrm{i}\omega\frac{a}{2c}+\left(1-\frac{a}{2c}\right)\mathrm{e}^{-\mathrm{i}\omega\tau}=0.$$

分离实部和虚部, 得

$$\begin{aligned}&-\omega^2+\left(1-\frac{a}{2c}\right)\cos(\omega\tau)=0,\\&\frac{a}{2c}\omega-\left(1-\frac{a}{2c}\right)\sin(\omega\tau)=0.\end{aligned}$$

因此

$$\begin{cases}\tau=\tau_j=\dfrac{1}{\omega_0}[\omega_0\tau_0+2j\pi],\quad j=1,2,\cdots,\\ \omega_0=\sqrt{\dfrac{-\left(\dfrac{a}{2c}\right)^2+\sqrt{\left(\dfrac{a}{2c}\right)^4+4\left(1-\dfrac{a}{2c}\right)^2}}{2}},\\ \tau_0=\dfrac{1}{\omega_0}\arcsin\left(\dfrac{a}{2c-a}\omega_0\right).\end{cases} \tag{8.4.10}$$

下面检验横截条件.

引理 8.4.3 $\mathrm{Re}\left(\dfrac{\mathrm{d}\lambda(\tau_j)}{\mathrm{d}\tau}\right)>0$.

证明 对方程 (8.4.4) 两边同时关于 τ 微分有

$$\left(\frac{\mathrm{d}\lambda(\tau_j)}{\mathrm{d}\tau}\right)^{-1}\Bigg|_{\tau=\tau_j}=\frac{2\lambda+\dfrac{a}{2c}-\left(1-\dfrac{a}{2c}\right)\mathrm{e}^{-\lambda\tau}}{\lambda\left(1-\dfrac{a}{2c}\right)\mathrm{e}^{-\lambda\tau}},$$

也即有

$$\mathrm{Re}\left(\frac{\mathrm{d}\lambda(\tau_j)}{\mathrm{d}\tau}\right)^{-1}\Bigg|_{\tau=\tau_j}=\frac{2\omega_0^2+\left(\dfrac{a}{2c}\right)^2}{\omega_0^2\left(\omega_0^2+\left(\dfrac{a}{2c}\right)^2\right)}.$$

利用以上结论, 有下面的稳定和分支结果.

定理 8.4.4 对于系统 (8.4.2)

(i) 如果 $a > 2c$, 则方程 (8.4.2) 的平衡解 (x_1^*, x_2^*, x_3^*) 对于 $\tau \geqslant 0$ 时是不稳定的;

(ii) 如果 $0 < a < 2a$, 且存在具有时滞的无穷序列值 $\tau_0 < \tau_1 < \cdots \tau_j < \cdots$, 使得方程 (8.4.2) 的平衡解 (x_1^*, x_2^*, x_3^*) 当 $\tau \in [0, \tau_0)$ 时是渐近稳定的, 当 $\tau > \tau_0$ 时是不稳定的. 方程 (8.4.2) 当 $\tau = \tau_j$ 时在平衡点 (x_1^*, x_2^*, x_3^*) 有 Hopf 分支, 其中 $\tau_j (j = 0, 1, 2, \cdots)$ 满足方程 (8.4.10).

为了检验分析的结果, 考虑下面的例子.

取 $a = 1, b = 1.5, c = 2$. 在图 8.4.1 中, $\tau = 0.32 < \tau^* = 0.34$, 方程 (8.3.1) 的平衡解渐近稳定.

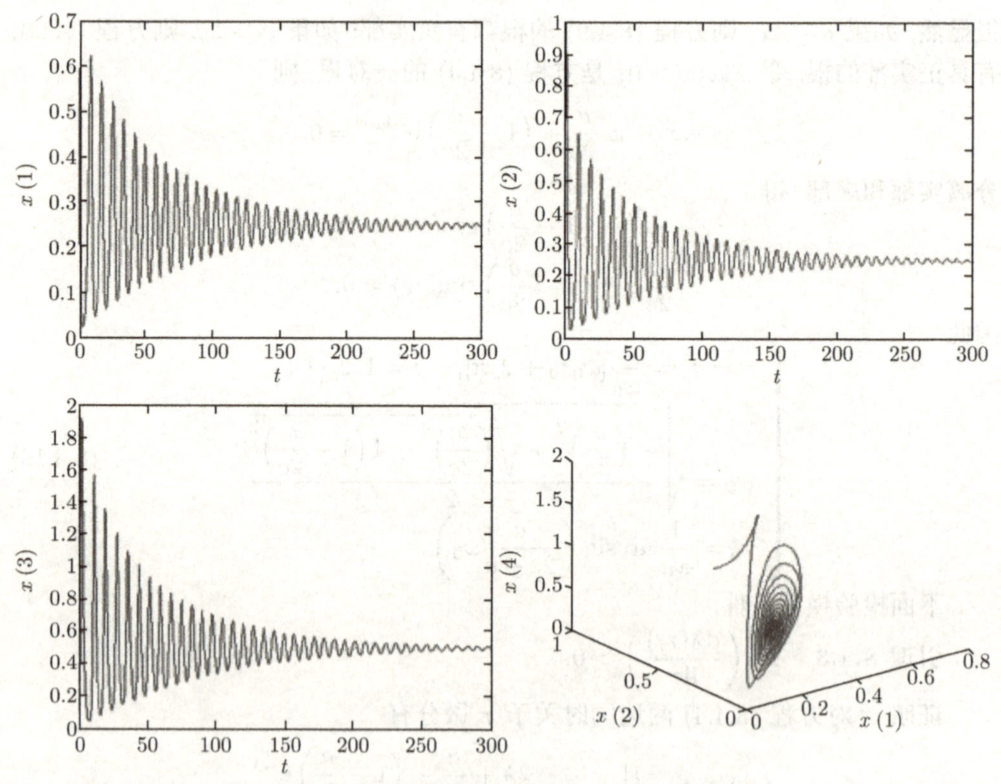

图 8.4.1 $\tau = 0.32 < \tau^* = 0.34$ 时的时域图

当 τ 增加且超过 τ^* 时, 平衡解失去稳定性而且当 $\tau > 0.34$ 时产生一个周期解分支. 在图 8.4.2 中, $\tau = 0.38 > \tau^* = 0.34$. 图 8.4.3 是当 $a = 2, b = 1.5, c = 2$ 时的图形. 在图 8.4.2 中, 方程 (8.4.2) 的平衡解对所有的 $\tau \geqslant 0$ 时是渐近稳定的, 并且平衡解经历一个 Fold 分支. 图 8.4.4 为系统的分支图.

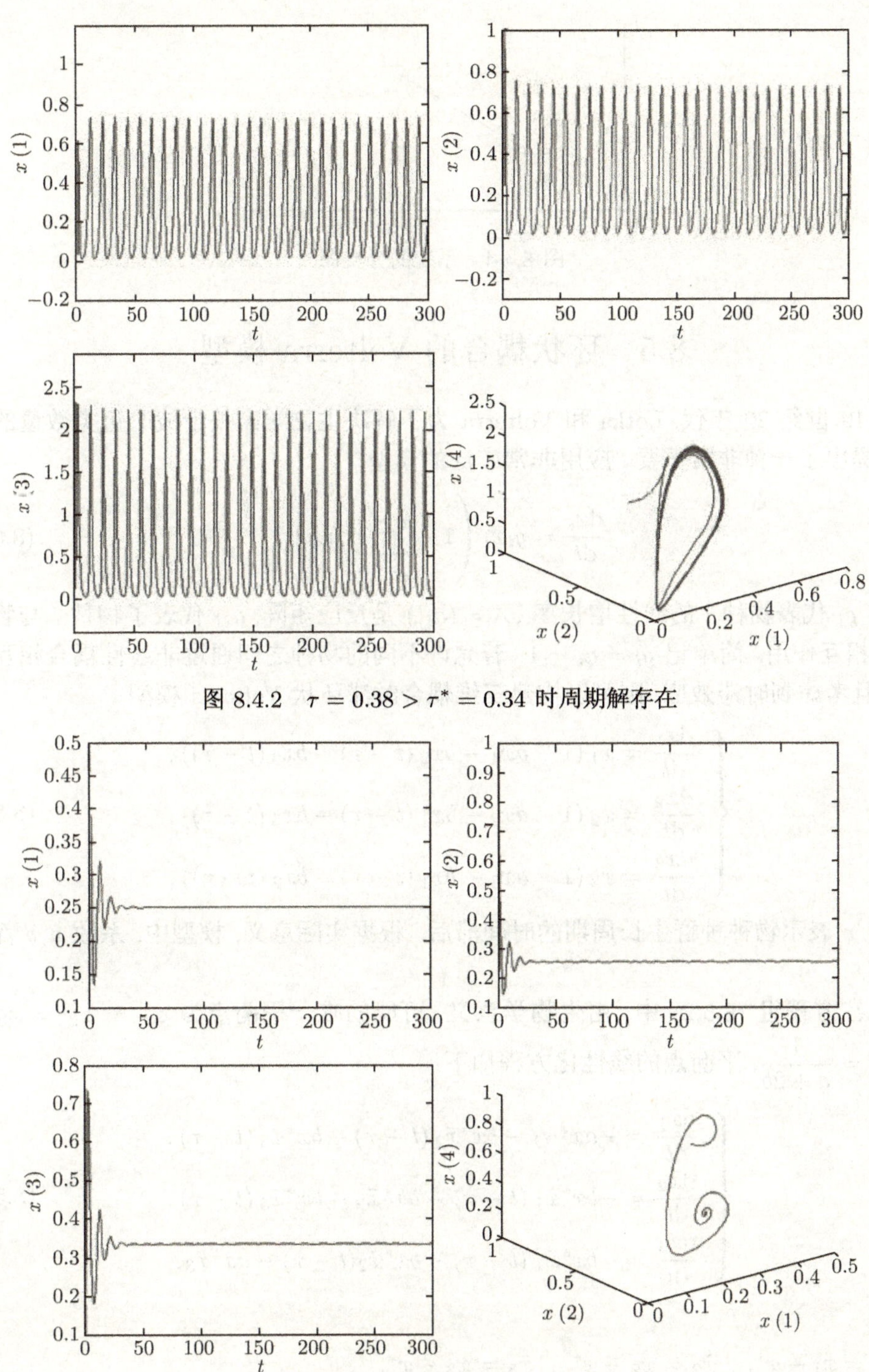

图 8.4.2 $\tau = 0.38 > \tau^* = 0.34$ 时周期解存在

图 8.4.3 平衡点绝对稳定

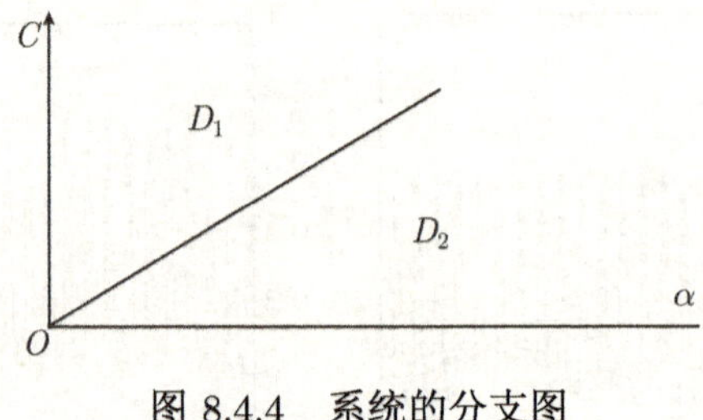

图 8.4.4 系统的分支图

8.5 环状耦合的 Volterra 模型

19 世纪 20 年代, Lotka 和 Volterra 为了解决生物学家关于战时鱼类数量的问题, 提出了一种非常重要、应用非常广泛的模型

$$\frac{\mathrm{d}x_i}{\mathrm{d}t} = g_i x_i \left(1 - \sum_{j=1}^{N} a_{ij} x_j\right), \tag{8.5.1}$$

式中 g_i 代表物种 i 的线性增长率 , $A = (a_{ij})$ 是反应矩阵, a_{ij} 代表了物种 i 与物种 j 的相互作用. 简单记 $g_i = a_i = 1$. 若允许不同的物种之间通过非线性耦合相互影响, 且考虑到时滞效应, 则可以构建三维耦合时滞环状 Volterra 模型

$$\begin{cases} \dfrac{\mathrm{d}x_1}{\mathrm{d}t} = x_1\left(1 - ax_1 - bx_2\left(t-\tau\right) - bx_3\left(t-\tau\right)\right), \\ \dfrac{\mathrm{d}x_2}{\mathrm{d}t} = x_2\left(1 - ax_2 - bx_1\left(t-\tau\right) - bx_3\left(t-\tau\right)\right), \\ \dfrac{\mathrm{d}x_3}{\mathrm{d}t} = x_3\left(1 - ax_3 - bx_1\left(t-\tau\right) - bx_2\left(t-\tau\right)\right), \end{cases} \tag{8.5.2}$$

其中 τ 表示物种种群生长周期的时间滞后. 根据实际意义, 模型中, 系数 a, b 都大于零.

在方程组 (8.5.2) 中, 由生物学意义, 可能的唯一平衡点为 $x_1 = x_2 = x_3 = x^*, x^* = \dfrac{1}{a+2b}$, 平衡点的线性化方程如下:

$$\begin{cases} \dfrac{\mathrm{d}\tilde{x}_1}{\mathrm{d}t} = -ax^*\tilde{x}_1 - bx^*\tilde{x}_2\left(t-\tau\right) - bx^*\tilde{x}_3\left(t-\tau\right), \\ \dfrac{\mathrm{d}\tilde{x}_2}{\mathrm{d}t} = -bx^*\tilde{x}_1\left(t-\tau\right) - ax^*\tilde{x}_2 - bx^*\tilde{x}_3\left(t-\tau\right), \\ \dfrac{\mathrm{d}\tilde{x}_3}{\mathrm{d}t} = -bx^*\tilde{x}_1\left(t-\tau\right) - bx^*\tilde{x}_2(t-\tau) - ax^*\tilde{x}_3, \end{cases} \tag{8.5.3}$$

其中

$$\tilde{x}_1 = x_1 - x^*, \quad \tilde{x}_2 = x_2 - x^*, \quad \tilde{x}_3 = x_3 - x^*,$$
$$\tilde{x}_1(t-\tau) = x_1(t-\tau) - x^*, \quad \tilde{x}_2(t-\tau) = x_2(t-\tau) - x^*, \quad \tilde{x}_3(t-\tau) = x_3(t-\tau) - x^*.$$

系统 (8.5.3) 的特征方程为

$$\left((a+2b)\lambda+a+2b\mathrm{e}^{-\lambda\tau}\right)\left((a+2b)\lambda+a-b\mathrm{e}^{-\lambda\tau}\right)^2=\Delta_1\Delta_2=0. \tag{8.5.4}$$

当 $\tau=0$ 时, $\Delta_1=0$ 的根为 $\lambda=-1$, 具有负实部. 当 $\tau>0$, $b>\dfrac{a}{2}$ 时, $\Delta_1=0$ 有纯虚根 $\pm\mathrm{i}\omega_1$ 当且仅当

$$\begin{cases}\omega_1=\sqrt{\dfrac{2b-a}{a+2b}},\\ \tau=\tau_j^{(1)}=\dfrac{1}{\omega_1}\left[\left(\pi-\arcsin\dfrac{(a+2b)\omega_1}{2b}\right)+2j\pi\right]\ (j=0,1,2,\cdots).\end{cases}$$

将方程 $\Delta_1=0$ 对 τ 求导, 得

$$\left(\frac{\mathrm{d}\,\mathrm{Re}\lambda}{\mathrm{d}\tau}\right)^{-1}\Bigg|_{\tau=\tau_j^{(1)}}=\frac{(a+2b)^2\omega_1^2}{(a+2b)^2\omega_1^4+a^2\omega_1^2}>0$$

从而横截条件得到满足. 同理, 对 $\Delta_2=0$, 我们可以得到如下结论:

当 $\tau=0$ 时, $b<a$, $\Delta_2=0$ 的根具有负实部. 当 $\tau>0$ 时, $b>a$, $\Delta_2=0$ 具有二重纯虚根 $\pm\mathrm{i}\omega_2$ 当且仅当

$$\begin{cases}\omega_2=\sqrt{\dfrac{b^2-a^2}{(a+2b)^2}},\\ \tau=\tau_j^{(2)}=\dfrac{1}{\omega_2}\left[\left(2\pi-\arccos\dfrac{a}{b}\right)+2j\pi\right],\quad j=0,1,2,\cdots,\end{cases}$$

$$\left(\frac{\mathrm{d}\,\mathrm{Re}\lambda}{\mathrm{d}\tau}\right)^{-1}\Bigg|_{\tau=\tau_j^{(2)}}>0.$$

综上可得如下定理:

定理 8.5.1

(1) 若 $\tau\in\left[0,\min\left(\dfrac{1}{\omega_1}\left(\pi-\arcsin\dfrac{(a+2b)\omega_1}{2b}\right),\dfrac{1}{\omega_2}\left(2\pi-\arccos\dfrac{a}{b}\right)\right)\right]$, 则系统 (8.5.2) 的平衡解渐近稳定;

(2) 若 $\tau=\tau_j^{(1)}$ $(j=0,1,2,\cdots)$, 则系统 (8.5.2) 经历了通有 Hopf 分支;

(3) 若 $\tau=\tau_j^{(2)}$ $(j=0,1,2,\cdots)$, 则系统 (8.5.2) 经历了等变 Hopf 分支.

8.5.1 多重周期解的分支性

容易看出, 系统 (8.5.2) 是 D_3 等变的, D_3 是由循环群 Z_3 与翻转 κ 所生成的二面体群:

$$(\rho x)_r=x_{r+1}(\mathrm{mod}3),$$
$$(\kappa x)_r=x_{5-r}(\mathrm{mod}3).$$

定义 $D_3\times S^1$ 在 $([-\tau,0],\mathbb{R}^6)$ 上的作用:

$$(r,\theta)x(t)=rx(t+\theta),\quad (r,\theta)\in D_3\times S^1.$$

令 $T=\dfrac{2\pi}{\omega_2}$, P_T 表示所有 T-周期连续函数 $x(t)$ 构成 Banach 空间. 令 SP_T 表示 $\tau=\tau_j^{(2)}$ 时系统 (8.5.2) 的以 T 为周期的周期解形成的 P_T 的子空间. 则对每一个子群 $\Sigma\subset D_3\times S^1$, 有

$$\mathrm{Fix}(\Sigma,SP_T)=\{x\in SP_T;(r,\theta)x=x,\text{for all }(r,\theta)\in\Sigma\}$$

是不变子空间. $D_3\times S^1$ 有如下 4 个 2 维子群:

$$\begin{aligned}&\Sigma_1=\langle(\kappa,1),(1,1)\rangle,\Sigma_2=\langle(\kappa,-1),(1,1)\rangle,\\&\Sigma_3=\left\langle\left(\rho,\mathrm{e}^{\mathrm{i}\frac{2\pi}{3}}\right)\right\rangle,\Sigma_4=\left\langle\left(\rho,\mathrm{e}^{-\mathrm{i}\frac{2\pi}{3}}\right)\right\rangle.\end{aligned}$$

计算得

$$q(\theta)=\begin{pmatrix}1\\ \mathrm{e}^{\mathrm{i}\frac{\pi}{3}}\\ \mathrm{e}^{\mathrm{i}\frac{2\pi}{3}}\end{pmatrix}\mathrm{e}^{\mathrm{i}\omega_2\theta}$$

是系统 (8.5.2) 的线性部分关于 $\pm\mathrm{i}\omega_2$ 的特征向量. 广义特征空间 $U_{\pm\mathrm{i}\omega_2}$ 为

$$U_{\pm\mathrm{i}\omega_2}=\left\langle\sum_{j=1}^{4}y_j\varepsilon_j,y_j\in\mathbb{R},j=1,2,3,4\right\rangle$$

$$\left.\begin{aligned}&\varepsilon_1=\cos(\omega_2t)\mathrm{Re}\{q(0)\}-\sin(\omega_2t)\mathrm{Im}\{q(0)\},\\&\varepsilon_2=\sin(\omega_2t)\mathrm{Re}\{q(0)\}+\cos(\omega_2t)\mathrm{Im}\{q(0)\},\\&\varepsilon_3=\cos(\omega_2t)\mathrm{Re}\{q(0)\}+\sin(\omega_2t)\mathrm{Im}\{q(0)\},\\&\varepsilon_4=\sin(\omega_2t)\mathrm{Re}\{q(0)\}-\cos(\omega_2t)\mathrm{Im}\{q(0)\}.\end{aligned}\right.\quad(t\in\mathrm{R})$$

由吴建宏教授的对称泛函微分方程分支理论得如下定理:

定理 8.5.2 当 $\tau=\tau_j^{(2)}\ (j=0,1,2,\cdots)$ 时, 系统 (8.5.2) 存在三个以 $\dfrac{2\pi}{\omega_2}$ 为周期的小振幅周期解:

(1) 锁相反射波: $x_i(t)=x_j(t)\neq x_k(t),t\in R,(i,j,k)\in\{1,2,3\}$;

(2) 离散波: $x_i(t)=x_j\left(t\pm\dfrac{2\pi}{3}\right)(i,j\in\{1,2,3\},i\neq j)$;

(3) 标准波: $x_i(t)=x_j\left(t\pm\dfrac{T}{2}\right)(i,j\in\{1,2,3\},i\neq j)$.

下面用 Matlab 进行数值模拟. 取参数 $a=0.2,b=0.11,\tau=6$, 则系统系统 (8.5.2) 有稳定的平衡点 (2.38, 2.38, 2.38), 且满足定理 3.1 条件 1, 因此, 平衡点 (2.38, 2.38, 2.38) 是渐近稳定的, 如图 8.5.1 所示.

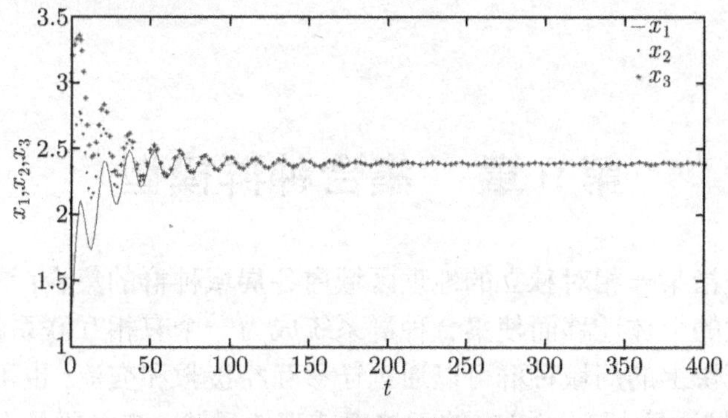

图 8.5.1 平衡点渐近稳定性

取参数 $a = 0.2, b = 0.11, \tau = 12.4275$, 则系统 (8.5.2) 展示了同步周期解, 如图 8.5.2 如示.

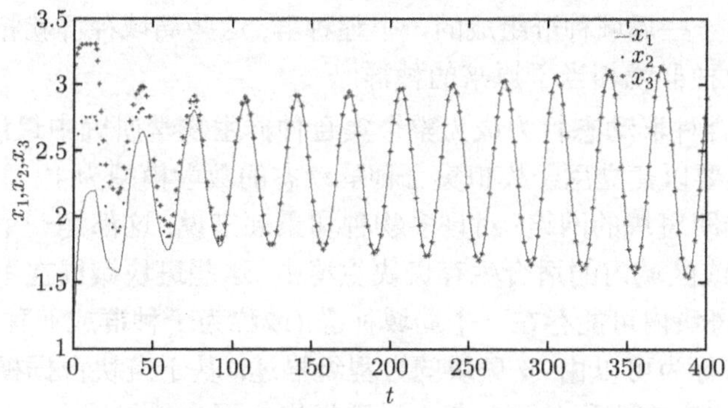

图 8.5.2 系统 (8.5.2) 的同步周期解

第 9 章　集合种群模型

集合种群是指某一相对独立的地理区域内各局域种群的集合, 这些局域种群之间存在一定程度的个体迁移而使集合种群系统成为一个有相互联系的整体. 可迁移的廊道使得两斑块上的局域种群可以通过迁移互相援救和交流, 也可使得空斑块遭到侵占, 每一局域种群都有一潜在的灭绝率或灭绝风险, 这主要是由环境的随机性和波动性造成的. 地球上大多数的物种只能生存在一些零散的像斑块一样的区域中, 而小环境中的物种因受环境的影响, 非常容易灭绝. 为了研究这种奇特的生态环境, Levins 1969 年提出集合种群 (metapopulation) 一词, 他给出的概念是集合种群是用来描述由一些局域种群组成的一个超种群, 这些局域种群就相当于传统意义中的个体而集合种群就相当于原来的种群.

近年来, 集合种群动态行为成为整个集合种群生物学研究中最活跃的领域, 这一领域的研究主要以建立用于模拟集合种群动态的数学模型为主. 主要思想是将空间看作生境岛屿即斑块的网络; 对许多物种和景观来说, 这都是一个有效合理的假设. 在一片景观或区域内的适合生存斑块生境中, 这些斑块镶嵌在不适生存的大景观背景上, 每一斑块内可能存在一个局域种群 (或称为子种群或亚种群). 在数学上, 这种种群的动态行为可以由 N 斑块的方程组描述. 基于斑块占据模型建立微分动力系统, 可以给出动态方程从而对集合种群做出全面定量描述.

9.1　N 斑块集合种群模型

设有分布在空间中的数量 N 的斑块系统. 在每个斑块 i 上考虑一个食物链组成的资源, 用 R_i 表示; 资源的消费者, 由 P_i 表示; 消费者的捕食者, 由 M_i 表示; 这里捕食者只由消费者供养并且只有消费者消费资源. 设斑块可以不同; 这就是说, 对于每个描述资源质量和种群之间相互作用的斑块的参数值是可以不同的. 假定只有消费者 P_i 在具有迁移率 μ_{ij} 的斑块之间流动, μ_{ij} 表示从斑块 i 到斑块 j 的迁移率. 下面分两种情形建立模型

9.1.1　没有外来入侵者的模型

设消费者从斑块 i 运动到斑块 j 之中的相对能量损失为 $\varepsilon_{ij} \in (0,1)$, 用如下的一组方程表示斑块种群模型 $(i = 1, \cdots, N)$:

$$\frac{\mathrm{d}P_i}{\mathrm{d}t} = P_i(b_ia_iR_i - d_i - f_iM_i) - \left(\sum_{j=1}^{N} m_{ij}\right) P_i + \left[\sum_{j=1}^{N} (1-\varepsilon_{ji})m_{ji}P_j\right], \quad (9.1.1)$$

$$\frac{\mathrm{d}R_i}{\mathrm{d}t} = R_i\left[r_i\left(1-\frac{R_i}{K_i}\right) - a_iP_i\right], \quad (9.1.2)$$

$$\frac{\mathrm{d}M_i}{\mathrm{d}t} = M_i\left(c_if_iP_i - d_{mi}\right), \quad (9.1.3)$$

其中 r_i 是斑块中资源的增长速度, K_i 是它的承载能力, a_i 是消费者对资源的摄食率, f_i 是捕食者对消费者的摄食率, d_i 是消费者的死亡率, d_{mi} 是捕食者的死亡率, b_i 和 c_i 分别是消费者和捕食者的生物原料转换因素, m_{ij} 是消费者从斑块 i 运动到斑块 j 的迁移的速度. 为了简单起见, 我们假设资源是 logistic 增长的, 消费者和资源及捕食者之间服从线性 (Lotka-Volterra) 功能反应.

9.1.2 具有入侵者的斑块模型

设有小部分的其他种群的消费者入侵到斑块中, 引入变量 $\widehat{P}_i$, 表示入侵的消费者, 它也在各斑块中迁移. 将原有的消费者群体 P_i 看成 “定居” 消费者, 并且将 $\widehat{P}_i$ 看作是潜在的 “侵入” 的消费者, 除了它的迁移速率外, 他们在每个斑块的所有参数与定居的消费者都是相同的. 尤其是, 我们假设在斑块之间迁移的成本费用对于入侵者和定居者是相同的. 因此可以重新定义一组包括入侵者 $\widehat{P}_i$ 的方程, $i=1,2,\cdots,N$,

$$\frac{\mathrm{d}\widehat{P}_i}{\mathrm{d}t} = \widehat{P}_i(b_ia_iR_i - d_i - f_iM_i) - \left(\sum_{j=1}^{N} \widehat{m}_{ij}\right) \widehat{P}_i + \left[\sum_{j=1}^{N}(1-\varepsilon_{ji})\widehat{m}_{ji}\widehat{P}_j\right], \quad (9.1.4)$$

$$\frac{\mathrm{d}P_i}{\mathrm{d}t} = P_i(b_ia_iR_i - d_i - f_iM_i) - \left(\sum_{j=1}^{N} m_{ij}\right) P_i + \left[\sum_{j=1}^{N} (1-\varepsilon_{ji})m_{ji}P_j\right], \quad (9.1.5)$$

$$\frac{\mathrm{d}R_i}{\mathrm{d}t} = R_i\left[r_i\left(1-\frac{R_i}{K_i}\right) - a_iP_i - a_i\widehat{P}_i\right], \quad (9.1.6)$$

$$\frac{\mathrm{d}M_i}{\mathrm{d}t} = M_i\left[c_if_iP_i + c_if_i\widehat{P}_i - d_{mi}\right]. \quad (9.1.7)$$

9.2 具有相同斑块环境的两斑块模型

下面的模型描述了被捕食者按对数方式增长, 并且捕食者有第二类功能反应函数的捕食模型:

$$\begin{cases} \dfrac{\mathrm{d}N}{\mathrm{d}t} = rN\left(1-\dfrac{N(t)}{k}\right) - \dfrac{bNp}{b+N}, \\ \dfrac{\mathrm{d}p}{\mathrm{d}t} = \dfrac{bNp}{b+N} - \mu p, \end{cases} \quad (9.2.1)$$

其中变量 $N(>0)$ 表示被捕食者的密度, 变量 $p(>0)$ 表示捕食者的密度, $r(>0)$ 表示被捕食者的增长率, $k(>0)$ 表示被捕食者的承载量, $b(>0)$ 表示功能反应饱和度值, $\mu(>0)$ 表示在没有被捕食者的条件下捕食者的死亡率.

下面考虑两个斑块组成的种群, 它栖息在两个由迁移耦合在一起的斑块上, 假设在每个斑块上的两种群都被很好的混合. 利用模型 (9.2.1) 可建立如下模型:

$$\begin{cases} \dfrac{\mathrm{d}N_1}{\mathrm{d}t}=rN_1\left(1-\dfrac{N_1(t-\tau)}{k}\right)-\dfrac{bN_1p_1}{b+N_1}, \\ \dfrac{\mathrm{d}p_1}{\mathrm{d}t}=\dfrac{bN_1p_1}{b+N_1}-\mu p_1+d(p_2-p_1), \\ \dfrac{\mathrm{d}N_2}{\mathrm{d}t}=rN_2\left(1-\dfrac{N_2(t-\tau)}{k}\right)-\dfrac{bN_2p_2}{b+N_2}, \\ \dfrac{\mathrm{d}p_2}{\mathrm{d}t}=\dfrac{bN_2p_2}{b+N_2}-\mu p_2+d(p_1-p_2). \end{cases} \tag{9.2.2}$$

$N_i(i=1,2)$, $p_i(i=1,2)$ 分别表示被捕食者与捕食者的密度. 参数 $d(>0)$ 表示捕食者迁移率, 这里假设被捕食者不能迁移. 因为两斑块中模型的参数是一样的, 因此, 模型描述了一样的环境. τ 表示被捕食者的生长期. 系统 (9.2.2) 的平衡点为 $N_1^*=N_2^*=N^*, N^*=\left(\dfrac{1}{\mu}-\dfrac{1}{b}\right)^{-1}, p_1^*=p_2^*=\dfrac{\gamma}{\mu}N^*\left(1-\dfrac{N^*}{k}\right)$, 在平衡点处的线性部分为

$$\begin{cases} \dfrac{\mathrm{d}N_1^-}{\mathrm{d}t}=\dfrac{bp_1^*N_1^*}{(b+N_1^*)^2}N_1^- -\dfrac{r}{k}N_1^*N_1^-(t-\tau)-\dfrac{bN_1^*}{b+N_1^*}P_1^- \\ \dfrac{\mathrm{d}p_1^-}{\mathrm{d}t}=\dfrac{b^2p_1^*}{(b+N_1^*)^2}N_1^- +\left(\dfrac{bN_1^*}{b+N_1^*}-\mu-d\right)p_1^- +dp_2^-, \\ \dfrac{\mathrm{d}N_2^-}{\mathrm{d}t}=\dfrac{bp_2^*N_2^*}{(b+N_2^*)^2}N_2^- -\dfrac{r}{k}N_2^*N_2^-(t-\tau)-\dfrac{bN_2^*}{b+N_2^*}P_2^-, \\ \dfrac{\mathrm{d}p_2^-}{\mathrm{d}t}=dp_1^- +\dfrac{b^2p_2^*}{(b+N_2^*)^2}N_2^- +\left(\dfrac{bN_2^*}{b+N_2^*}-\mu-d\right)p_2^-. \end{cases} \tag{9.2.3}$$

方程 (9.2.3) 的特征方程为

$$\begin{aligned}&\left[\left(\lambda-\frac{bp^*N^*}{(b+N^*)^2}+\frac{r}{k}N^*\mathrm{e}^{-\lambda\tau}\right)\left(\lambda-\left(\frac{bN^*}{b+N^*}-\mu-d\right)\right)+\frac{b^3p^*N^*}{(b+N^*)^3}\right]^2 \\ &-d^2\left(\lambda-\frac{bp^*N^*}{(b+N^*)^2}+\frac{r}{k}N^*\mathrm{e}^{-\lambda\tau}\right)^2=0.\end{aligned}$$

整理得

$$\left[\lambda^2-\left(\frac{bN^*}{b+N^*}-\mu-2d+\frac{bp^*N^*}{(b+N^*)^2}\right)\lambda+\left(\lambda-\left(\frac{bN^*}{b+N^*}-\mu-2d\right)\right)\frac{r}{k}N^*\mathrm{e}^{-\lambda\tau}\right.$$

$$+\frac{bp^*N^*}{(b+N^*)^2}\left(\frac{bN^*}{b+N^*}-\mu-2d\right)+\frac{b^3p^*N^*}{(b+N^*)^3}\Bigg],$$

$$\Bigg[\lambda^2-\left(\frac{bN^*}{b+N^*}-\mu+\frac{bp^*N^*}{(b+N^*)^2}\right)\lambda+\left(\lambda-\left(\frac{bN^*}{b+N^*}-\mu\right)\right)\frac{r}{k}N^*\mathrm{e}^{-\lambda\tau}$$

$$+\frac{bp^*N^*}{(b+N^*)^2}\left(\frac{bN^*}{b+N^*}-\mu\right)+\frac{b^3p^*N^*}{(b+N^*)^3}\Bigg]=\varDelta_1\varDelta_2=0. \tag{9.2.4}$$

记

$$\begin{aligned}
A_1&=\frac{bN^*}{b+N^*}-\mu-2d+\frac{bp^*N^*}{(b+N^*)^2},\\
A_2&=\frac{bN^*}{b+N^*}-\mu-2d,\\
B&=\frac{bp^*N^*}{(b+N^*)^2}\left(\frac{bN^*}{b+N^*}-\mu-2d\right)+\frac{b^3p^*N^*}{(b+N^*)^3},\\
C_1&=\frac{bN^*}{b+N^*}-\mu+\frac{bp^*N^*}{(b+N^*)^2},\\
C_2&=\frac{bN^*}{b+N^*}-\mu,\\
D&=\frac{bp^*N^*}{(b+N^*)^2}\left(\frac{bN^*}{b+N^*}-\mu\right)+\frac{b^3p^*N^*}{(b+N^*)^3}.
\end{aligned}$$

则方程 (9.2.4) 变为

$$\begin{aligned}
&\left[\lambda^2-A_1\lambda+(\lambda-A_2)\frac{r}{k}N^*\mathrm{e}^{-\lambda\tau}+B\right]\left[\lambda^2-C_1\lambda+(\lambda-C_2)\frac{r}{k}N^*\mathrm{e}^{-\lambda\tau}+D\right]\\
=&\varDelta_1\varDelta_2=0.
\end{aligned}$$

令 $a_1=C_1-2\frac{r}{k}N^*+A_1$,

$$\begin{aligned}
a_2&=\left(C_2\frac{r}{k}N^*-D\right)+\left(A_2\frac{r}{k}N^*-B\right)-\left(A_1-\frac{r}{k}N^*\right)\left(C_1-\frac{r}{k}N^*\right),\\
a_3&=\left(A_1-\frac{r}{k}N^*\right)\left(C_1\frac{r}{k}N^*-D\right)+\left(A_2\frac{r}{k}N^*-B\right)\left(C_1-\frac{r}{k}N^*\right),\\
a_4&=\left(A_2\frac{r}{k}N^*-B\right)\left(C_2\frac{r}{k}N^*-D\right)
\end{aligned}$$

设以下条件成立:

(H_1) $a_1<0$,

(H_2) $a_4>0$,

(H_3) $a_1a_2-a_3>0$,

(H_4) $a_3(a_1a_2-a_3)-a_1^2a_4>0$.

利用 Hopf 分支理论, 当 $B<\frac{r}{k}N^*A_2$, 且 $D<\frac{r}{k}N^*C_2$ 时, 系统 (9.2.2) 的平衡解当 $0<\tau<\tau_0=\min\left(\tau_j^{(1)},\tau_j^{(2)}\right)$ 时渐近稳定; 在 $\tau=\tau_j^{(1)},\tau_j^{(2)},j=0,1,2,\cdots$ 时具有周

期解. 其中 $\tau=\tau_j^{(1)},\tau_j^{(2)},j=0,1,2,\cdots$ 分别由系统 (9.2.5), 系统 (9.2.6) 决定.

$$\begin{cases}-\omega_1^2+B=-\dfrac{r}{k}N^*\omega_1\sin\omega_1\tau+A_2\dfrac{r}{k}N^*\cos\omega_1\tau,\\ A_1\omega_1=\dfrac{r}{k}N^*\omega_1\cos\omega_1\tau+A_2\dfrac{r}{k}N^*\sin\omega_1\tau,\end{cases}\tag{9.2.5}$$

$$\begin{cases}-\omega_2^2+D=-\dfrac{r}{k}N^*\omega_2\sin\omega_2\tau+C_2\dfrac{r}{k}N^*\cos\omega_2\tau,\\ C_1\omega_2=\dfrac{r}{k}N^*\omega_2\cos\omega_2\tau+C_2\dfrac{r}{k}N^*\sin\omega_2\tau.\end{cases}\tag{9.2.6}$$

下面用 Matlab 仿真该模型的性质. 取参数 $\gamma=1.07$, $b=4$, $k=1.1$, $d=1.5$, $\mu=2.5$, $\tau=1.2$, 此时系统的平衡点为 (1.1,0,1.1,0), 且是渐近稳定的, 如图 9.2.1 所示.

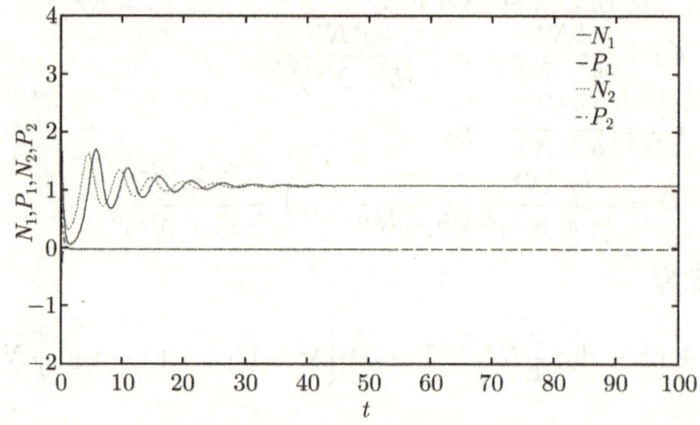

图 9.2.1 平衡点渐近稳定

取参数 $\gamma=1.07$, $b=4$, $k=1.1$, $d=1.5$, $\mu=2.5$, $\tau=1.6808$, 系统 (在平衡点 (1.1,0,1.1,0) 处存在周期解, 如图 9.2.2 所示.

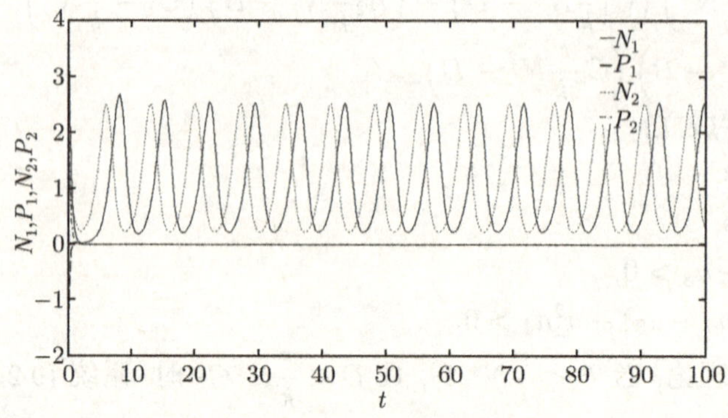

图 9.2.2 锁相周期解的存在性

取参数 $\gamma = 0.1$, $b = 1.7$, $k = 4$, $d = 1$, $\mu = 1$, $\tau = 6.5$, 系统有平衡点 (2.4,0.1,2.4,0.1), 且在平衡点处是渐近稳定的, 如图 9.2.3 所示.

取参数 $\gamma = 0.1$, $b = 1.7$, $k = 4$, $d = 1$, $\mu = 1$, $\tau = 12.6919$, 系统在平衡点 (2.4,0.1,2.4,0.1) 处存在同步周期解, 如图 9.2.4 所示.

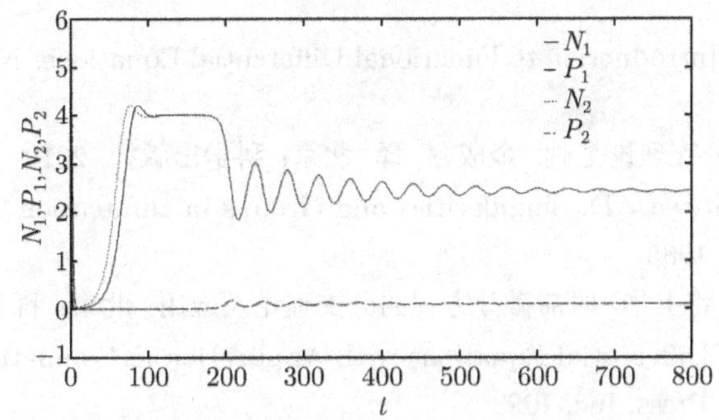

图 9.2.3 平衡点渐近稳定性

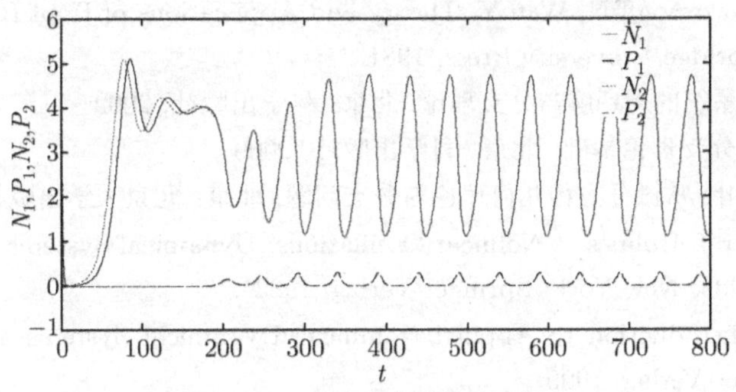

图 9.2.4 同步周期解的存在性

参 考 文 献

[1] Hale J, Lunel S. Introduction to Functional Differential Equations. New York: Springer-Verlag, 1993

[2] Yuri K A. 应用分支理论基础. 金成桴, 译. 北京：科学出版社, 2010

[3] Golubitsky M, Stewart D. Singularities and Groups in Bifurcation Theory. New York: Springer-Verlag, 1985

[4] 魏俊杰, 王洪滨, 将卫华. 时滞微分方程的分支理论及应用. 北京：科学出版社, 2012

[5] Kuang Y. Delay Differential Equations with Application in Population Dynamics. New York: Academic Press, Inc, 1993

[6] 陆启韶. 分岔与奇异性. 上海：上海科技教育出版社, 1995

[7] Hassard B, Kazarionff N, Wan Y. Theory and Applications of Hopf Bifurcation. Cambridge: Cambridge University Press, 1981

[8] 韩茂安. 动力系统的周期解与分支理论. 北京：科学出版社, 2002

[9] 唐云. 对称性分支理论基础. 北京：科学出版社, 2000

[10] 张锦炎, 冯贝叶. 常微分方程几何理论与分支问题. 北京：北京大学出版社, 2000

[11] Guckenheimer J, Holmes P. Nolinear Oscillations, Dynamical Systems and Bifurcations of Vector Fields. New York: Springer-Verlag, 1983

[12] Wiggins S. Introduction to Applied Nonlinear Dynamical Systems and Chaos. New York: Springer-Verlag, 1990

[13] 马知恩. 种群生态学的数学建模与研究. 安徽：安徽教育出版社, 1996

[14] 魏俊杰, 黄启昌. 泛函微分方程分支理论发展概况. 科学通报, 42(1997): 2581-2586, 1997

[15] Wu J. Symmetric functional differential equations and neural networks with memory. Transactions of the American mathematical society, 350(1998): 4700-4838

[16] 匡蛟勋. 泛函微分方程的数值处理. 北京：科学出版社, 1999

[17] 黄樨. 生命能量系统模型在种群生态学研究中的初步应用. 北京：科学出版社, 2002

[18] Macdonald N. Time Delays in Biological Models. Heidelberg: Spring, 1978

[19] Li L, Yuan Y. Dynamics in three cells with multiple time delays. Nonlinear Analysis: Real World Applications, 2008, 9: 725-746

[20] Guo S, Huang L. Stability of nonlinear waves in a ring of neurons with delays, Journal of Differential Equations, 2007, 236: 343-374

[21] Ruan S, Wei J. On the zeros of transcendental functions with applications to stability of delayed differential equations with two delays. Dynamics of Continuous, Discrete Impulsive Systems, 2003, 10: 863-874

[22] 黄榉. 生命能量系统的动力学基本原理及混沌机制. 哈尔滨：东北林业大学出版社, 1997

[23] 祖元刚. 能量生态学引论. 长春：吉林科学技术出版社, 1990

[24] Wazewska M, zyzewskam C, Lasota A. Mathematical problems of the dynamics of a system of red blood cells. Ann Polish Math Soc Ser III Appl Math, 1976, 17: 23-40

[25] Hutson V, Schmitt K. Persistence and the dynamics of biological systems. Mathematical Biosciences, 1992, 111: 1-71

[26] Neville J, Wulf V. The use of boundary locus plots in the identification of bifurcation point in numerical approximation of delay differential equations. Journal of Computational and Applied Mathematics, 1999, 111: 153-161

[27] Neville J, Wulf V. Numerical Hopf bifurcation for a class of delay differential equations. Journal of Computational and Applied Mathematics, 2000, 115: 601-616

[28] Koto T. Naimark-Sacker bifurcations in the Euler method for a delay differential equations, BIT, 1999, 39: 110-115

[29] Zhang C, Liu M, Zheng B. Hopf bifurcation in numerical approximation of a class delay differential equations. Applied Mathematics and Computation, 2003, 146: 335-349

[30] Zhang C, Zheng B. Hopf bifurcation in numerical approximation of a n-dimension neural network model with multi-delays. Chaos, Solitons and Fractals, 2005, 25: 129-146

[31] Peng M, Ugar A. The use of the Euler method in identification of multiple bifurcations and chaotic behavior in numerical approximation of delay-differential equations. Chaos, Solitons and Fractals, 2004, 21: 883-891

[32] Song Y, Han M, Wei J. Stability and Hopf bifurcation analysis on a simplified BAM neural network with delays. Physica D, 2005, 200: 185-204

[33] Wei J, Li M. Global existence of periodic solutions in a tri-neuron network model with delays. Physica D: Nonlinear Phenom, 2004, 198: 106-119

[34] Wu J. Introduction to Neural Dynamics and Signal Transmission Delay. New York: Walter de Gruyter, Berlin, 2001

[35] Wei J, Yuan Y. Synchronized Hopf bifurcation analysis in a neural network model with delays. J Math Anal Appl, 2005, 312: 205-229

[36] collins J, Stewart I. A group-theoritic approach to rings of coupled biological oscillators, Biological cybemetics, 1994, 71: 95-103

[37] Lipniack T, Paszek P, Czochra A, Brasier A. Transcriptional stochasticity in gene expression, Journal of Theoretical Biology, 2006, 238: 348-367

[38] Bartel D. MicroRNAs: genomics, biogenesis, mechanism, and function. Cell, 2004, 116: 281-297

[39] Xie Z, Yang H, Liu W. The role of micro-RNA in the delayed negative feedback regulation of gene expression. Biochemical and Biophysical Research Communications, 2007, 358: 722-726

[40] Li X, Wei J. On the zeros of a fourth degree exponential polynomial with applications to a neural network model with delays. Chaos, Solitons and Fractals, 2005, 26: 519-526

[41] 张慧慧, 游爱玲, 赵秋英, 张春蕊, 一种具时滞的基因表达模型的稳定性分析. 黑龙江大学自然科学学报, 2008, 25: 405-408

[42] Monk N. Oscillatory Expression of Hes1, p53, and NF-kB Driven by Transcriptional Time Delays, Curr Biol, 2003, 13: 1409-1413

[43] Doench J, Sharp P. Specificity of microRNA target selection in translational repression. Genes and Development, 2004, 18: 504-511

[44] Jing Q, Huang S, Guth S, Zarubin T, Motoyama A. Involvement of microRNA in AU-rich element-mediated mRNA instability. Cell, 2005, 120: 623-634

[45] Giraldez A, Cinalli R, Glasner M, Enright A. MicroRNAs regulate brain morphogenesis in zebrafish. Science, 2005, 308: 833-838

[46] Zhang C, Zheng B, Wang L. Multiple Hopf bifurcations of symmetric BAM neural network model with delay. Applied Mathematics Letters, 2009, 22: 616-622

[47] Arik S. Global asymptotic stability analysis of bidirectional associative memory neural networks with time delays. IEEE Trans, Neural Networks, 2005, 16: 580-586

[48] Cao J, Wang L. Exponential stability and periodic oscillatory solution in BAM networks with delays. IEEE Trans, Neural Networks, 2002, 13: 457-463

[49] Wang L, Zou X. Hopf bifurcation in bidirectional associative memory neural networks with delays: analysis and computation. Journal of Computational and Applied Mathematics, 2004, 167: 73-90

[50] Paula S, Jeroen S, Lamb W. Local bifurcation in symmetric coupled cell networks: Linear theory. Physica D, 2006, 223: 93-10

[51] Zhang C, Zheng B. Bifurcation in Z2-symmetry quadratic polynomial systems with delay. Chaos, Solitons and Fractals, 2009, 42: 3078-3086

[52] Faria T, Magalhas L. Normal Forms for Retarded Functional Differential Equations with Parameters and Applications to Hopf Bifurcation. Journal of Differential Equations, 1995, 122: 181-200

[53] Faria T, Magalhas L. Normal Forms for Retarded Functional Differential Equations to Bogdanov-Takens Singularity. Journal of Differential Equations, 1995, 122: 201-224

[54] Zheng B, Zhang Y, Zhang C. Global existence of periodic solutions on a simplified, BAM neural network model with delays. Chaos, Solitons and Fractals, 2008, 37: 1397-1408

[55] Li M, Muldowney J. On Bendixson's criterion. J Differ Equations, 2004, 106: 27-39

[56] Wei J, Li M. Global existence of periodic solutions in a tri-neuron network model with delays. Physica D, 2000, 198: 106-19

[57] Zhang C, Zhang Y, Zheng B. A model in a coupled system of simple neural oscillators with delays. Journal of Computational and Applied Mathematics, 2009, 229: 264-273

[58] Tachikawa M. Specific locking in populations dynamics: Symmetry analysis for coupled heteroclinic cycles. Journal of Computational and Applied Mathematics, 2007, 201: 374-380

[59] 杨巍, 马鹏飞, 张春蕊. 三元离散神经网络模型的稳定性与分岔. 黑龙江大学自然科学学报, 2010, 27: 259-263

[60] Jewett M, Kronauer R. Refinement of a limit cycle oscillator model of the effects of light on the human circadian pacemaker. J theor Biol, 1998, 192: 455-465

[61] Scheper T, Klinkenberg D, et al. A mathematical model for the intracellular circadian rhythm generator. Journal of Theoretical Biology, 1999, 19: 40-47

[62] Martin L, Golombek D, Echave J. Delay model of the circadian pacemaker. Journal of Theoretical Biology, 2000, 204: 565-573

[63] Sriram K, Gopinathan M. A two variable delay model for the circadian rhythm of Neurospora crassa. Journal of Theoretical Biology. 2004, 231: 23-38

[64] 游爱玲, 赵秋英, 张慧慧, 张春蕊. 时滞昼夜节律起搏器模型的稳定性分析及仿真. 东北林业大学学报, 2008, 36: 75-76

[65] 房继明. 生物节律和生物钟. 生物学通报, 1993, 28: 4-5

[66] 李经才, 于多, 王芳, 何颖. 生物钟基因研究新进展, 遗传, 2004, 26: 89-96

[67] 杨帆, 徐晓峰, 张春蕊. 耦合时滞 Volterra 模型的多重周期解分析, 哈尔滨师范大学自然科学学报, 2009, 25: 34-36

[68] Yang W, Zhang C. Stability and bifurcation of a three-dimension discrete neural network model with delay. Advances in Neural Networks-ISNN 2010-7th International Symposium on Neural Networks, PART 1, 2010: 702-710

[69] Xu X, Zhang C. Stability and Hopf bifurcation analysis of a class of neutral neural networks. Proceedings of the 29th Chinese Control Conference, CCC'10, 2010: 2389-2392

[70] Zheng B, Liang L, Zhang C. Extended Jury criterion. 中国科学, 2010, 53: 1133-1150

索　引

Z

其他